普通高等教育经济管理类专业系列教材

可持续发展与循环经济

主　编　王宇波　程琳琳
副主编　张燕华　景思江　向碧华
参　编　丁文斌　关小亮　明　梓　余帅均

机 械 工 业 出 版 社

本书内容涉及人类发展与资源环境问题，可持续发展基本理论，可持续发展战略与现实选择——以我国为例，循环经济的起源、概念和经济逻辑，循环经济本质与实现手段，产业循环化发展，区域循环经济体系构建，循环型社会构建等，是国内首次从循环经济视角讲授可持续发展实现道路的教材。

本书结合现阶段时代背景与社会发展需求，特别是结合习近平新时代中国特色社会主义思想等，着重从低碳的视角，探讨我国可持续发展与循环经济体系构建、循环型社会建设等内容。

本书可作为高校能源经济学、资源与环境经济学、可持续生态学等专业的教材，满足其"碳中和"人才培养的目标需求，也可作为党政机关相关人员的培训用书。

图书在版编目（CIP）数据

可持续发展与循环经济／王宇波，程琳琳主编. —北京：
机械工业出版社，2024.5（2025.1重印）
普通高等教育经济管理类专业系列教材
ISBN 978-7-111-75481-7

Ⅰ.①可… Ⅱ.①王… ②程… Ⅲ.①可持续性
发展-高等学校-教材②循环经济-高等学校-教材
Ⅳ.①X22②F062.2

中国国家版本馆 CIP 数据核字（2024）第 068482 号

机械工业出版社（北京市百万庄大街 22 号　邮政编码 100037）
策划编辑：刘　畅　　　　　责任编辑：刘　畅　赵晓峰
责任校对：贾海霞　陈　越　　封面设计：王　旭
责任印制：单爱军
北京虎彩文化传播有限公司印刷
2025 年 1 月第 1 版第 2 次印刷
184mm×260mm·14.5 印张·354 千字
标准书号：ISBN 978-7-111-75481-7
定价：59.00 元

电话服务　　　　　　　　　　网络服务
客服电话：010-88361066　　　机 工 官 网：www.cmpbook.com
　　　　　010-88379833　　　机 工 官 博：weibo.com/cmp1952
　　　　　010-68326294　　　金 书 网：www.golden-book.com
封底无防伪标均为盗版　　　机工教育服务网：www.cmpedu.com

2020 年 9 月 22 日，习近平主席在第七十五届联合国大会一般性辩论上宣布，中国将提高国家自主贡献力度，采取更加有力的政策和措施，二氧化碳排放力争于 2030 年前达到峰值，努力争取 2060 年前实现碳中和。碳达峰和碳中和目标充分向全世界展示了我国作为负责任大国的担当，是党中央统筹国际国内两个大局做出的重大战略决策，为推动国内经济高质量发展和生态文明建设提供了有力抓手，为国际社会应对气候变化和全面有效落实《巴黎协定》注入了强大动力，更为全球实现绿色复苏和共建地球生命共同体增添了新的动能。

碳中和不仅是传统意义上的能源结构变化，而且是我国经济发展模式的战略转变和生活方式的转变，更是整个经济结构的变化和经济技术的再造。低碳旨在倡导一种低能耗、低污染、低排放为基础的经济模式，减少有害气体排放。低碳是我国发展的新机遇，我国仍需要走一条中国特色的低碳发展道路，才能更好地实现可持续发展。

从国际环境来看，发展低碳经济和循环经济，推动世界经济"绿色复苏"与绿色低碳化转型，已成为世界潮流。2022 年 6 月 20 日，中国国际发展知识中心发布的首期《全球发展报告》指出，截至 2022 年 5 月，国际上已提出或者准备提出"碳中和"目标的国家和地区有 127 个，覆盖全球 90% 的 GDP、85% 的总人口及 88% 的碳排放，迈向"碳中和"已是大势所趋。与此同时，诸多国家和地区已开始相继宣布具体实施方案。例如，2019 年 12 月，欧盟委员会发布《欧洲绿色协议》，强调以 2050 年实现碳中和为核心战略目标，构建经济增长与资源消耗脱钩、富有竞争力的现代经济体系；2020 年 3 月，欧盟发布新版《循环经济行动计划》，核心内容是将循环经济理念贯穿产品设计、生产、消费的全生命周期。

从国内环境看，绿色低碳循环发展已成为社会主义新时代落实可持续发展的主要路径。自 1992 年参加联合国环境与发展大会以来，我国一直在探索符合自身国情的可持续发展道路。早在 1995 年，我国就已将可持续发展确立为国家战略；进入 21 世纪，党和国家相继提出了一系列发展理念，如"新型工业化""循环经济""两型社会""低碳发展"等。2012 年，党的十八大报告将"绿色发展、循环发展、低碳发展"作为生态文明建设的重要途径。2017 年，党的十九大报告正式提出建立健全绿色低碳循环发展的经济体系，成为我国新时代社会主义现代化建设的战略选择。2022 年，党的二十大报告提出，实施全面节约战略，倡导绿色消费，推动形成绿色低碳的生产方式和生活方式。

本书基于人类发展与资源环境问题、可持续发展理论、循环经济产业、循环经济体系与社会建设等对构建绿色、低碳、循环的可持续发展经济体系进行思考，试图从多维的角度出发，对构建政府引导、央地互动、企业主体、市场调控、公众参与的绿色低碳循环发展机制提供思路。具体而言，本书涉及如下内容：

第一部分为概念理论与关系梳理，包括第 1 章（人类发展与资源环境问题）、第 2 章（可持续发展基本理论）以及第 4 章（循环经济的起源、概念和经济逻辑）；第二部分为国家层面的可持续发展与循环经济的具体实践，包括第 3 章（可持续发展战略与现实选择——以我国为例）和第 5 章（循环经济的本质与实现手段）；第三部分为产业、区域和社会层面的低碳循环型经济体系与社会构建，包括第 6 章（产业循环化发展）、第 7 章（区域循环经济体系构建）和第 8 章（循环型社会构建）。

创新点一：较以往循环经济的内容体系而言，本书从循环经济理论、循环经济的本质与技术手段、产业生态化与生态产业化、循环型社会构建等内容展开分析，内容更加饱满，体系更为系统、完整，是对既有研究的有益补充与发展。

创新点二：研究视角的独特性。本书结合现阶段时代背景与社会发展需求，着重从低碳的视角，探讨我国可持续发展与循环经济体系构建、循环型社会建设等内容，是对"双碳"背景下如何走实循环经济之路的回应。

本书在编写过程中得到了多位教师的大力支持，具体编写分工如下：本书框架与总体思路，由全体参编教师讨论形成，并由王宇波教授整体把握与负责。第 1 章人类发展与资源环境问题，由丁文斌博士负责撰写；第 2 章可持续发展基本理论，由明梓博士负责撰写；第 3 章可持续发展战略与现实选择——以我国为例，由向碧华博士、余师均博士负责撰写；第 4 章循环经济的起源、概念和经济逻辑，由张燕华副教授负责撰写；第 5 章循环经济的本质与实现手段，由隋海清博士负责撰写；第 6 章产业循环化发展，由关小亮博士负责撰写；第 7 章区域循环经济体系构建，由程琳琳博士负责撰写；第 8 章循环型社会构建，由景思江副教授负责撰写。本书在编写的过程中，也得到了硕士生的大力支持，他们负责查找资料、数据、图片、校对等众多任务，在此对他们表示诚挚的谢意。他们分别是李奥翰、陈思琳、伍海君、余显、周子为、周明天、程诗韵、胡梦媛、易子涵、林天、柯萍、付惠颖。

由于编者水平有限，书中难免存在错误和不足之处，恳请广大读者批评指正。

本书有丰富的配套资源，使用本书的任课教师可登录机械工业出版社教育服务网（www.cmpedu.com）下载相关资料。

编者

2023 年 10 月

Contents

第1章　人类发展与资源环境问题

1.1　现代社会经济发展面临的挑战

1.1.1　增长的极限

自然物构成人类生存的自然条件，人类在同自然互动中生产、生活、发展，人类善待自然，自然也会馈赠人类。但越来越多的人类活动不断触及自然生态的边界和底线，自然界的变化特别是由人类活动累积造成的恶劣变化与负面损害，如若任其长期持续演化，必将给经济系统和人类社会带来不可逆的灾难。而在经历30余年的快速增长后，2022年—2030年全球经济将迎来全面大减速，逼近"增速极限"，或将陷入"失去的十年"停滞阶段。

伴随着经济规模的扩大，GDP增速会放缓，我国经济也不例外。经济总量扩大，其增量就越大，GDP的增速从2021年的8.1%，降至2022年的3.0%，这种增速放缓是在2022年国内生产总值突破121万亿元的条件下发生的。在如此庞大的经济总量之下的GDP增速放缓，是正常现象。不过，一个增速慢、规模大的经济体创造的需求，要比一个增速快、规模小的经济体创造的需求多，尤其是能够创造大量的就业机会。我国作为全球第二大经济体，每年创造的就业岗位达一千多万个。

伴随着资源约束力的增强，GDP增速会放缓。传统的经济增长思维只注重经济增长和人的物质需要，忽视了资源的有限性和环境的承受能力。但这种经济增长的速度是不可持续的。随着工业化进程的加快，我国的资源供应已日趋紧张，资源承载力也在不断下降。因此，资源的"瓶颈"地位越发凸显。这就迫使我们在保持国民经济发展的同时，必须慎重处理经济、资源与环境的关系，着力解决资源对经济增长的制约。

对增长极限的本质描述是基于资源与技术进步之间的关系确定的，从发达国家经济增长的经验来看，决定增长的重要因素是技术进步。技术或知识是经济系统的中心部分，技术整体的增长与资本、劳动等要素的增长成正比，投资可以使技术更有价值，技术也可以提高投资的收益，投资与技术相互促进的良性循环是实现经济长期恒定增长的核心力量。那么，依靠技术就能突破增长的极限吗？一个简单的逻辑是，无论技术如何发展，资源是有限的，对于不可再生资源，任何技术支持下集约的利用，都是一种绝对数量的减少。从这个意义上讲，增长的极限以资源为边界。但事实远非如此简单。我们认为，所谓资源，其实是一个相对的概念。可以说，全部的资源都是一定技术水平下的资源，比如石油，它并不是天然的能源。150年前美国耶鲁大学西利曼教授对石油进行了化学分离，发现将其蒸馏分离后可以发光照明。于是，石油照明的工具性得到显现。但是，这时候的石油不过是一种可燃烧液体而已。随后在技术的推动下，人们对原油进行调和、添加、除质，使得原油的品质得到迅速的提升，并最终孕育了现代石油工业。可以说，如今的石油和150年前的石油没有任何差别，但是不同的技术导致大众对石油的理解和应用完全不同。而它从单纯的"可燃液体"到工业"重要资源"的角色跨越是在技术推动下完成的。因此，是技术识别和选择了资源。

从这个意义上讲，世界上还有大量资源没有开发。我们不能以目前的生产力标准来评价资源利用问题，也不能匆忙得出增长达到了极限的结论。这个道理很好理解。假使我们计算整个地球可以容纳的人口，按照野蛮时代渔猎者们的计算恐怕不到100万人，按照畜牧时代牧羊人的计算恐怕不到1000万人，按照原始农业时代农民的计算恐怕不到1亿人，然而事实并非如此。技术既然可以确立资源的身份，就可以实现对"当前资源"的超越。这首先表现在，技术进步可以减少对自然资源的依赖，提高单要素的使用效率和效益。更重要的是，创新技术的出现确实可以产生新的生产要素。因此，增长极限的本质是技术不够发达，还不能形成对"当前资源"的"物"的超越。按照这样的逻辑，我们有理由认为，技术创新将为生产开拓出更多有意义的资源，资源的可替代性意味着增长的极限并不必然发生。面对增长的极限，要大力进行技术创新。正如朱利安·西蒙（Julian Simon）所说："资源更多地产生于人们的头脑，而不是大地和空气。"从这个角度来看，增长的极限本质是技术的极限。

《增长的极限》这本书于1972年3月在美国首次出版，其中文版已被印刷达数百万册（见图1-1），以超过20种语言的版本发行。但似乎只有极少数人知晓《增长的极限》是对自1972年至2100年可能出现的12种未来的前景分析。该项研究的主要科学结论是，全球范围内的决策延迟将会导致人类经济在人类生态占用增长缓慢下降之前就会超过地球极限。一旦处于不可持续的状态中，人类社会将会被迫降低其资源利用率和排放率。

《增长的极限》要旨1：人类生态占用急速增长（1900年—1972年）。自1900年至1972年，由于人口规模的增长和人均环境影响的增长，人类社会对环境的影响的确在增长。换言之，源于人口数量的增长，以及每人每年资源消耗数量和污染产生数量的增长，人类生态占用问题变得更为严重。

《增长的极限》要旨2：人类生态占用不会持续地无限增长。由于地球在物理上是有限的，并且其相对于人类活动来说实际上也相当狭小，因此，人类每年只能以不超过大自然可持续存在所能提供的规模使用物质资源、产生排放。

《增长的极限》要旨3：人类生态占用很可能会超过地球可持续极限（承载能力）。由于全球决策的严重延迟，人类生态占用很有可能超过地球的物理限制。当临近地球的物理限制

图1-1　中文版《增长的极限》

时，社会将开始花时间辩论地球的物理限制的现实性问题，并且在辩论的同时，继续扩张人类生态占用。最终，辩论将让步于减缓人类生态占用扩张速度的决策。但该书说道，与此同时，增长将会持续下去，并且把人类生态占用带入不可持续的范围之内。

《增长的极限》要旨 4：可持续极限一旦被超过，限缩便不可避免。人类生态占用不能在不可持续范围内持续很久。人类将不得不返回可持续范围之内。要么通过"管控下的降低"返回到活动的可持续水平，要么通过因"大自然"或"市场"的完全作用导致的"崩溃"，返回到可持续水平。前者的例子是通过立法和有计划的报废捕捞船舶和工具，来使年捕鱼量限制在可持续捕捞量之下；后者的例子则是因鱼群消灭而导致的捕捞社群（Fishing Communities）的消失。

《增长的极限》要旨 5：通过前瞻性的全球政策可以避免超过极限。为了回应前面 4 条要旨提出的挑战，《增长的极限》中的 12 种前景设想中有 11 种在探索各种各样的解决方案，做出了积极的答复："因决策延迟导致的超过极限是一项真实的挑战，但是如果人类社会决定行动，那么很容易解决超过极限的挑战。"若转译成可实施的政策，这意味着要促成如下事项：通过立法确保森林砍伐量低于可持续砍伐量；使温室气体排放量低于森林和海洋可吸收的数量；向大众普及教育、卫生和节育；更为平等的分配。这些行动在计算机模型中可以做到，但在真实的政治社会中却步步难行。

《增长的极限》要旨 6：尽快（亦即在 1975 年及以前）采取行动是非常重要的。为了在不经历超过极限和限缩的情况下实现向可持续世界的平稳转型，尽快开始行动是非常重要的。《增长的极限》的第 12 种前景设想说明了这一点。该书表明（在计算机模型世界中），同样的全球政策在 1975 年实施时可以解决这个问题，但若在 25 年后（亦即在 2000 年）实施，并不足以解决此问题。

我们至今没有找到挑战"极限"这个概念的主要解决方案——技术解决方案。很多细心的观察者反对世界是有限的这样一个理念，他们认为技术消除地球极限的速度能够快过我们趋近地球极限的速度。换言之，技术进步将会持续推迟达致地球极限的时间，这好比是在进程中扩大地球的规模。对这个群体来说，只有当（因没有及时解决环境极限问题导致的）重大崩溃发生时，才能证明《增长的极限》的正确性。全球社会必须在问题变得严重前积极投资和研究新技术，如果在新技术需求显而易见以后仍然延迟投资，那么解决方案可能会于事无补，社会将要回到超过极限和崩溃状态。

石油峰值议题是检验这种技术乐观主义的一个有趣例子。全球经济可能在获得同样廉价（可取代常规石油）的替代品之前就没有常规石油可用。检验人们是否会及时找到技术解决方案的另一个例子是气候变化议题。事实证明，落实（旨在将全球温室气体排放量削减到可持续水平以下的）立法是很困难的。从 1992 年的《联合国气候变化框架公约》，经由 1997 年的《京都议定书》，到一致同意将强制性减排延伸到 2012 年以后的努力，已经花费了数十年时间。与此同时，温室气体排放量却一直在增加。

《增长的极限》的要旨与当今社会仍有关联，且在很多方面都有关联。《增长的极限》首先指出践行"一个地球生活"的迫切需要。如果人类想要发展出可持续社会，那么不可避免的事实是，人类必须以不超过地球物理极限的方式组织其生活方式。《增长的极限》提醒我们，"一个地球生活"是可持续性的一个条件，从现在起，这个理念应该成为人类行为的新伦理和新准则。

1.1.2　生态环境压力

生态环境是人类生存和发展的主要物质来源，它承受着人类活动产生的废弃物和各种作用结果。良好的生态环境是人类发展最重要的前提，也是人类赖以生存、社会得以安定的基本条件。生态文明是一种重视生态环境，重视环境保护的意识、价值观和文化，这意味着要解决当前日趋严峻的生态环境问题，进行生态文明建设是必要的。同时，我国经济的发展、科技的进步、法律法规的完善及社会环境保护意识的提高等使生态文明建设具有了可行性。因此，需要通过优化国土空间开发格局、调整能源利用结构、全面促进资源节约、加强生态文明制度建设、不断加强生态环境保护、转变经济增长方式等方面加强生态文明建设，为解决当前环境问题提供有效途径。

生态环境是人类生存和发展的主要物质来源，它承受着人类活动产生的废弃物和各种作用结果。良好的生态环境是人类发展最重要的前提，同时也是人类赖以生存、社会得以安定的基本条件。1949 年以后，我国开始进行大规模的工业化建设，与此同时，人口迅速增加，面对资源约束趋紧、环境污染严重、生态系统退化的严峻形势，必须树立尊重自然、顺应自然、保护自然的生态文明理念，把生态文明建设放在突出地位，融入经济建设、政治建设、文化建设、社会建设各方面和全过程。

目前我国环境问题主要表现在以下几个方面。

1. 水土流失较为严重

我国是世界上水土流失较为严重的国家之一。水土流失直接关系到国家生态安全、防洪安全、粮食安全和饮水安全。由于特殊自然地理和社会经济条件，全国绝大多数省区都存在不同程度的水土流失。《2021 中国生态环境状况公报》显示：全国水土流失面积为 269.27 万 km^2。其中，水力侵蚀面积为 112.00 万 km^2，风力侵蚀面积为 157.27 万 km^2。按侵蚀强度分为轻度、中度、强烈、极强烈和剧烈，侵蚀面积分别占全国水土流失总面积的 63.3%、17.2%、7.6%、5.7% 和 6.2%。水土流失既是土地退化和生态恶化的主要形式，也是土地退化和生态恶化程度的集中反映，对经济社会发展的影响是多方面的、全局性的和深远的，甚至是不可逆的。

2. 沙漠化面积较大

我国是世界上沙漠化受害较深的国家之一。2019 年，国家林草局组织开展第六次全国荒漠化和沙化调查工作，结果显示，全国荒漠化土地面积 257.37 万 km^2，沙化土地面积 168.78 万 km^2，其中重度荒漠化土地减少 19297 km^2，极重度荒漠化土地减少 32587km^2（新华社，2022）。虽然情况较 2014 年有所好转，但仍不容乐观。2021 年，全国荒漠化土地总面积 261.16 万 km^2，占国土面积的 27.2%；其中岩溶地区石漠化土地面积为 10.07 万 km^2

（人民日报，2021）。荒漠化土地不仅面积大，而且发展变化也大。在土地荒漠化迅速发展的同时，与之有关的各种地质灾害频繁发生。例如，与北方地区和荒漠化密切相关的水土流失，不仅造成河流泥沙含量高、河流淤积。土地荒漠化不仅造成水土流失加剧、土地弃耕、地质灾害频繁，而且造成生态难民以及贫困人口的增加。

3. 森林资源缺乏

我国古代森林资源丰富，且分布很广。经历了漫长的传统经济之后，在新中国成立之初，我国的森林覆盖率仅为 12.5%，是当时少林国家之一。国家林业局最新组织的第九次全国森林资源清查结果显示，全国森林面积为 220.45 万 km^2，森林覆盖率 22.96%，森林蓄积 175.60 亿 m^3。其中，人工林面积 79.54 万 km^2，占有林地面积的 36.45%；人工林蓄积 338759.96 万 m^3，占森林蓄积的 19.86%。森林面积位居世界第 5 位，森林蓄积位居世界第 6 位，人工林面积继续位居世界首位。但存在因焚林狩猎、毁林开荒、燃料消耗及其他掠夺性质的开发等导致的森林消耗和破坏。党的十八大以来，各地区各部门认真贯彻落实习近平总书记生态文明思想，牢固树立"绿水青山就是金山银山"的理念，持续开展大规模国土绿化行动。我国累计造林 9.6 亿亩（1 亩 = 666.67m^2），森林覆盖率提高至 24.02%，但仍然远低于全球 31% 的平均水平，人均森林面积仅为世界人均水平的 1/4，人均森林蓄积仅有世界人均水平的 1/7，森林资源总量相对不足、质量不高、分布不均的状况仍未得到根本改变，林业发展还面临着巨大的压力和挑战。

4. 生物物种加速灭绝

我国是世界上生物多样性最丰富的 12 个国家之一，拥有陆地生态系统的各种类型，物种数量居北半球国家第一，是世界四大遗传资源起源中心之一。然而，在占有丰富的生物多样性资源的同时，我国面临的物种保护压力也是相当艰巨的。我国是生物多样性破坏较严重的国家，生物栖息地的丧失与片断化、栖息地环境恶化、资源的过度开发和外来生物的入侵使我国的高等植物中濒危或接近濒危的物种达 4000～5000 种，约占我国拥有的物种总数的 15%～20%，高于世界 10%～15% 的平均水平。根据国际自然与自然资源保护联盟 2003 年公布的《濒危物种红色名录》，我国有 422 个物种面临灭绝的威胁，其中哺乳动物 81 种、鸟类 75 种、鱼类 46 种、爬行动物 31 种、植物 184 种。在该组织 2021 年更新的《濒危物种红色名录》中，更多的鸟类和哺乳动物被写进了严重濒危的名单。2007 年 6 月，第 14 届濒危野生动植物物种国际公约（CITES）缔约国大会上通过了 CITES 附录，这个附录是受国际贸易影响而有灭绝危险的野生生物名录，我国的 1999 个动植物种名列其中，占到了 CITES 附录所收录的物种总数的 6%。《2021 中国生态环境状况公报》对全国 34450 种已知高等植物的评估结果显示，需要重点关注和保护的高等植物有 10102 种，占评估物种总数的 29.3%，其中受威胁的为 3767 种、近危等级的为 2723 种、数据缺乏等级的为 3612 种。对 4357 种已知脊椎动物（除海洋鱼类）的评估结果显示，需要重点关注和保护的脊椎动物为 2471 种，占评估物种总数的 56.7%，其中受威胁的为 932 种、近危等级的为 598 种、数据缺乏等级的为 941 种。

对 9302 种已知大型真菌的评估结果显示，需要重点关注和保护的大型真菌为 6538 种，占评估物种总数的 70.3%，其中受威胁的为 97 种、近危等级的为 101 种、数据缺乏等级的为 6340 种。

5. 地下水位下降，湖泊面积缩小

多年来，由于过分开采地下水，在北方地区形成 8 个总面积达 $1.5 \times 10^4 km^2$ 的超产区，导致华北地区地下水位每年平均下降 12cm。湖泊面积减少、水质恶化，导致湖泊功能不断衰减、水生态环境破坏，已成为当前湖泊保护面临的主要问题。据 2013 年水利部发布的《第一次全国水利普查公报》显示，流域面积在 100km² 及以上的河流仅有 2.3 万条；而此前 2010 年中国流域面积在 100 km² 及以上的河流约 5 万条，河流数量减少明显。与此同时，湖泊的面积和数量也正在减少。其中，1950 年—2013 年，全国大于 10 km² 湖泊中，干涸面积 4326 km²，萎缩减少面积 9570 km²，减少蓄水量 516 亿 m³。曾有着"千湖之省"美誉的湖北，1950 年—2013 年间天然湖泊数量从 1332 个减少为 843 个，3.33 km² 以上湖泊仅剩 110 个。造成这些现象的主要原因在于，社会经济发展中大规模围湖造田及房地产开发、倾倒垃圾、工农业污染等。全省 6.67hm² 以上湖泊仅为 574 个，和 20 世纪 50 年代相比减少了 56.9%，每年存在 15 个 6.67hm² 以上湖泊消失的情况。又如位于新疆塔里木盆地北缘的博斯腾湖，曾是我国最大的内陆淡水湖，水域面积曾一度超过 1200km²，因受干旱影响，许多相邻的小湖已经消失或正在面临消失，如今已经缩小到 988km²。据青海省地质调查院和中国地质大学进行的"长江源区生态环境地质调查项目"显示：2009 年长江源区共有大小湖泊 11037 个，湖水面积约 1027km²，近年来，随着水环境恶化，源区湖泊面积与长江源志所记载 1976 年的考察数据 1080km² 相比，退缩了 53km²。此外，由于源区水环境日益恶化，普遍存在湖泊面积缩小、河湖水量减少、泉口下移、地下水位下降、沼泽湿地萎缩、长年性河流渐变为季节性河流等现象，直接威胁源区生态系统的稳定。

6. 水体污染较重

根据 2022 年中国水利部发布的《2021 年中国水资源公报》，2021 年全国水资源总量为 29638.2 亿 m³，占全球水资源的 6%，但人均只有 2117m³，仅为世界平均水平的 1/4 左右，在世界上名列 121 位，是全球 13 个人均水资源最贫乏的国家之一。目前造成我国水资源贫乏的主要原因之一为水污染加剧。在河流方面，我国水利部开展了 20.8 万 km 重要江河河段的监测，Ⅰ～Ⅲ类水河长比例占了 68.6%，比 2012 年提高了 1.6%，即好水的比例有所升高。但是，Ⅴ类和劣Ⅴ类水的比例仍然很高，占了 20% 左右。从湖泊来看，我们监测的 120 个开发利用程度比较高、面积比较大的湖泊当中，总体水质满足Ⅰ～Ⅲ类标准的只有 39 个，只有 32.5% 的湖泊水质是优于Ⅰ～Ⅲ类的。目前我国七大水系的污染程度依次是辽河、海河、淮河、黄河、松花江、珠江、长江，其中 42% 的水质超过Ⅲ类标准（不能做饮用水源），有 36% 的城市河段为劣Ⅴ类水质，丧失使用功能。大型淡水湖泊（水库）和城市湖泊水质普遍较差，黄河多次出现断流现象，75% 以上的湖泊富营养化加剧，主要由氮、磷污染引起。

7. 大气污染问题仍需重视

《空气质量持续改善行动计划》是我国继 2013 年发布《大气污染防治行动计划》、2018 年发布《打赢蓝天保卫战三年行动计划》之后的第三个"大气十条"，明确了推动空气质量持续改善的总体思路、改善目标、重点任务和责任落实。

本次出台的行动计划坚持突出工作重点，坚持 PM2.5 改善为主线，明确 PM2.5 的下降目标；坚持系统治污，大力推进产业、能源、交通结构调整，尤其交通领域的绿色低碳转型量化指标最多，突出氮氧化物、VOCs 等多污染物协同减排；强化联防联控，京津冀及周边地区已经由"2 + 26"城市调整为"2 + 36"城市，长三角与京津冀协同打通，整体解决东部地区的大气污染。

2023 年以来，我国空气质量有所波动，这既有污染物排放量增加的因素，也有气候条件影响，反映了大气污染治理的长期性和艰巨性，需要我们持之以恒，不懈努力。

此次印发的行动计划部署了 9 项重点工作任务，涉及产业结构、能源结构、交通结构、污染治理等方面，其中一大亮点是更加突出交通绿色低碳转型，提出了多项量化指标，例如，到 2025 年，铁路、水路货运量比 2020 年分别增长 10% 和 12% 左右；重点区域公共领域新增或更新公交、出租、城市物流配送、轻型环卫等车辆中，新能源汽车比例不低于 80%；年旅客吞吐量 500 万人次以上的机场，桥电使用率达到 95% 以上等内容。

1.1.3　发展差异与平衡

党的十九大报告指出，中国特色社会主义进入新时代，我国社会主要矛盾已经转化为人民日益增长的美好生活需要和不平衡不充分的发展之间的矛盾。区域经济发展不平衡是"不平衡的发展"中的一个重要方面，解决区域经济发展不平衡问题、实现区域协调发展战略，是新时代国家实现更高质量、更有效率、更加公平、更可持续发展的长远大计。我国区域经济长期发展不平衡突出表现在城乡发展差距、经济发展差距以及地区间产业结构失衡三大方面。

从城乡发展格局看，相对于城市，农村经济发展不平衡主要体现在城乡收入、投资水平，公共服务水平等方面的差距。

（1）城乡收入　2021 年我国居民人均可支配收入 35128 元，比 2012 年增加 18618 元，年均名义增长 8.8%，扣除价格因素，年均实际增长 6.6%。其中，2021 年城乡居民人均可支配收入之比为 2.5（农村居民收入 =1），比 2012 年下降 0.38，城乡居民收入相对差距持续缩小。随着脱贫攻坚各项政策和乡村振兴战略的纵深推进，农村居民人均可支配收入增速持续快于城镇居民。2021 年城镇居民人均可支配收入 47412 元，比 2012 年增长 96.5%；农村居民人均可支配收入 18931 元，比 2012 年增长 125.7%。2013 年—2021 年，农村居民年均收入增速比城镇居民快 1.7 个百分点。中西部地区居民收入较快增长，地区收入相对差距不断缩小。与 2012 年相比，2021 年，东部、中部、西部和东北地区居民人均可支配收入分别累计增长 110.1%、116.2%、123.5% 和 89.5%，年均增长 8.6%、8.9%、9.3% 和 7.4%，西部地区居民收入年均增速最快，中部次之。

（2）投资水平 长期以来，在社会固定资产投资总额中，相对城镇来说，农村固定资产投资额比重偏小。2023 年国民经济和社会发展统计公报显示，全年全社会固定资产投资509708 亿元，比上年增长 2.8%。其中，固定资产投资（不含农户）503036 亿元，增长3.0%。分区域看，东部地区投资比上年增长 4.4%，中部地区投资增长 0.3%，西部地区投资增长 0.1%，东北地区投资下降 1.8%。在固定资产投资（不含农户）中，第一产业投资10085 亿元，比上年下降 0.1%；第二产业投资 162136 亿元，增长 9.0%；第三产业投资330815 亿元，增长 0.4%。民间固定资产投资 253544 亿元，下降 0.4%。基础设施民间投资增长 14.2%。

（3）公共服务水平 公共服务水平主要体现在以下两个方面：①城乡教育资源差距较大。优质教育资源往往集中在城镇学校，而农村学校优质教育资源匮乏。城镇学校教育投入大，教学实验设备设施齐全，优秀师资集中。而多数农村学校投入少，教学设施和实验设备缺乏，师资缺乏，优秀师资更是严重不足。②城乡居民医疗保障和卫生服务差距明显。城镇居民卫生保障体系比较健全，无论管理和服务体系都较完备。而在农村，虽然医疗保障已在全覆盖，但农村自身卫生医疗资源贫乏、医疗设施落后、乡村医护人员更是缺乏，医疗业务水平不高，出去学习培训提高机会较少。

郦萍研究发现，2006 年—2018 年我国无论是城镇还是农村的公共服务发展值虽呈现缓慢上升态势，但整体水平不高（均值低于 0.5），农村公共服务发展值始终小于城镇，且绝对值差距有所扩大。[一] 2006 年—2018 年城乡公共服务发展值变化趋势如图 1-2 所示。

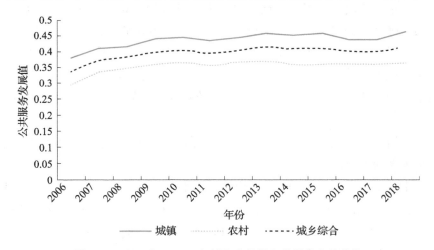

图 1-2 2006 年—2018 年城乡公共服务发展值变化趋势

由于我国幅员辽阔，区域发展差距就更加明显，区域经济增速发展差距突出。王林涛基于城市群城市人均 GDP、城镇居民收入和农村居民收入计算的人口加权变异系数空间分

　　○ 郦萍. 我国城乡公共服务一体化发展水平演变及对城乡收入差距的影响研究 [D]. 镇江：江苏大学，2021.

解结果表明，东部、中部、西部、东北四大经济板块内部和之间的经济发展不平衡都呈现下降的趋势，四大经济板块内部经济发展不平衡占区域经济发展不平衡的比重始终大于50%，且具有微弱的上升态势。[○] 四大经济板块内部经济发展不平衡占比变化趋势如图 1-3 所示。

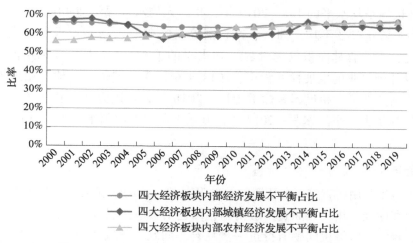

图 1-3　四大经济板块内部经济发展不平衡占比变化趋势

近年来，我国产业转型升级态势继续强化，由工业主导向服务业主导转变的趋势更加明确，区域产业结构不平衡依然严重。高技术、互联网等向传统产业渗透，相互融合形成新产业、新业态。东部在经济结构调整、产业转型升级中的引领作用更加凸显，在经济由高增长向次高增长的转换过程中弹性相对更大。东部地区引领服务业和工业的发展，服务业已成为东部经济增长主力。以北京为例，金融业、信息服务业、科技服务业对经济增长的贡献率达73.3%。在长三角地区，上海、浙江第三产业增加值占 GDP 的比重分别达到 67.1% 和69.0%，其中，战略性新兴产业增加值占上海市生产总值的比重为 16.4%。

1.1.4　瓶颈约束释放条件

从数千年的农业文明到新中国工业文明的曙光，再到改革开放快速工业化，我国已经成为世界第二大经济体和最具活力的经济体之一。随之而来的是快速工业化的弊端逐渐显现：质量差、效率低、高投入、高能耗、不平衡、不协调、不可持续。资源约束已经从以技术和经济限制为特征的流量约束转变为以资源存量接近耗竭为特征的存量约束。从资源的角度来说，我国的资源消耗量较大、利用率低；资源再生性较差、回收无序；资源开发无序、排放超标。因此，在这个基础上，保护好人类赖以生存的自然资源环境，使后代子孙能够安居乐业，是我国一直以来进行资源保护工作的重要原因。

○　王林涛. 新形势下中国区域经济发展不平衡的综合测度及其多样化分解 [D]. 兰州：兰州大学，2021.

1.1.4.1 资源消耗量较大，利用率低

虽然我国的资源总储量位于世界前列，但相应的，我们也应该意识到人均资源的储量却远远低于世界平均水平。在这样的情况下，我国的资源利用面对着如下问题：①人均资源不足的基本国情尚未改变。2017年，我国耕地保有量居世界第三位，但人均耕地面积不足1.5亩，不到世界平均水平的1/2；2019年，我国人均水资源量2048m^3，约为世界平均水平的1/4，且时空分布极不均；油气、铁、铜等大宗矿产人均储量远低于世界平均水平，对外依存度高；人均森林面积仅为世界平均水平的1/5。②资源粗放利用问题依然突出。城乡建设仍以外延扩张的发展模式为主，2018年全国人均城镇工矿建设用地146m^2、人均农村居民点用地317m^2，超过国家标准上限；2018年，我国万元国内生产总值能耗0.52t标准煤，明显高于世界平均水平；2017年，万元工业增加值用水量为45.6m^3，是世界先进水平的两倍。

1.1.4.2 资源再生性较差，回收无序

资源能否再生利用将直接影响资源的总储量。就目前的情况来看，我国资源的再生性较差，缺少指南和标准，相关方职责不够清晰，绿色消费政策没完全落地，网点覆盖率不足，企业规模普遍较小、所得税问题有待进一步完善等问题，导致资源回收的处理过程不合理，缺乏秩序。就拿废弃的生活物品来说，我国的废弃汽车、废旧电池和生活垃圾等废物缺乏一个回收再利用的过程，存在着不同程度的混乱问题。因此，这些物品的不可再生性，直接造成了环境的污染问题。

1.1.4.3 资源开发无序，排放超标

资源过度开发导致生态系统退化形势依然严峻。海洋生态系统问题比较突出。20世纪50年代以来，我国滨海湿地面积消失57%，红树林面积减少40%，珊瑚礁覆盖率下降。海洋自然岸线占比明显下降。因环境污染和过度捕捞，渤海等近海区域大型鱼类资源大幅减少。水资源过度开发，水生态受到影响。洞庭湖、鄱阳湖等长江流域湖泊面积大幅萎缩，导致淡水蓄水能力明显下降，大量淡水直接入海。黄河流域水资源开发利用率高达80%，远超一般流域40%的生态警戒线，上游水源涵养能力不足、中游水土流失严重、下游河口自然湿地面积减少。华北地下水超采区面积18万km^2。过度农垦、放牧导致草原生态系统失衡。根据国际能源署公布的《2022年二氧化碳排放》，2022年我国碳排放约为114.8亿t，尽管较2021年下降了2300万t，但依然位列世界前列。而我国生态环境部发布的《2021年中国生态环境状况公报》显示，2020年和2021年全国一般工业固体废弃物产生量分别为36.8亿t和39.7亿t，其中2021年工业危险废物的产生量为8653.6万t，影响人们生活的危险废物就有1000万t。在如此庞大的数字面前，我们必须采取相应的对策来改变这种经济增长所带来的副作用。

面对当前经济可持续发展所带来的资源与环境的约束，可以考虑从以下几个方面来释放经济发展新动力：

1. 实现经济增长方式的根本性改变，发展循环经济

在影响资源问题的诸多因素中，落后的粗放式经济增长方式是最为突出的因素，而资源

与环境也是影响我国经济可持续增长的制约条件。因此，切实改变经济的增长方式，需要从资源的投入入手，由追求数量向节能减排的轨道转变。依靠先进的科学技术，不断提高企业的经济效益，提高企业职工的科学文化水平和劳动技能，从而实现企业由粗放型经济增长方式向节约型增长方式转变，正确处理好生产速度和企业效益之间的关系，发展循环经济。在企业当中发展循环经济，要使企业的经济活动实现"资源—产品—再生资源"的过程。在这个过程中，需要注意以下四点：①实现资源的高效利用，在节约资源的同时，实现资源的有效利用，延长产品的使用寿命；②减少废旧物的排放，在工业生产的过程中会产生废水、废气、废渣，因此，需要通过技术的改革创新，不断减少废旧物的排放；③提高废物的循环利用，将必须排放的废物进行回收处理，使其成为新的资源应用于企业的生产过程；④无害化处理，对于一些不能进行回收处理的废水、废气、废渣，应该通过某种技术对其进行无害化处理，减少对环境的破坏。

2. 推动资源的机制改革，实现经济可持续增长

企业的生产经营活动会受到资源环境的约束，具体表现在产品价格的高低。一旦资源的约束条件增强，那么会导致产品价格的上升，企业会在大量供应的同时寻找节约资本的方法。随着价格的提高，企业还会依靠新技术去发现新的产品替代品。拿能源产品来说，目前我们应用的能源产品有石油、电力、煤矿和核能等。与此同时还有一些新能源的产生，如潮汐能和氢能等，这些都昭示企业不断朝着资源无污染的方向前进。所以，面对资源的约束条件，只有推动资源的机制改革，才能实现经济的可持续增长。目前，这种机制的改革不仅需要政府的管制，还需要市场的作用。在市场的监管作用下，企业在进行交易的过程中，一般以节能减排作为前提条件，这就优化了资源的配置问题，从而实现了可观的经济效益。鉴于我国在经济飞速发展过程中所面临的资源问题，需要采取一系列的有效措施：落实科学发展观，走新型工业化道路；实现经济增长方式的根本性改变，发展循环经济；推动资源的机制改革，实现经济可持续增长。

1.2　人与自然关系的再思考

1.2.1　自然伦理的启示

在人类文明进程中，社会发展取得了长足的进步。与此同时，人类也遭遇前所未有的生态危机。全球性生态危机的频繁发生使得资源环境问题成为热议的话题，人类不得不再次反思人与自然的关系。老子基于"道法自然"的理念，表达了对整个人类社会发展的终极关怀，呈现了与儒家、法家不同的道家式忧患意识。认真剖析"道法自然"的伦理思想，老子认为世界万物都是由"道"衍生出来的，人只是作为世界万物的一部分，所以人与世界万物是相互平等的。"道常无为而无不为"，万事万物都处于"道"之中，人们应恪守天地万物之"道"，不可违背"道"。人心的不满足是灾祸之源，要克制欲望，懂得知足知止。老子把"物无贵贱"作为其生态价值观，要求人们依据"自然无为"的生态准则，做到"知足知

止"，规范自身。

1.2.1.1 物无贵贱——道法自然的生态价值观

在老子看来，"道"在宇宙万物存在之前就存在了，它是世界万物一切存在的本源。"道冲而用之或不盈，渊兮似万物之宗……湛兮似或存。吾不知其谁之子，象帝之先"（《道德经》第四章）。老子之道虽是一种虚无缥缈的状态，但它却蕴含着创造万物的能量与动力。老子并没有阐释"道"源自哪里，却指出了"道"存在于万物之前，"道"是世界万物之根本。老子的思想中还提到"故道大，天大，地大，王亦大。域中有四大，而王居其一焉。人法地，地法天，天法道，道法自然"（《道德经》第二十五章）。他把人视为四大之一，人、地、天、道密不可分。人作为天地万物的一部分，与天地万物一起遵循自然的原则，构成人与自然和谐的统一体。由此可以看出，人与世界万物都是平等的，没有贵贱之分，世界万物是一个有机的统一体。老子"道法自然"的伦理思想所呈现出的"物无贵贱"的生态价值观，置万物以平等的位置，为人类的行为选择提供了重要的依据和标准。

1.2.1.2 自然无为——道法自然的生态准则

"道"生成万物，包含宇宙万物的客观规律。基于"物无贵贱"的价值观，人与自然万物处于平等的地位，人与自然万物的生存与发展都要遵循内在的客观规律。"德"作为道的外在体现，顺应自然，遵循自然发展的客观规律。因而"道法自然"在生态伦理方法论上表现为"道常无为而无不为"即"自然无为"。"无为"并不是指无所作为，并不是排斥人为，而是不去妄为，排斥不遵循自然规律的人为。因此"无为"可以说是"善为"。"复命曰常，知常曰明，不知常，妄作凶"（《道德经》第十六章）。这里所说的"无为"，也不是字面意义上的不作为，而是要认识规律，这样才叫明智，不认识规律，又要妄为，是极其危险的，必然遭到惩罚。否认事物的个体独立性，强加人的意志于其上，本就是不道德的行为。

老子认为，人欲望的膨胀，会使人过分沉迷于物质资料的享受，这样对身体和精神都是不利的。"祸莫大于不知足，咎莫大于欲得。故知足之足，常足矣"（《道德经》第四十六章）。人心的不满足是灾祸之源，要克制欲望，懂得"知足知止"。老子主张的"知足知止"，一方面要求我们控制无节制的消费，另一方面要求我们把握事物的度，在开发和利用自然资源时要注意限度，反对得寸进尺、贪得无厌。总之，老子"道法自然"的伦理思想，要求人们以"知足知止"的准则规范自己。人应该遏制自己的欲望，减少对外在物质的索求，知于满足、适可而止、合理利用资源。老子以预见性的眼光以及批判性的思维，审视自然界和人类社会，要求摒弃贪图享乐的念头和不加节制的心理，约束无穷的物质欲望，合理规范自己，回归到一种和谐状态。老子的"道法自然"思想，对重构现代生态价值观，助推我国生态文明建设具有重要的借鉴价值。

1.2.2 和谐之道长久

开创人与自然和谐共生的现代化新格局，意味着我们应对传统发展理念、发展方式、发展目标、发展规划、发展价值进行深刻反思和调整。在人与自然和谐共生的现代化发展新格局中，人是现代化的主体，是推动现代化发展的强大动力，又是现代化建设成果的享受者。因此，坚持以人民为中心的发展，进一步彰显了人民群众在现代化建设中的主体性和动力性，彰显出现代化建设的目的是为了人民群众的美好生活。发展既造福当代人，又造福子孙后代。

同时，在人与自然和谐共生的现代化发展新格局中，与人这个主体相对应和不可或缺的因素是自然。无论是社会主义现代化建设，还是社会领域各项事业的发展，都涉及人与自然的关系以及人与社会的关系，为此，必须坚持人与自然和谐共生发展的理念，从而牢固树立人与自然是生命共同体的意识，形成敬畏自然、尊重自然、顺应自然、保护自然的科学态度，认识和利用自然规律，认识和利用经济社会发展规律，认识和利用中国特色社会主义现代化建设规律，从而在合理开发利用自然的同时保护好自然，实现经济发展与生态环境优化、物质财富增多与精神文化提升同步、民生福祉厚植与生态环境美好的价值目标。

实践证明，违背人与自然和谐共生的现代化发展道路，必然会迈向发展的死胡同。我国以往的传统发展方式在快速集聚现代化发展厚实物质基础的同时，也给自然生态系统带来了破坏，空气污染、水污染、土壤污染、森林减少、土地沙化、湿地退化、水土流失、干旱缺水、生物多样性减少、极端自然天气等问题逐渐显露，并且给人民群众的身体健康和生命安全带来了严重影响，造成人与自然关系的严重失衡以及人与社会关系的紧张。这不仅影响经济社会的可持续发展，也会为区域关系、代内关系、代际关系以及国际关系带来一系列矛盾。

要努力建设资源节约型、环境友好型社会。人与自然和谐共生的现代化新理念超越了人对物质利益的追求与人赖以生存的生态环境的"两难困境"。找到实现经济发展和环境保护的"双赢之道"，有助于通过绿色发展促进人与自然和谐共生。无论是西方现代化的经验教训，还是我国社会主义现代化建设的实践都证明，消除人与自然危机的正确方式就是坚持人与自然和谐共生，这样才能不断实现"物的尺度"与"人的尺度"的辩证统一，不断促进人与自然的和解，不断推进美丽中国建设，并在人类命运共同体语境中携手国际合作，构建美好家园。

人与自然和谐共生的现代化是一种指导中国特色社会主义现代化建设的新现代化观念，是对西方经典现代化的超越和反驳，它有助于我们从长期以来现代化与生态环境对立的两极中超越出来，通过全新的现代化建设，展现新时代社会主义中国的富强中国、民主法治中国、文明中国、和谐中国、平安中国、健康中国、安全中国、美丽中国的崭新形象，并赋予中国特色社会主义现代化以新的内涵、新的特征和新的要求；开创经济社会发展与全面绿色转型相协调的现代化新格局、绿色经济社会构建与人的自由而全面发展相促进的现代化新格局、自然生态美好和人民生活美好相融合的现代化新格局、自然生态山清水秀与政治生态山清水秀的现代化新格局。

以绿色发展开创人与自然和谐共生的现代化是一个经济社会全面绿色转型时代背景下的综合性、整体性的全面绿色现代化，追求的是我国经济社会整体性高质量发展。总体而言，围绕到 21 世纪中叶将我国建设成为富强民主文明和谐美丽的社会主义现代化强国，促进我国物质文明、政治文明、精神文明、社会文明、生态文明全面提升的愿景目标和重大战略任务，以绿色发展开创人与自然和谐共生的经济现代化新格局，全方位全过程地推行绿色规划和绿色设计，开展绿色投资和绿色建设，扩大绿色生产和绿色流通，倡导和践行绿色生活和绿色消费，使我国经济发展建立在高效利用资源、严格保护生态环境、有效控制温室气体排放的基础上，统筹推进高质量发展和高水平保护，建立健全绿色低碳循环发展的经济体系，确保实现预定的碳达峰、碳中和目标，推动我国绿色发展迈上新台阶，形成绿色美丽的物质文明。

生态文化是精神文明理论体系中的重要内容，只有将人与自然和谐共生的现代化理念推广开来，形成全社会普遍崇尚的文化价值观，才能将人与自然和谐共生的文化价值观内化于心、外化于行，推动生态文化转化为绿色发展的实践行为，形成绿色美丽的精神文明新成果；以绿色发展开创人与自然和谐共生的社会现代化新格局，是一个巨大的社会系统整合工程，涉及党政部门、行政部门、企业单位、社会公众如何分工协作，生态文明体系如何科学建构，生态文化教育如何社会化等一系列重大社会建设课题，需要大力提高生态治理体系和治理能力现代化水平，形成绿色美丽的社会文明新成果；以绿色发展开创人与自然和谐共生的生态现代化新格局，需要及时总结我国生态文明建设的经验，借鉴国外生态文明建设的成果，围绕生态文明建设取得新进步，稳步推动理论创新和实践创新，形成绿色美丽的生态文明新成果。

1.3　生态文明之路探索历程

1.3.1　人类文明发展阶段的矛盾变化

生态文明概念自 20 世纪 80 年代提出以来，一直是理论界的关注点之一。特别是在党的十七大将生态文明作为一种重要治国理念提出以后，生态文明再次成了全国学界关注的理论焦点。生态文明研究的视角既包括生态文明理论的理性探讨，也包括生态文明建设的实践路径探析。就生态文明的理论探讨而言，学者们围绕生态文明的内涵、特征以及生态文明在中国特色社会主义文明体系中的地位等，提出了许多颇有见解的观点。

从较为抽象的人类社会发展阶段视角来定义生态文明，认为生态文明是人类社会继农业文明、工业文明之后的一种新型文明形态或这种文明形态的新特征。这主要是从人类文明发展的支撑产业，即产业结构发展、优化的视角来定义生态文明。这一分析视角认为人类文明的发展在经历了以采集狩猎为特征的前农业文明，以种植、养殖为主要特征的农业文明以及以机器大工业生产为特征的工业文明之后，人类将进入以服务业为主体，以农业和工业的生态化为主要特征的生态文明新时代。生态文明必将开辟人类历史的新纪元，使人类的生产、生活方式发生质的改变。从人类文明发展阶段角度来理解生态文明，主要有两种观点。

一种观点认为生态文明是人类文明发展的新阶段。持这一观点的学者较多，例如，俞可平认为，如果从原始文明、农业文明、工业文明这一视角来观察人类文明形态的演变发展，可以说，生态文明作为一种后工业文明，是人类社会一种新的文明形态，是人类迄今最高的文明形态；后现代研究专家王治河认为，生态文明是人类文明的一种新的形态，是对现代工业文明的反驳和超越。在这个意义上，生态文明是一种后现代的"后工业文明"；欧阳志远根据历史唯物主义的理论及生态问题产生的实际领域，认为生态文明应当是物质文化的进步状态，与农业文明和工业文明构成一个逻辑序列。

构建生态文明，需要调整生产技术。春雨在《光明日报》撰文指出，生态文明是在深刻反思工业化沉痛教训的基础上，人们认识和探索到的一种可持续发展理论、路径及其实践成果。生态文明是对农耕文明、工业文明的深刻变革，是人类文明质的提升和飞跃，是人类文明史的一个新的里程碑。马拥军认为，从人与自然的关系来看，迄今为止，人类文明已经经历了两个阶段：农业文明和工业文明。生态文明属于即将到来的第三种文明。

另一种观点认为生态文明是人类未来文明的新特点。这种观点认为，生态文明并不是未来人类文明的全部，仅是未来文明的新特点。未来文明应是工业文明与生态文明相统一的文明。这是从我国现实国情出发对生态文明的深刻理解，指出了中国特色生态文明的鲜明特征，表明了当前经济建设和工业文明对于满足人民日益增长的物质文化需要的重要意义。陈昌曙认为："对于生态文明，或许可以简单地说：生态文明要以工业文明为基础；生态文明是人类未来文明的新内容、新特点；人类未来文明将是生态文明与工业文明的结合"。

在生态文明的建设中，会表现出明显的阶段性。①从空间的角度看。不同国家或地区的人们建设生态文明的程度不一样。有的国家生态环境良好但社会和谐有待加强，有的国家社会和谐但生态环境不容乐观，有的国家还处于生态环境恶化与人民贫困、社会不和谐的双重困难之中，也有的国家已经步入生态环境与人民安居乐业相互促进的良性循环轨道。②从时间的角度看。不同时期由于人们认识或关注的焦点不一样，开展生态文明建设的着力点也不一样。关注生态文明的阶段性与持续性，既要注意因地因时制宜开展生态文明建设，不能搞一刀切，又要注意可持续的远大目标，使建设工作具有长远性与连贯性。

人类文明是社会发展的结果，与一定的社会条件密不可分。特定的历史阶段塑造特定的人类文明，并赋予人类文明丰富的历史内涵，表现出多种文明形式。通过比较分析，人类文明的主导形态包括前文明时期、农业文明时期、工业文明时期、信息文明时期、生态文明时期，这几大文明形态的分类由当时的社会环境、生产状况所决定。

1.3.1.1　原始文明时期——天命论

原始时期的天命论思维是指信奉天命、唯天命是从的观念和意识。在原始人看来，"天"就是一切，客观自然界存在着一种神秘的力量支配着人类行为，这种神秘的力量被寄予了宗教和神话的色彩。原始时期的天命论思维符合人类思维发展的原初过程，带有宗教的意蕴。古人类的思维理念存在很大局限性，无法依靠本身的能动性认清自然本质，他们往往将思想认识寄托于客体，表现为超自然的观念形式，揭示了原始时期人类思维的宿命论本质。这一时期，原始人类的天命论思维主要以客体崇拜的形式表现出来，并且将太阳、神鸟、动物和植物等作为主要信仰，依托于外在客观力量，其本质是一种典型的以自然中心主义为理念的宿命思想。原始文明阶段，人类意识刚刚觉醒，对自然界以及社会本身的许多现象仍然模糊不清。面对险恶的自然环境，原始人类无法与自然抗争，往往寄希望于外在客观力量，人类意识的雏形——宗教由此产生。原始宗教代表着人类意识形态的最初萌芽，以某种臆想的方式寄托着人类对客观环境的思索与认识。拜物论作为人类对客观环境的最早认识，也广泛渗透于原始宗教之中，以某种自然信仰的形式体现出来，表现为客体崇拜，这是人类在文明初期人地观念的原始形态。

1.3.1.2 农业文明时期——朴素的人地和谐论

1. "天人合一"的和谐意识

古代中国，天人合一的思维方式统领着整个社会。"和"的思想是封建统治者极力推崇的维护统治的手段。"天人合一"意在通过取消主客二分式以向往物我交汇的境界，以建立天人之间的联系为出发点，把天与人的相合视为精神追求的终极目标。

2. 我国古代的"安乐"意识

农业社会，人们以农耕为主要生产方式，过着"日出而作，日落而息"的悠闲自在的生活。刚从原始神话意识中解脱出来的人类陶醉于农业生产带来的物质成果，将农业文明视为一种理想化的生活模式。农业文明是土地作业的文明形态，表现为典型的自然生产。农业生产改变了人类居无定所的生活，人们满足于现有农业生活状态，活动空间的局限性促使人们形成了安于现状的农业意识，呈现出田园牧歌式的桃源生活景象。我国古代农业社会男耕女织的自然经济是农业文明的典型写照。老子的自然观充斥着"小国寡民"的安乐意识，以道为本反对纷争，主张建立安乐祥和的清净社会；大诗人陶渊明笔下的桃花源映射出了一个"不知有汉，无论魏晋"的世外桃源。这一理想生活模式反映出古代人类追求人地和谐的安乐思维，但这种片面的人地和谐却忽视了人类活动对外在自然环境的破坏力。农业文明的人地关系表现为和谐与不和谐并存的局面，其人地意识是一种狭隘的和谐理念。

3. 西方农业时期的人地观念

西方古代社会的中心区域古希腊出现了一大批杰出的自然哲学家，他们用理性深邃的思维探讨自然，想象周围的世界是由具体的自然物组成，带有浓厚的朴素唯物主义色彩。古希腊哲学家对世界的认识表现为追求"静穆的伟大"和"和谐的不朽"，倡导世界万物的有机联系和整体性。古希腊米利都学派的代表人物泰勒斯认为，"万物都从水中产生，而又复归于水。"米利都学派的阿那克西曼德则认为万物没有一种固定形态，呈"无限者"形式，只有这样的"无限者"才是万物的本原。此外，米利都学派的阿那克西美尼把世界看成是气的源泉，我们周围的一切都是由气包围着。古希腊哲学家对自然界的认识已表明人地对话机制发生了根本性转向，有神论思想逐渐退出舞台。以客观地理环境为主体的地理认识论思想在农业社会达到了顶峰，人地思想表现出朴素的唯物主义性质。可是，后来的环境决定论却过分夸大了自然环境的力量，无视人的主观能动性，忽略了客观生产力才是社会发展的根本动力。

步入农业社会后期，西方社会的有识之士意识到了破坏环境的危险后果，对人类破坏环境的做法予以严厉批评，主张遵循客观规律，实现人与自然的和谐相处。恩格斯在《自然辩证法》中指出："我们不要过分陶醉于对自然界的胜利，对于每一次这样的胜利，自然界都报复了我们""我们必须记住：统治自然界决不能像征服者统治异族一样，我们连同我们的血、肉和头脑都属于自然界。"恩格斯用辩证唯物主义和历史唯物主义的视角引导人们重新思考人对自然的态度和自然对人的意义。人是自然的一部分，只有当人从自然界中提升出来成为全面的自觉的人，才能清楚识别主客二体的内在关联，以一体化的思维处理人地关系。

4. 地理环境决定论的极端思维

地理环境决定论的核心在于认为客观自然环境对人类社会、经济、政治起绝对支配作用，环境是社会发展的决定性因素，忽视了生产力和生产关系是社会发展的决定力量。唯物史观认为社会存在决定社会意识，人类活动依赖于现有社会环境并依据现有地理条件从事物质生产。法国哲学家孟德斯鸠在《论法的精神》中充分论证了一个国家的政治、经济、法律、宗教等状况与其地理环境息息相关；德国的拉采尔在其《人类地理学》中阐明了地理环境对人的影响，包括生理、心理、经济社会等多方面的影响，并认为一切生物都是环境的产物。

地理环境决定论产生于以土地生产为主要方式的农业社会。农业生产是生物再生产，不同生态环境条件下的生物种植也是千差万别，农业生产呈现出强烈的地域性。人被看作和其他生物一样完全受控于他所处的地理环境。环境是人类整体的中心，人地之间的相互关系只是从环境到人的线性关系，而忽视了人类活动对环境的作用与意义。因此，农业时期的人地思想趋向于对地理环境的绝对认同，表现出对地理环境的服从与依赖。

1.3.1.3　工业文明时期——人定胜天论

人定胜天论的基本要义是人本身的内在价值高于自然界，坚信人能战胜自然界取得人对自然的主导权。工业时代的自然客体在人类看来没有内在价值，所以没资格获得道德关怀。此外，人定胜天论还认为客体自然界只是一个完全按照人类主体意志任意摆布利用的对象，自然界本身只享有工具价值，由此造成了人与自然的不平等关系。

人定胜天论是工业时代的主体精神，其本质特点是人与自然的二元对立，个人主义色彩构成了现代精神的全部核心。这种个人主义的思维框架最明显地表达在笛卡尔的"实体"定义中，即实体是无须凭借任何事物而只是凭借自身就成为自己的东西。

现代社会价值观认为个人作为独立自主的实体不需要任何外在之物就可完成自我构造；人与人的关系体现为外在的形式，个人的自我利益是整个生活的根基，他人则是达到自我目的的手段。这种冰冷的现代精神的价值导向过分强调人类自身的主体价值，忽视了个人之间、个人与集体之间的有机内在联系。人定胜天论与工业文明所创造的繁荣背道而驰，它夸大了人的内在主体价值，加深了主客矛盾，引发了人地之间的严重对立。

该理论是技术革命的产物，其性质是一种机械哲学的思维方式。恩格斯在《反杜林论》中指出："这个文明制度使野蛮时期任何一种以简单方式干出来的罪恶，都采取了复杂、暧昧、两面虚伪的存在形式。"当人对技术的利用达到一定程度，人本身的主观能动性显著增强，于是人类视自身为唯一主体价值。人定胜天论包含着极端主义思想，将人与自然看作事物的两极，缺少对非生命存在的道德关怀与伦理意义。人定胜天论意味着人试图以己之力征服自然，将自然看成满足自我需要的工具，忘记了其属人的本质，是一种形而上学的思维方式。

1.3.1.4 后工业文明时期——可持续发展观

后工业社会的可持续发展是一种全方位的总体发展，追求"自然—经济—社会"复合系统的持续、稳定、健康发展。可持续发展观的时间向度是面向未来，着眼于人类发展的持续性。可持续发展观意味着人地关系的优化组合，促进资源、经济、环境、社会等整个生态环境的有机协调，实现社会当前利益与未来利益、整体利益与局部利益、理性与价值的完整统一。可持续发展不再追求数量的一味增加，而是注重质量的改善，突破了过去那种把经济和技术的增长作为社会发展总和的机械思维。

可持续发展观的前提是发展。工业文明的弊端和繁荣同时引发了两种对立的发展思想，即发展悲观主义和发展乐观主义，可持续发展观则是对这两种片面发展思想的辩证式综合，既肯定发展的必要性，又注意克服发展的消极因素，为突破增长的极限开辟新前景；可持续发展观的核心是人本和效益。

西方学者弗朗索瓦·佩鲁（Francois Perroux）在其代表作《新发展观》中对某些国家过度追求数量的发展予以严厉批评，提出了总体的、内源的、综合的发展。可持续发展要求改变统治自然的传统观念，树立新的价值标准，把自然界与人类视作平等统一体。后工业社会的可持续发展观强调人的主体性，但又不过分夸大人本身的价值，同时也重视客观自然界的内在价值，主张通过"对话"实现人与自然、人与社会、人与人之间的和谐共存；可持续发展观的取向在于整体性和长期性，后工业文明视野下的可持续发展早已越出一国边界，着眼于世界各地的共同进步，着眼于全人类利益的实现；可持续发展的社会是"人本位"的社会，以全人类的利益为最高尺度。

可持续发展是一个注重自然、社会、经济等各系统综合协调发展的全新模式，从单一线性发展逐步转向多元复合的循环发展。此外，人类可持续发展改变了发展的时间概念，从过去式的向度转换到未来式的向度。可持续发展十分注重人类生存的延续性，它是一种面向未来的时间观。

1.3.1.5 生态文明时期——和谐论

生态的内涵是指一切生物活动的基本状态，生态文明强调的是地球上生物活动的积极方面，生态和谐注重人、自然、社会三者之间的均衡协调，以整体发展的理念构建生态系统的和谐共存。在构建和谐生态的过程中，人是生态系统的主导，人类的价值取向将影响生态本身的运行。由此可见，人类本身应树立良好的生态意识，促进"三态"的整体协调。

人与自然的和谐：自然对于人类而言并非静止不变的生物体，它们为人类提供效用，满足人最基本的生活需求。人类与客观自然界是不可分割的统一体，应以平等的思维看待客观事物。然而，人类在认识和改造客观生物的过程中却忘记了自然界是属人的存在，单一割裂人与自然的内在联系，以征服者的姿态对待自然界，必然导致社会生产过程中人与自然的严重对立。人不仅区别于单纯的自然界，且借助于劳动工具以一定方式改变以至创造自然客体，从而使人类与自然界形影不离。人作为自然的产物，虽然不能完全脱离客观自然环境而存在，但却可以超越动物，通过改变自身机体来单纯适应自然界和有目的地将自然界置于自身的支配与控制之下。这样一来，人类就能从其他生物物种中提升出来，成为自然界真正的主人。

人与社会的和谐：生态和谐的另一个需求则是人与社会生态的相互协调。社会环境是人类生活的价值载体，它能通过价值引导塑造人类的生活环境，启迪人类智慧，开辟人类发展的新视野。人既是社会的直接创造者，又使社会作为一种相对独立的总体性存在构成人自身生存和发展必须面对的客体力量。人是社会关系的总和，人类需要借助社会关系和社会组织去构建人类大厦，使之服从于自己的目的。人类活动应遵守社会基本准则，恪守人文理念，以社会整体进步为宗旨。这样，人类就不仅可以借助于社会实现对客观自然界的治理，还可以实现自身与社会本身的有机结合。众所周知，社会是多元复合体，人是各个社会子系统的中介，加强各个社会子体的有机协调是人本身促进社会和谐的必然选择。

人与人的和谐：人类之间的和谐应是生态文明塑造过程中的应有之义。人借助于自身的自觉意识不仅使自己从自然和社会的可能主体转化为现实主体，而且使自己成为自己的决定力量。人的主体性是人对对象客体的一种自觉意识，贯穿于人类实践活动的全过程。这种主体性主要是指人作为主体的创造性，进而使自己的本质力量对象化，达到主体客体化和客体主体化。人之间的和谐不仅是行为习惯的融洽，还包括价值理念的协调一致。人是最具主观能动性的生物，人类需要正确运用自身的主体思维构建符合时代意义的人类价值，协调人类彼此的关系，人的和谐是生态和谐中的关键环节，人本身的主观能动性如何发挥直接决定着自然与社会有机体的融合程度。人与人之间的协调能为社会总体的融合提供精神动力和智力支持，引导社会朝着积极健康的方向发展。因此，人类主观精神与客观环境的融合将有力支撑整个社会有机体的协同并进。

1.3.2　生态文明的基本要求

一个时代呼唤与之相适应的发展理论，而一个理论的肇始及其生长则与其所处特定时代的境遇息息相关。经过近 30 年的发展，中国已成为世界外汇储备第一，制造业产值第一，经济总量第二的国家。但仍然面临着诸多生态环境问题。

事实上，早在 20 世纪上半叶发生的伦敦烟雾、水俣病、马斯河谷等环境公害事件，就已经暴露出粗糙的工业化所导致的生态破坏。在国际社会仍将经济增长当作第一要务的发展时期，臭氧层空洞、全球变暖、生物多样性锐减、土壤污染、水污染等环境问题在 20 世纪后半期也开始了"全球化"的过程。此时的发展中国家正值现代化提速阶段，人与自然的矛盾张力也愈加紧绷。日渐恶化的生态环境让国际社会逐渐关注可持续发展问题。《寂静的春天》《封闭的循环》《增长的极限》《只有一个地球》《沙乡年鉴》等反思类书籍的发行，人类环境大会、"罗马俱乐部"（1970）、"绿色和平组织"（1971）等国际会议与组织的努力，使得各国政府渐获共识：自然资源是有限的，经济增长不等于发展，自然环境是人类生存的基础与前提，必须彻底改变粗放式的生产、生活方式，选择可持续发展道路。

我国政府已经充分认识到破解环境危机的紧迫性，相继发布了《中华人民共和国环境保护法》（1989）、《中国 21 世纪发展议程——中国人口、资源、环境发展白皮书》（1994）、"九五计划"（1996），明确提出转变经济增长方式，走可持续发展战略道路。2002 年党的十六大报告将生态良好与生产发展、生活富裕列为全面建设小康社会的目标。2003 年党的十六届六中全会提出构建和谐社会、建设资源节约型和环境友好型社会的战略主张。2007 年党的十七大报告指出，将生态文明作为全面建设小康社会的要求之一。2012 年党的十八大报告又将生态文明建设融入"五位一体"的发展格局之中。2013 年党的十八届三中全会提出了生态文明制度体系建设。习近平总书记在二十大报告中提出，推动绿色发展，促进人与自然和谐共生。这些都体现了党和政府对生态环境认识的不断深化，坚持走可持续发展道路、最终实现和谐发展的执政信念。

生态兴则文明兴，生态衰则文明衰。生态文明的提出，顺应了时代发展的要求，丰富了国家发展战略的方向，确立了"五位一体"的发展格局，彰显了中国共产党人对人类文明发展规律、自然规律和社会规律的深刻认知。"绿水青山就是金山银山""推动绿色发展，促进人与自然和谐共生"，适时提出生态文明及其建设理论，正是试图反思与纠正工业文明产生的偏差，建立人与大自然之间正确关系的积极尝试。

环境因素在国际关系中的地位日益突出，环境因素不仅仅是环境方面的问题，它涉及国家的政治、经济、社会等诸多方面，更是重大的外交问题。我国政府向世界宣布：中国将是一个负责任的大国，其中就包括环境责任。随着全球资源短缺趋势的不断加剧，生态摩擦、环境争端问题日趋明显。今后国际贸易中将会附加更多条件，形成更多非关税贸易壁垒，如绿色附加税、绿色技术标准、绿色卫生检疫制度、绿色补贴等。

在这样一个国际大背景下，我国积极应对国际环境态势，从生态文明理念的提出到将生态文明放到突出地位，并将其贯穿经济建设、政治建设、文化建设、社会建设各方面和全过程，体现了我国作为世界最大的发展中国家正在为人类共同的未来做出实实在在的新贡献，是树立负责任大国形象和地位的必然选择。我国在生态文明建设中的探索、成绩与经验，也将为世界其他国家提供新的启示。

低碳经济与绿色经济、循环经济和生态经济的关系：

无论是学者还是政府政策制定者、决策者，在思考气候变化、金融危机和可持续发展等重大议题时，一般都会涉及低碳经济、绿色经济、循环经济和生态经济这"四种经济"的相关理论和政策措施。将国内知名学者对低碳经济与绿色经济、循环经济和生态经济之间的关系研究的相关成果（见表 1-1）进行梳理、分析，可以得出如下结论：

（1）相同点　强调的经济形态都是以环境友好、资源节约、生态平衡为特征；发展目标相同，都是寻求可持续发展，都体现出生态系统、生命系统和社会系统可持续的动态平衡与协调发展；理论基础相同，都是生态经济理论和系统理论；依靠的技术手段相同，都是以生态技术为基础；新的价值观念和消费观念相同，都是以绿色科技和生态经济伦理为支撑点。

（2）不同点　不同点主要体现在六个方面，即实施主体地位、价值取向、研究角度、实施控制环节、核心内容和解决危机突破口。

表 1-1　低碳经济、绿色经济、循环经济和生态经济对比分析

经济形态		低碳经济	绿色经济	循环经济	生态经济
概念差别		强调碳约束，无论生产或消费，要求削减碳排放。其内涵为"低能耗发展"。无碳活动不受约束	强调环境友善，污染得控制、环境得修复。以"包容性发展"为内涵，集循环经济的"低消耗"、低碳经济的"低能耗"及社会公平发展等理念推进社会经济发展与资源环境保护的协调和平衡	强调物质循环利用、清洁生产、能源尽量利用、废物减量，从而对环境和自然资源的消耗降到最低限度。其内涵是"低消耗发展"	强调建立人与自然和谐共处的生态社区，实现经济效益社会效益、生态效益的可持续发展和高度统一
不同点	实施主体地位	企业与政府间行为	强调人与自然的行为	国家间或经济体系间的行为	结合型/复合型生态经济都建立在发展生态企业上。企业积极参与，实行生态管理和"最佳生产，最佳经营，最少废弃"
	价值取向	以碳减排为目的，低碳产业为核心，低碳技术为特色，低碳能源、交通、建筑、生活为基础，低碳化能力提升和低碳经济重点示范区项目为支撑，符合发展实际和低碳经济发展理念	以和谐包容的、可持续的方式发展处理人与自然的关系，实现可持续发展速度、质量、公平三要素的有机结合	以"减量化、再利用、资源化"为原则，以低消耗、低排放、高效率为基本特征，遵循自然生态规律、实行资源循环利用和清洁生产	以实现人与自然和谐发展的生态经济为目标
	研究角度	重点是从建立低碳经济结构、减少高碳能源消费入手，建立全社会温室气体减排、应对全球变暖的应对机制和发展模式	突出以科技进步为手段实现绿色生产、绿色流通、绿色分配，兼顾物质需求和精神满足	侧重全社会物质循环应用，强调循环和生态效率，资源多次重复使用，提倡生产、流通、消费全过程的资源节约和充分利用	强调经济与生态的协调，注重两大系统的有机结合，强调宏观经济发展模式的转变，以太阳能或氢能为基础，要求产品生产消费和废弃的全过程密闭循环
	实施控制环节	强调经济活动输入端，通过碳减排使大气层中温室气体浓度不再发生过度变化，保护人类生存的自然生态系统	关注经济活动输出端，即废弃物对环境的影响，重点在于环境的保护	从废弃物输出端研究经济活动与自然系统的相互作用；关注资源，特别是不可再生资源的枯竭对经济发展的影响	从资源输入端研究经济活动与自然系统的相互作用；关注资源，特别是不可再生资源的枯竭对经济发展的影响

（续）

经济形态		低碳经济	绿色经济	循环经济	生态经济
不同点	核心内容	以"低能耗、低污染"为基础的经济。其核心是能源技术创新、制度创新和人类消费发展观念的根本性转变	强调以人为本，以发展经济、提高人们生活福利水平为核心，保障人与自然、人与环境和谐共存，促进社会形态公平运行	强调物质的循环，以提高资源效率和环境效率	强调经济和自然系统的可持续发展
	危机解决突破口	通过碳减排，使大气层中 CO_2 浓度不再发生过度的变化，保护人类生存的自然生态系统和气候条件	实施绿色分配，如保证最低收入人群的基本生活消费和费用支出	通过资源的有效利用和生存环境的改善来体现	通过人类与环境的相互创造、依存和协同进化关系达到人类经济系统的可持续发展
相同点		强调的经济形态都是以环境友好、资源节约、生态平衡为特征。循环、低碳、绿色三种经济发展目标相同，都寻求可持续发展，体现出生态系统、生命系统和社会系统能够持续的动态平衡与协调发展。理论基础相同，都是生态经济理论和系统理论；依靠的技术手段相同，都是以生态技术为基础；追求的目标相同，都以保护、改善资源环境，追求人类的可持续发展和资源节约型、环境友好型社会为目标。新的价值观念和消费观念相同，都以绿色科技和生态经济伦理为支撑点			

1.3.3 工业化时代生态文明的特征

1.3.3.1 生态文明的基本特征

生态文明是人们在与自然互动的过程中，以高度发达的物质文明为基础，以遵循人与自然之间和谐共生为核心理念，以修复人与自然的关系为着力点，以可持续发展为目标，在历史实践过程中形成的"物质、精神及制度"成果。

1. 高度发达的物质文明是生态文明的基础

生态文明是人类为建设美好生态环境而取得的物质成果、精神成果和制度成果的总和。建设生态文明，并不是放弃对物质生活的追求，回到原生态的生活方式，而是超越和扬弃粗放型的发展方式和不合理的消费模式，提升全社会的文明理念和素质，使人类活动限制在自然环境可承受的范围内，走生产发展、生活富裕、生态良好的文明发展之路。

2. 遵守人与自然之间和谐共生是生态文明的核心理念

五大发展理念中，绿色是永续发展的必要条件和人民对美好生活追求的重要体现。人与自然和谐发展理念的思想渊源是对各种自然生态系统的"中庸"之平衡策，具有深厚的历史文化基础。绿色发展就是要解决好人与自然和谐共生的问题。人类发展活动必须尊重自然、顺应自然、保护自然，否则就会遭到大自然的报复。这个规律谁也无法抗拒。人因自然而生，人与自然是一种共生关系，对自然的伤害最终会伤及人类自身。只有尊重自然规律，才能有效防止在开发利用自然上走弯路。

3. 修复人与自然的关系是生态文明的着力点

修复关系并非止于观念的转变，关键在于如何在实践层面有所作为。这涉及两个要素：①正确认识"社会经济发展与资源环境之间的关系"是生态文明建设所需调试的对象。"保护自然环境就是保护人类，建设生态文明就是造福人类。"人类与大自然的关系是人类社会最基本的联系，也是人类得以生存、生活的基础和前提，尊重人与自然的共生关系，在取舍自然与人类发展的选择秩序上要坚持自然总是优先于人类。②以资源环境承载力为社会经济发展基础，以资源环境阈值为约束，自觉理性地规划人与自然的协调发展，能够帮助人类以更符合自然规律和社会规律的方式来管理人类社会自身、自然界特别是人类社会与自然界的关系，共同推动地球生物圈这个生命共同体的繁荣和演化。

4. 实现可持续发展是生态文明的根本目标

生态文明是人类社会进步的重大成果，是现实中人与自然和谐发展的必然要求。建设生态文明要以资源环境承载力为基础，以自然规律为准则，以可持续发展、人与自然和谐为目标，建设生产发展、生活富裕、生态良好的文明社会。生态文明代表着人类文明的发展方向，生态文明追求的是在更高层次上实现人与自然、环境与经济、人与社会的和谐。生态文明建设的提出，既是文明形态的进步，又是社会制度的完善；既是价值观念的提升，又是生产生活方式的转变；既是中国特色环保新道路的目标指向，又是人类文明进程的有益尝试。作为人类文明的一种高级形态，生态文明主要指先进的生态伦理观念、发达的生态经济、完善的生态制度、基本的生态安全和良好的生态环境等。生态文明有着不同于渔猎文明、农业文明、工业文明的孕育背景与历史特征，也与政治文明、物质文明、精神文明有着不同的文化内涵。在生态文明概念的逻辑体系中，它强调的是人类与大自然的"和合"程度，它具备其他文明阶段不具备的系统性、前瞻性与全面性。

1.3.3.2 立足新时代开展生态文明建设的战略思考

基于生态文明的特征及我国进入中国特色社会主义新时代的要求，我国当前应大力推进生态文明建设。生态文明建设是一个系统性工程，涉及方方面面的关系与利益，当前尤其应关注以下几个战略抉择。

（1）确立生态文明建设优先的新理念　各国在生态文明建设中，一直面临着经济发展与保护环境的矛盾，在发展中国家尤其明显。生态文明建设是关系中华民族永续发展的根本大计。中华民族向来尊重自然、热爱自然，绵延 5000 多年的中华文明孕育着丰富的生态文化。要从根本上解决生态环境问题，必须贯彻绿色发展理念，坚决摒弃损害甚至破坏生态环境的增长模式，加快形成节约资源和保护环境的空间格局、产业结构、生产方式、生活方式，把经济活动、人的行为限制在自然资源和生态环境能够承受的限度内，给自然生态留下休养生息的时间和空间。

（2）实施全方位推进与重点突破相结合的策略　生态文明建设是阶段性与持续性的结合，我国当前生态发展、环境保护也存在不平衡不充分的问题，为此我们既要全方位推进又要抓住关键问题寻求突破。生态文明建设是一场涉及生产生活方式、思维方式转变与制度建构的系统性、复杂性工程，需要覆盖各主体、各区域、全过程及完善的制度以全方位推进。从各主体来说，要抓住三个关键主体，即政府、企业、公众。政府是生态文明建设的主导，要落实环境保护这一政府的重要职能，建立相应的政府绩效考核机制、干部考核机制和责任追究制度，把资源消耗、环境损害、生态效益等体现生态文明建设状况的指标纳入其中，避免出现过去 GDP 至上的考核方式。企业的行为是影响生态文明建设成效的关键，政府要加强督查，要敦促企业遵守法律法规，落实环保配套措施与环保责任，形成公众参与和社会监督的良好态势。公众是生态文明建设的主体，要教育引导公民树立生态文明意识，践行低碳生活绿色消费等生态消费方式与理念，同时政府制定相应的奖惩措施。从各区域来说，要做到国土空间全覆盖，重点是把山水林田湖草生命共同体一体化保护和治理。从全过程来说，要按照"五位一体"的总体布局，把生态文明建设融入经济建设、政治建设、文化建设、社会建设的各方面和全过程，不断推进生态文明建设。从制度建构来说，生态文明制度建设要贯穿于各方面、全过程，从技术层面如资源有偿使用制度、生态补偿制度、排污许可制度、碳交易制度、生态环境保护制度、环评许可、三同时制度等，到相关配套与保障制度如政绩考核制度、生态责任追究制度、生态环境保护管理体制等。与此同时，还要抓住环境保护中影响恶劣、老百姓反应激烈的问题及明显的薄弱环节加以推进以重点突破，如西部生态脆弱地区与农村被忽视的地区、污染极其严重的企业及某些国际影响大的事件。

（3）承担相应的国际责任促进人类命运共同体的构建　　生态文明整体性的特征决定其最高层次是全球性生态文明建设，目前突出表现在全球气候问题的解决上。虽然 1992 年举办的联合国环境与发展大会确定了"共同而有区别的责任"国际环境合作原则，即面对全球气温升高的趋势世界各国都有责任，但发达国家应当比发展中国家承担更大的责任或承担主要责任。但是在每年的世界气候大会上，各国仍然为减少温室气体排放的问题而争论不休。

发展中国家要求发达国家多减排强制减排，而发达国家也要求发展中国家承担减排义务。美国于 2001 年退出各国达成共识的《京都议定书》，2017 年又退出解决全球气候问题的第二份重要国际性文件《巴黎协定》，其理由皆为减少温室气体排放影响美国经济发展，并且认为文件对美国不公平，指责中国是世界上最大的温室气体排放国却承担较少的义务。美国前总统特朗普退出《巴黎协定》的行为引起了世界各国的批评与担忧，他们不约而同地把目光投向中国。

当今世界，人类社会不仅面临沉重的历史遗留问题，也面临严峻的现实考验。中国创造性地提出构建"人类命运共同体"，把建设美好地球纳入其中，积极参与生态环境合作的多国峰会与国际论坛，提出反对"以邻为壑"的狭隘生态主义，强调共治共担的人类命运共同体意识。推动构建"人类命运共同体"是各国应对挑战、解决纷争、弥合分歧的治世之道，是推动人类社会迈向持久和平、普遍安全、共同繁荣、开放包容、清洁美丽世界的中国良方。2020 年 9 月 22 日，我国宣布将提高国家自主贡献力度，二氧化碳排放力争于 2030 年前达到峰值，努力争取于 2060 年前实现碳中和。根据目前各国已公布的目标，从碳达峰到碳中和，欧盟将用 71 年，美国将用 43 年，日本将用 37 年，而我国给自己规定的时间只有 30 年。世界银行公布的数据显示，从 2005 年开始，我国累计节能量占全球 50% 以上。2020 年，我国碳排放强度比 2005 年下降 48.4%，超额完成了中国向国际社会承诺的到 2020 年下降 40% 至 45% 的目标。在增加森林碳汇方面，中国森林面积和森林蓄积量连续 30 年保持"双增长"，成为全球森林资源增长最多的国家。但是，针对某些国家对中国提出过高的要求与期望，我们应头脑冷静，立足于中国是世界上最大发展中国家这一地位，承担相应的国际责任和国际义务。

本章习题

1. 现代社会经济发展面临的挑战有哪些？
2. 我国区域经济长期发展不平衡的突出表现是什么？
3. 如何看待人与自然的关系？
4. 请阐述低碳经济与绿色经济、循环经济和生态经济的关系。
5. 请阐述工业化时代生态文明的特征。

第2章　可持续发展基本理论

2.1　可持续发展思想的由来及其形成历程

2.1.1　我国古代可持续发展思想

　　尽管现代的可持续发展理论是由西方人首先提出的，但可持续发展思想在我国却有着悠久的历史，并蕴藏着"人类同自然和谐相处"的主题。

　　我国古代的可持续发展思想主要体现在三个方面，即自然观、资源环境观和节俭社会观。我国古代自然观体现的是古人对于人类与自然界之间相关关系的思考，这种哲学理论的一个基本问题是天人观。这里的"天"便指的是自然环境。无论是奴隶社会还是封建社会，天人观多数是唯心的，认为自然界和人类社会由神明主宰，称为天命。然而，即使是在这种唯心天人观主导的时代，也同样涌现出了不少唯物主义思想，认为自然界是客观的物质存在，有自身的发展规律，并可以被人们去认识和利用。例如，殷商时期产生了"五行"之说，认为金、木、水、火、土是万物赖以生存的物质基础。《尚书·洪范》中提到，做任何事情都需要复合五行之说的特点，若不是，则事情就会朝向糟糕的方向发展。《荀子·天论》中也提到了"制天命而用之"的观点，认为人不能盲目地被自然支配，而是可以掌握、运用其规律从而改变自然的。

　　我国古代推行礼制，按照礼法将社会和人都按照不同的等级来划分，而资源往往掌握在权力者即等级较高的阶层。因此古代的节俭社会观多是让统治者和富裕阶层的人克制自身、减少挥霍，反对奢侈浪费。

　　总体而言，我国古代的可持续思想呈现出以下几个特点。首先，形式上多体现在立法层面，环境保护方面的立法占据一席之地，体现了古人的一种生态伦理意识，将人类与自然联系起来，将社会中的道德伦理应用于自然界的事物。《史记》中有这样的记载："汤出，见野张网四面，祝曰，自天下四方皆入吾网。汤曰，嘻，尽之矣。乃去其三面。祝曰：欲左，左，欲右，右，不用命乃入吾网"。"诸侯闻之曰，汤德至矣，及禽兽"。可见对于仁者，其拥有的仁爱与精神不仅仅用于他人，也会扩展到其他的事物。其次，存在等级划分的特点，也是对"礼"的要求。前文提到，我国古代注重礼制，按照礼法将社会和人都按照不同的等级来划分，而这一划分也使得古人在实施对环境的保护时呈现出有主有次的特点。对于拥有重要地位的环境，比如陵墓及周边环境，会受到特别的严格的保护。《唐律》中有规定，"诸发冢者，加役流；以开棺椁者，绞；发而未彻者，徒三年"。再次，对于环境的重视，不仅仅对自然环境，对于居住的生活环境也同样予以重视。对于生活所需的资源，尤其是与种植业或生活生产有关的资源，古人都加以保护。例如"诸盗决堤防者，杖一百""诸失火及非时烧田野者，笞五十"等，都体现了古人对于社会生活环境的保护。最后，和当代人一样，古人也关注污染问题，而上述很多规则或法律制定的前提，便是当时的人们对于自然生态或社会生活环境污染的关注。《本草图经》中记载："春州，融州皆有砂，故其水尽赤，每烟雾郁蒸之气，亦赤黄色，土人谓之朱砂气尤能作瘴疠，深为人患也"。可以看出古时对于丹砂污染水体的描述。

2.1.2 现代可持续发展理论形成的时代背景

2.1.2.1 经济复苏与社会发展的需求

两次世界大战将全世界的许多国家和地区都化为一片废墟，战争摧毁了这些国家前期的建设和发展打下的基础，百废待兴，当时的人们全力以赴，将所有的精力都投入到经济复苏和国家的建设当中。然而，当时的人们对于经济复苏的认识较为片面，单纯地认为经济的"增长"就等于"发展"。这种观点在经济学、社会学等不同的领域逐渐流行，人们普遍认为"只要经济增长，人们的生活就会变得幸福"。因此，当时无论是政府还是民众，都对国民生产总值（GNP）有着浓厚的兴趣，关注的重点都是国民生产总值的增长。这种思潮流行于1960 年—1970 年，也被一些学者称为"第一个发展的十年"。

随着时间的推移，到了 20 世纪 70 年代初，人们逐渐发现单纯的以增长为目标的发展模式不再令人满意，主要表现在随着经济总量的增长，尽管一些国家的人均国民收入有所增加，健康和教育方面的状况也有所改善，但是这些国家多数居民的生活水平却没有提高，甚至贫困人口不断增加。于是，人们开始反思单纯的工业增长、农业商品化、经济总量提升是否代表民众生活的幸福感。人们意识到"用 GNP 不能衡量大多数社会的福利状况，如收入与财富的分配，就业状况、职业保障和升迁机会以及保健和教育服务的情况"。据 1992 年联合国发展署统计，全球最富有的 1/5 人口的收入占世界的 82.7% 、贸易额占 81.2%、商业贷款占94.6% 、国内储蓄占 80.5% ，这一部分人与最穷的 1/5 人口的收入比例由 1960 年的 30∶1 上升到 1989 年的 59∶1。基于这样的时代背景，"无发展增长"的概念逐渐形成，人们开始将经济"增长"与人类社会的"发展"看作两个不同的概念进行区分，并明确两个不同概念的内涵与外延存在一定的交集。由此诞生了一批基于"发展学"的新型学科，例如"发展经济学""发展社会学""人类学"等。

2.1.2.2 "全球性问题"的解决思路

在上文提到"第一个发展的十年"中，人们片面地注重经济增长而忽视其与发展之间的区别，由此产生了一系列诸如环境污染、资源浪费等问题，随着时间的推移及规模的扩大，"全球性问题"爆发。本书涉及的全球性问题，主要集中在人口膨胀、生态环境的破坏与污染、对资源的过度开发消费以及浪费，这些问题威胁着当代人类及其后代的发展。

1. 人口问题

人口问题已成为一个日益严重的全球性问题。它不仅加重了环境与资源问题，也带来严重的社会问题，对世界可持续安全与可持续发展均产生巨大影响。

人口问题主要表现在两个方面：首先就是人口数量增长过快。据联合国公布的数据，全球人口预计将由 2020 年的 77.9 亿增加到 2050 的 97.4 亿；最终稳定在 108 亿左右，1950 年—2100 年全球人口总数变化如图 2-1 所示。全球人口的持续高速增长，导致了全球性的生态破坏、环境污染与资源短缺等问题。发展中国家的问题尤其严重，可能会引起空前的危机。其次就是人口老龄化。联合国《2023 年世界发展报告》显示，2021 年全球 65 岁及以上（占全球总人口的 10% 左右）的人口为 7.61 亿，预计这一数字到 2050 年将翻一番，超过 16 亿人。1950 年—2100 年全球老龄化人口及比例变化如图 2-2 所示。人口老龄化给世界各国的经济、社会、政治、文化等方面的发展带来了深刻的影响，庞大老年群体的养老、医疗、社会服务等方面需求的压力也越来越大。

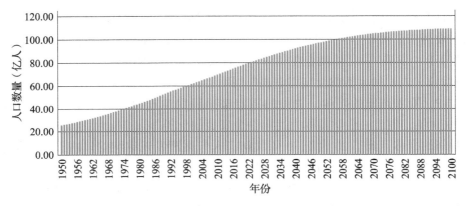

图 2-1　1950 年—2100 年全球人口总数变化

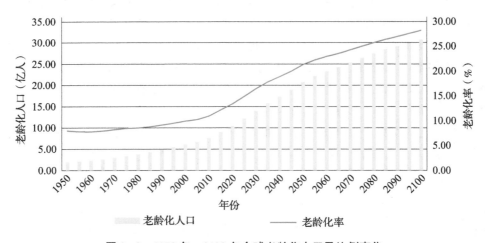

图 2-2　1950 年—2100 年全球老龄化人口及比例变化

2. 环境问题

环境问题主要包括环境污染与生态破坏等方面。目前人类主要面临十大全球环境问题。

（1）全球气候变暖　导致全球变暖的主要原因是人类在近一个世纪以来大量使用矿物燃料（如煤、石油等），排放出大量的二氧化碳等百种温室气体。这些温室气体导致全球气候变暖。全球气温升高所带来的热能供给空气和海洋，从而形成大型甚至超大型台风、飓风、海啸等灾难；气温升高也会加剧陆地和海洋水分蒸发，造成内陆地区大面积干旱，破坏海洋中以珊瑚为中心的生物链，冰川消融，一部分动物失去赖以生存的栖息地等。

（2）资源过度开采　为了满足人类社会的经济发展、人口增长、科技进步等需求，人类不断对自然资源进行开发和利用。由于前期缺乏对资源与环境保护的意识，过度地追求经济效益，使人类对资源的开采利用是粗放的、缺乏节制的。这导致了包含资源枯竭、环境破坏、气候变化等一系列问题的产生。

（3）过度捕捞　过度捕捞是指对海洋和淡水生物资源进行过度捕捞的现象。这种行为导致许多渔业资源面临枯竭和崩溃的风险，对海洋生态系统和渔业产业造成严重影响。过度捕捞不仅损害了生态平衡，还威胁了全球数亿人的生计和食品安全。为了解决这一问题，国际社会需要采取措施，包括加强监管、实行可持续渔业管理、减少不合理的捕捞量和保护重要渔场等。

（4）生物多样性减少　生物多样性是地球生命的基础，对于人类来说，生物多样性具有直接、间接和潜在的使用价值。导致生物多样性丧失的原因很多，归纳起来主要有五个方面：①生物栖息地的丧失和破碎化，人为对土地的开垦和扩张，使未受干扰的自然生境面积急剧缩小和破碎化，环境污染以及气候变化也造成了物种的消失；②荒漠化，荒漠化土地占全球陆地面积的30%，而且还在扩大；③过度利用与消费，大量的野生生物资源遭到过度开发和利用，造成生物多样性的严重减退；④生物入侵，外来物种的侵入造成当地物种的生存环境不断恶化，改变了生态系统的构成，造成一些物种的丧失，甚至灭绝；⑤规模化农业生产的影响，大规模的农业生产方式会间接造成几千年来农民培育和保存的大量作物品种和家畜品种的丧失，使多样性受到影响。

（5）森林锐减　地球上的陆地面积大约是130亿公顷，8000年前地球上大约有61亿公顷森林，近1/2的陆地被森林覆盖。联合国的数据显示，截至2020年，全球森林存量面积为40.6亿公顷，预计到2025年这个数值将降至38.15亿公顷。世界上每年都有1130～2000公顷的森林遭到无法挽救的破坏，特别是热带雨林。导致森林退化和消失的原因有很多，包括农业扩张、采矿、人工林建造、基础设施建设、森林火灾等。但是造成全球森林破坏的主要原因是大规模的工业采伐，据世界资源研究所对现有原始森林的风险评估，工业采伐已成为原始森林最大的威胁，影响着70%以上的濒危森林。

（6）土地荒漠化　荒漠化是指由于干旱少雨、植被破坏、过度放牧、大风吹蚀、流水侵蚀、土壤盐渍化等因素造成的大片土壤生产力下降或丧失的自然（非自然）现象。土地荒漠化和沙化是一个渐进的过程，但其危害及其产生的灾害却是持久和深远的。土地荒漠化和沙化直接导致区域内水土流失，动植物消失甚至灭绝，给区域生态系统造成毁灭性危害。人类所面临的不仅仅是土壤生产力下降所带来的贫困，更要面对江河安全威胁和沙尘暴灾害。

（7）大气污染　大气污染是由于人类活动或自然过程引起某些物质进入大气中，呈现出足够的浓度，达到足够的时间，并因此危害了人体的舒适、健康和福利或环境的现象。大气污染的危害性是多方面的，人类是大气污染的直接受害者之一。人类在大气污染的荼毒下，寿命逐渐缩短，各类呼吸道疾病病例随着大气污染的日趋严重与日俱增。大气污染物，尤其是二氧化硫、氟化物等对植物的危害是十分严重的，可直接缩短植物寿命甚至导致植物死亡。

（8）水污染　水污染主要是指人类活动排放的污染物进入水体，引起水质下降，利用价值降低或丧失的现象。造成水污染的原因有两类：一类是人为因素，主要是工业排放的废水、生活污水、农田排水、降雨淋洗大气中的污染物以及堆积在大地上的垃圾经降雨淋洗流入水体的污染物等。另一类为自然因素，诸如岩石的风化和水解、火山喷发、水流冲蚀地面、大气降尘的降水淋洗。由于人类因素造成的水体污染占大多数，通常所说的水体污染主要是人为因素造成的污染。

（9）海洋污染　海洋污染是指人类改变了海洋原来的状态，使海洋生态系统遭到破坏。近年来海洋中各类污染事故频繁发生，使海洋生物减少或死亡，甚至部分生物物种灭绝。随着海洋生态系统的逐步恶化，人类从海洋获取的海洋资源也逐渐减少。我们餐桌上的海鲜，逐渐由捕捞改由人工养殖，最初的无公害海鲜也逐渐出现了重金属超标问题。海洋污染已经危害到人类的健康和安全使用海洋资源，如果任由海洋污染恶化，海洋中的生态资源可能会成为人类的毒药。

（10）固体废物污染　固体废物按来源大致可分为生活垃圾、一般工业固体废物和危险废物三种。此外，还有农业固体废物、建筑废料及弃土。固体废物如不加妥善收集、利用和处理处置将会污染大气、水体和土壤，危害人体健康。

3. 资源问题

全球性资源问题日益凸显。世界自然保护基金会2022年发布的《地球生命力报告》指出，自然正在遭受摧毁，地球正在亮起红色的警告信号。自然在全球范围以数百万年来前所未有的速度被破坏。我们生产和消费食物以及能源的方式，公然无视作为当下经济模式中根基的环境，已将自然界推向了极限。来自联合国环境署的数据表明，自20世纪90年代以来，全球自然资本的存量下降了近40%，而生产资本增加了一倍，人力资本增加了13%。

自然长期为人类提供赖以生存的空气、淡水和土壤，对我们的生存和享受高质量生活至关重要。在世界的大多数地区，自然在为人类提供有史以来最多的食物、能源和原材料，但是人类对动植物的过度开发无异于竭泽而渔，正愈发侵蚀着自然的长期供给能力。2022年全球地球生命力指数表明，从1970年到2018年，动物种群规模持续下降。自从工业革命以来，人类活动不断破坏森林、草地、湿地和其他重要的生态系统，导致生态环境退化，人类福祉也因此受到威胁。人类已经显著改变了地球 75% 的无冰地表，污染了大多数海洋并且导致 85% 的湿地流失。

2.1.2.3 对战争的否定与反思

战争、暴力，作为解决利益纠纷的一种古老方式，是人类社会可持续发展的头号敌人。战争耗费资本和资源，摧毁城市，造成了无数家破人亡的悲剧。有人认为，可持续发展战略的酝酿和产生，是对战争暴力有意无意的否定。可持续发展战略的落实，需要建立在没有战争暴力的基础之上。由于它被提出后的今天，世界上的局部战争仍然时有发生，战火不停地威胁着人们对可持续发展的追求，可见在一定的意义上，它是人类面对战火而形成的对和平发展的一种祝愿、理想和寄托。

2.1.3 可持续发展战略的形成

宏观的可持续发展大概经历了三个阶段。20 世纪 70 年代之前，人们对发展的理解还停留在走向工业化社会，强调经济增长的过程。而可持续发展战略形成的第一阶段，便是 20 世纪 70 年代初，伴随着工业化进程，人们将经济增长与社会变革相统一，将发展视作经济结构、政治体制和文化法律变革的过程。第二阶段，是 1972 年的联合国斯德哥尔摩会议通过了《人类环境宣言》[⊖]以来，至 20 世纪 80 年代。当时来自 113 个国家的代表就世界当代环境问题和保护环境的战略等内容进行研讨，并制定出该宣言。宣言阐明了当时参加联合国斯德哥尔摩会议的与会国和国际组织所取得的七点共同看法和二十六项原则，呼吁各国政府和人民为维护和改善人类环境、造福全体人民、造福后代而共同努力。第三阶段是 20 世纪 80 年代以来，可持续发展观念逐步形成并在全球取得共识。1980 年国际自然保护联盟的《世界自然资源保护大纲》表明："必须研究自然的、社会的、生态的、经济的以及利用自然资源过程中的基本关系，以确保全球的可持续发展。"这是"可持续发展"一词最早出现的时候。1981 年，美国的莱斯特·布朗（Lester R. Brown）出版《建设一个可持续发展的社会》，提出以控制人口增长、保护资源基础和开发再生能源来实现可持续发展。1987 年，世界环境与发展委员会出版《我们共同的未来》报告，对可持续发展进行定义。该报告系统地阐述了可持续发展的思想。到 1992 年，联合国在里约热内卢召开的环境与发展大会，通过了以可持续发展为核心的《里约环境与发展宣言》《21 世纪议程》等文件。其中，《21 世纪议程》[⊜]是"世界范围内可持续发展行动计划"，旨在鼓励发展的同时保护环境的全球可持续发展计划的行动蓝图。文件大体可分为可持续发展战略、社会可持续发展、经济可持续发展、资源的合理利用与环境保护四个部分。

新中国成立以来，根据不同历史时期面临的问题和任务，先后形成了各具特色的发展观，而我国可持续发展战略的形成阶段与发展观的变化密切相关。

第一阶段，以工业化为核心尚未考虑可持续发展的时期。一方面，新中国刚成立，经历

⊖ https://legal.un.org/avl/ha/dunche/dunche.html#3

⊜ https://www.un.org/chinese/events/wssd/agenda21.htm

过战火之后，国家的经济、文化等各方面都落后于发达国家，迅速缩短差距是人民的迫切愿望；另一方面，快速发展提高国家实力也是打破资本主义阵营封锁、保持国家独立的现实需要。在当时的国际环境和认识水平之下，我国借鉴了苏联的计划经济体制和经济发展模式。人们普遍认为经济增长是国家发展的核心，而工业化水平是衡量国家实力和现代化程度的主要标志。因此，加快工业增长速度，追求经济增长是当时我国发展的主要目标。尽管我国在发展上取得了一定的成绩，建立了独立完整的工业体系和国民经济体系，为经济社会全面发展奠定了基础，人民的物质文化生活水平也有所提高。但是，由于当时的发展在传统社会主义计划经济体制的框架之内，建立在对马克思主义经济理论误解的基础之上，因此，在实践中使得我国的经济发展模式产生了失误。到 20 世纪 70 年代，这种传统的经济体制和发展模式难以为继。这一时期，国内在经历了经济发展遇挫、阶级斗争和政治运动干扰的情况下，无暇顾及和思考可持续发展的问题。

第二阶段，以经济增长为核心的可持续发展萌芽时期。这一阶段我国经济发展困难、城乡人民生活水平较低；与此同时，世界经济的发展使我国与发达国家之间的差距不缩反增，给我国带来了经济增长的压力与动力。这一时期，我国坚持以经济建设为中心，以改革开放为根本动力，强调"发展才是硬道理"。与上一阶段不同的是，第二阶段更强调以经济发展的有效性来论证发展目标和发展终极理想的科学性，把提高经济效益、提高人民生活水平作为发展的最大目标。尽管此时，联合国和一些发达国家已经开始了针对可持续发展的思考与讨论。但由于改革开放刚刚起步，我国的经济体制和经济发展战略远没有完成其根本转型，因此对于发展的理解更多地停留在物质层面，以 GDP 增长作为考核的重要指标，而较少地关注人与自然之间的和谐发展。换言之，受到发展阶段和认识水平的局限，我国在这一时期并没有真正意识到可持续发展的重要性和必要性。因此，到了改革开放中期，我国便出现了如地区差距、收入差距、生态压力变大等多种问题，经济增长、社会发展和环境保护不协调的问题与日俱增，迫切地需要调整发展思路，关注可持续发展。

第三阶段，全面协调的可持续发展战略形成时期。针对上一阶段发展产生的一系列问题，同时吸取西方发达国家"先污染后治理"的经验教训，结合全球针对可持续发展思考的大趋势，我国意识到需要重新审视人与自然、当代与未来发展关系的必要性与迫切性。1992 年 6 月，在里约热内卢召开的联合国环境与发展大会通过了《21 世纪议程》，我国于当年 7 月决定由国家计划委员会和国家科学技术委员会牵头，组织 52 个部门、机构和社会团体编制《中国 21 世纪议程——中国 21 世纪人口、环境与发展白皮书》[⊖]，根据我国国情，提出了人口、经济、社会、资源、环境相互协调、可持续发展的总体战略和行动方案。1995 年 9 月，党的十四届五中全会正式将可持续发展战略写入《中共中央关于制定国民经济和社会发展"九五"计划和 2010 年远景目标的建议》。1996 年 3 月，第八届全国人民代表大会第四次会议批准了《中华人民共和国国民经济和社会发展"九五"计划和 2010 年远景目标纲要》，将可持续发展作为一条重要的指导方针和战略目标上升为国家意志。1997 年 9 月，党的十五大进一

⊖ https://www.acca21.org.cn/trs/000100170002/9303.html.

步明确将可持续发展战略作为我国经济发展的战略之一。这一时期，我国的可持续发展战略逐步形成并完善，我国从过去的力求实现经济增长向全面协调的可持续发展转变。不可否认的是，受传统发展模式根深蒂固的影响，在实际工作层面，仍然还停留在上一阶段的老做法、老标准。

第四阶段，与时俱进的可持续发展战略变化时期。随着时间的推移，我国的国内环境与国际环境不断发生变化，面临的问题和困难也不尽相同，对可持续发展的理解与实施不断完善。时至今日，我国的可持续发展战略仍然随着发展观的变化而有所变化。进入 21 世纪以后，经济全球化趋势不断增强，我国以加入 WTO 为契机进一步扩展经济增长空间、扩大经济规模。然而，资源、环境和技术瓶颈制约等问题仍然没有得到根本解决，不仅如此，经济社会发展不平衡加剧，就业形势严峻、社会保障制度滞后、社会不稳定因素增加。通过总结国内外发展问题上的经验教训，2003 年 10 月，党的十六届三中全会提出了科学发展观，其内涵是不仅要实现全面发展、协调发展、可持续发展，而且要突出以人为本的发展。可见，这一时期的可持续发展战略在原有内涵的基础之上朝着"以人为本"的方向不断迈进，突出了以人民利益为工作出发点和落脚点，不断满足人的需求，促进人全面发展的特点。

伴随着发展，我国经济实力和国际影响力不断增强，站到了新的历史起点上，处于实现中华民族伟大复兴的关键时期。与此同时，世界正在向着多极化、经济全球化、社会信息化、文化多样化深入发展，然而世界面临的不稳定因素和不确定性突出，气候变化、生态压力加剧带来了全球性挑战。身处其中，我们具备过去难以想象的良好发展条件，但也面临着各种可以预见和难以预见的困难和问题。我国积极推动构建人类命运共同体，为解决全球一系列重大问题提供新的方向和选择。面对如此复杂的国内外发展形势，我国的可持续发展战略也需进一步与时俱进，从而迎接新时代接踵而至的挑战，以及肩负的责任和使命。

2.2　可持续发展的理论基础

2.2.1　环境伦理学

环境伦理学是研究人类生存与发展过程中，其与自然环境系统、社会环境系统之间的伦理道德关系的科学。第二次世界大战后，随着应用伦理学在西方的兴起，环境伦理学作为其重要分支也日益繁盛。20 世纪 70 年代以后，环境伦理学被作为一门独立的学科。尽管，早先研究者们试图用伦理学和哲学对环境危机进行分析与解答，但却始终面临一个问题：如何以经验事实为依据制定理论框架，同时又以理想的理论模式召唤现实觉醒？因此，如何为处于学科交叉中的环境伦理学奠定理论基础就成了研究者们的一个重要任务。

2.2.1.1　伦理学与环境伦理学

对于环境伦理学的研究，其中一个主流方向就是用传统的伦理学理论研究环境问题，为其提供新的理论思路与方案。其中，自然就包含了三种较为典型的规范伦理理论：结果主义伦理理论、义务论伦理理论、美德伦理理论。不同的理论在思路和立场上各不相同，但我们不难发现其基本理论框架是相同的。

1. 结果主义伦理理论

对于结果主义理论而言，一个行为的正确与否取决于行为结果的善或者恶。例如，功利主义是典型的结果主义，其判断行为的标准是看该行为是否最大限度地追求快乐或免除痛苦。当功利主义与环境问题研究相结合时，研究者的考察对象就不仅限于人类，而是要平等的考虑人、动物和其他有感觉的生物，这些对象在趋乐避苦的原则中都是平等的。

2. 义务论伦理理论

与结果主义伦理理论不同，义务论伦理理论强调人是自然和欲望的主人，认为人是理性的，能够选择自己的生活，而动物不具备这种理性。然而，当义务论伦理理论与环境问题相结合，首先要确认的是动物与人具有相同的价值，都需要被尊重。义务论环境伦理的代表人物克里斯汀·科尔斯戈德（Christine Korsgaard），认为无论是人还是非人的生命体都应该成为人类道德关注的对象，因为那些不具有规范性和理性能力的存在者和有理性的存在者共有一些自然能力，即出于对自我的意识和爱而产生的"自然的善"，而这些自然能力又常常是人们互相做出道德决策的主要内容。

3. 美德伦理理论

美德伦理理论则强调道德品格对人的重要性，研究者们认为关键的问题是如何在实践中获得幸福，实现自身的德行。面对环境危机，美德伦理理论并不排斥人的需求与欲望，然而研究者们认为人类在向环境和自然索取时，仍然要坚持同情、节制等美德，不能助长贪婪、放纵等恶德。

2.2.1.2 环境伦理学中的有关概念

对于"环境"的科学意义是指人类生存环境系统，区别于我们常说的生态环境中的环境。从发生学的角度来说，人类生存环境系统是指地球有机和无机物质表层，即人们通常所说的自然界，是人类赖以生存的存在。人类和自然环境系统有着密不可分的关系。人类的生存发展，是以自然环境系统的存在和发展为前提的。在人类社会初期，即狩猎和采集时期，人对自然的依赖性强，人类受到自然环境的制约明显。在农业时代，人类的生产活动直接作用于自然。农业时代初期，这些活动的规模小、强度低，所以对自然的影响也较小。然而，随着人类活动对自然环境的负面影响不断加强，在区域尺度上也受到自然界的惩罚，如古代巴比伦文明、埃及文明等的衰落。在工业化时代，随着科技进步和生产力提高，人类对自然界的作用不断增强。人类以自然的主人自居，往往违背客观规律，酿成环境恶化、资源枯竭的苦果。恩格斯指出："我们不要过分陶醉于我们人类对自然的胜利。对于每一次这样的胜利，自然界都对我们进行报复。"由于地球各圈层相互作用的复杂性、长期性和潜在性，许多全球环境问题在 20 世纪初还未能被人们普遍认识和关注。到了 20 世纪下半叶，全球环境问题开始凸显。严酷的现实要求人们冷静地审视人类社会的发展历程，总结传统发展模式的经验与教训，寻求发展的新模式，展现人与自然关系的和谐协调以及人类世代间的责任感。

环境伦理学将事实分为"客观"与"主观"两大类。客观事实是指人们通过观察自然环境得到的经验，又可分为在日常生活中通过感官观察自然环境直接得到的经验认识，即日常经验事实，和通过研究例如环境科学、生态学等不同学科得到的研究事实。主观事实则是，无论是人类中心主义还是非人类中心主义的环境伦理理论，都承认人类的本性是趋乐避苦、去恶向善，同时拥有理性。总体而言，人与非人生物共同组成一个"生命共同体"，人与自然同处于"道德共同体"之中。

环境伦理学中，"价值"的内涵较为复杂。立足"评价判断"层面，人类中心主义环境伦理学认为，价值由作为道德主体的人类来设定，非人类存在物有无价值需要人类来进行判断。而非人类中心主义环境伦理学则认为，非人类存在物本身就具有价值，动物的"内在价值"、生物的"固有价值"、生态的"系统价值"等是这一阵营理论中的重要概念。在"规范判断"层面，有学者认为，个体的生物具有价值，因此"应该保护个体生物"；有学者则主张，整体的生态系统具有价值，因此"应该保护整个生态系统"，由此不同的评价判断推导出了不同甚至相互冲突的规范判断。

2.2.1.3　环境伦理学与可持续发展

伦理是调整人、社会、自然之间相互关系的总和，其随着社会发展而不断进步。社会伦理水平的提高、个人素质的提升、生活环境质量改善都是人类社会伦理进步的标志。环境伦理与可持续发展理论在形成和社会功能上具有密不可分的关系。可持续发展的实施前提是对环境伦理研究、教育和实践的重视。建立环境伦理规范体系，制定相关制度和法规以实现伦理道德建设，通过有效的利益机制指导社会成员的行为。其中，环境伦理规范体系的基本点是，人应与自然保持和谐相处、协调进化的关系；人以外的其他生物及自然界的所有存在物，除了对人类的工具价值外，还具有其内在价值，生态系统和自然界还有其系统价值，有继续存在下去的权利；人类是"自然权利"的代言人，对其他生命和生命支持系统负有伦理责任；环境伦理的核心是建立真正平等、公正的，人与人、人与自然的关系，应倡导和谐发展与共存共荣。环境伦理要求的人类平等原则，包括体现全球共同利益的代内平等和体现未来利益的代际平等；要实现人与自然平等，必须承认自然界的价值和利益，转变以人为中心的价值取向，承认自然界的价值和权利。这些都与可持续发展理论的内涵不谋而合。

2.2.2　外部性理论

外部性亦称外部成本、外部效应。外部性概念的定义问题至今仍然是一个难题，不同的经济学家对外部性给出了不同的定义。归结起来有两类：一类是从外部性的产生主体角度来定义；另一类是从外部性的接受主体来定义。前者如萨缪尔森和诺德豪斯的定义："外部性是指那些生产或消费对其他团体强征了不可补偿的成本或给予了无须补偿的收益的情形。"后者如兰德尔的定义：外部性是用来表示"当一个行动的某些效益或成本不在决策者的考虑范围内的时候所产生的一些低效率现象；也就是某些效益被给予或某些成本被强加给没有参加这一决策的人"。两种不同的定义，本质上是一致的，即外部性是某个经济主体对另一个经济主体产生一种外部影响，而这种外部影响又不能通过市场价格进行买卖。

2.2.2.1 外部性的影响效果

外部性可以分为外部经济（或称正外部经济效应、正外部性）和外部不经济（或称负外部经济效应、负外部性）。外部经济就是一些人的生产或消费使另一些人受益而又无法向后者收费的现象；外部不经济就是一些人的生产或消费使另一些人受损而前者无法补偿后者的现象。例如，某人阳台上的绿植给邻居带来美的享受，但这位邻居并不用因此付费，这样，阳台的主人就对邻居产生了外部经济效应。反之，如果邻居半夜唱歌扰民，影响了阳台主人的正常休息，则邻居对阳台主人带来了外部不经济效应。

2.2.2.2 外部性的产生领域与时空

生产的外部性与消费的外部性，生产的外部性就是由生产活动所导致的外部性，消费的外部性就是由消费行为所带来的外部性。以往经济理论重视的是生产领域的外部性问题。20世纪70年代以后，关于外部性理论的研究范围扩展至消费领域。从外部经济与外部不经济、生产的外部性与消费的外部性两种分类出发，可以把外部性进一步细分成生产的外部经济性、消费的外部经济性、生产的外部不经济性和消费的外部不经济性四种类型。

代内外部性与代际外部性是外部性的一种空间概念。从即期考虑资源是否合理配置的外部性是指代内外部性问题；而代际外部性问题主要是解决人类代与代之间行为的相互影响，尤其是要消除前代对当代、当代对后代的不利影响。可以把这种外部性称为"当前向未来延伸的外部性"。这种分类源于可持续发展理念。代际外部性同样可以分为代际外部经济和代际外部不经济。现在的外部性问题已经不再局限于同一地区的企业与企业之间、企业与居民之间的纠纷，而是扩展到了区际、国际的大问题了，即：代内外部性的空间范围在扩大。同时，代际外部性问题日益突出，生态破坏、环境污染、资源枯竭、淡水短缺等，都已经危及子孙后代的生存。

2.2.2.3 产生外部性的前提条件

竞争条件下的外部性与垄断条件下的外部性，威廉·杰克·鲍莫尔（William Jack Baumol）不仅对竞争条件下的外部性做了分析，还对垄断条件下的外部性做了考察，他认为竞争条件下的外部经济问题与垄断条件下的外部经济问题是不一样的。例如，当一个厂商扩大规模将会提高产业中一切厂商的运输效率时，这种扩大如果由一个厂商单独去做可能没有利益，但如果该产业为一个人所独占，那就仍然会获得利益。这就是说，竞争性部门中一个厂商的外部经济（或外部不经济），不一定就是垄断者的外部经济（或外部不经济）。米德（J. E. Meade）在他1962年发表的《竞争状态下的外部经济与不经济》一文中全面分析了在竞争条件下生产上的外部经济和外部不经济。绝大多数的外部性理论都是在完全竞争的假设下进行阐述的，因此，鲍莫尔对竞争条件下和垄断条件下的外部性问题做了系统分析。十年后，米德仍然就竞争条件下的外部性问题进行深入分析。

2.2.2.4 外部性的根源

新制度经济学丰富和发展了外部性理论，并把外部性、产权以及制度变迁联系起来，从而把外部性引入制度分析之中。这种外部性称为制度外部性。制度外部性主要有三方面的含义：①制度是一种公共物品，本身极易产生外部性；②在一种制度下存在、在另一种制度下无法获得的利益（或反之），这是制度变迁所带来的外部经济或外部不经济；③在一定的制度安排下，由于禁止自愿谈判或自愿谈判的成本极高，经济个体得到的收益与其付出的成本不一致，从而存在着外部收益或外部成本。

科技外部性是一个尚未被人使用的概念，但客观上已经普遍存在。它大致包含如下几个方面：①科技成果是一种外部性很强的公共物品，如果没有有效的激励机制，就会导致这种产品的供给不足；②科技进步往往是长江后浪推前浪，一项成果的推广应用能够为其他成果的研究、开发和应用开辟道路；③网络自身的系统性、网络内部信息流及物流的交互性和网络基础设施长期垄断性所导致的网络经济的外部性。

2.2.3　公共物品理论

公共物品问题是导致市场失灵的根源之一。公共物品理论是研究公共事务的一种现代经济理论。现代经济对公共物品理论的研究始于经济学家保罗·萨穆尔森（Paul Anthony Samnelson），他将经济物品分为私人消费物品和公共消费物品，认为公共物品具有非排他性，也就是说每个人对某种产品的消费不会导致其他人对该产品消费的减少。当然，对于经济物品的分类有很多方法，上述所讲的是简单的两分法，另外还有诸如三分法、四分法等多种方法。从经济物品分类可知，公共物品是指那些具有公共性的事物。公共性的事物可以指具有非排他性的事物，也可以指具有非竞争性的事物。具体包括三类：①具有非排他性和非竞争性的事物，称为纯公共物品；②具有非竞争性但有排他性的事物，称为俱乐部物品；③具有非排他性但有竞争性的事物，称为公共池塘资源。

2.2.3.1　公共物品的内涵

公共物品可以分为狭义和广义两种。狭义的公共物品是指上述所说的同时具有非排他性和非竞争性的纯公共物品，而广义的公共物品则是指具有非排他性或非竞争性物品。不同的学者对于公共物品的内涵与定义有自己的见解，而对于公共物品内涵的研究存在着多方的争论。①根据萨穆尔森定义形成的数量说。通过数量来定义消费品，然而现实生活中，几乎无法找到萨穆尔森所定义的公共物品，因此这一说法也就没有被广泛接纳。②效用说。随着研究的不断深入，学者们认为公共物品的效用属性，即个人对该物品的效用评价，比物理属性更能够体现公共物品的内涵。③外部性。由于公共物品和外部性都会导致市场失灵，因此外部性物品经常被认为是公共物品。但要注意的是两者不能完全等同，也就是说不是所有的外部性物品都是公共物品，反之，也不是所有的公共物品都是外部性物品。两者的关系主要取决于公共用品的范围和使用途径。正如《公共事物的治理之道》中所指出的"the Commons"，泛指与公共相关的事物，即除了私人物品之外的所有物品，如公共物品、公共池塘资源、俱乐部物品等。公共物品作为私人物品的对立面出现，因而公共物品的内涵研究实际上是非私人物品的研究。

2.2.3.2 公共物品的资源配置

公共物品的资源配置问题主要有四种。

（1）"搭便车"问题 该问题由奥尔森提出，是指支付者享受的物品效用，参与者可以不用支付任何成本享受同样的效用。如此一来，该问题给公共物品供给的成本分担的公平性和持续性都带来了影响。这种"搭便车"的形式有两种：其一，是只享受组织提供的权利，却完全不尽对组织的义务；其二，享受组织提供的权利之后，确实尽了义务，但义务却是在其他时间或地点。有关"搭便车"问题的研究一般集中在对于解决方案的研究之上。

（2）"排他成本"问题 这是公共物品非排他性的延续。由于排他成本高，因此纯公共物品与公共池塘资源具有不可排他性。非排他性的原因主要有三：①经济成本的不可排他；②技术成本的不可排他；③制度成本的不可排他。然而，布坎南的俱乐部物品理论认为，对于一些广义的公共物品可以做到有成本排他，即消费者能够而且愿意支付一定的费用以享用具有一定程度排他的物品。较之于非排他性公共物品的无限消费主体，俱乐部物品的消费主体是有限的。

（3）"公地悲剧"问题 在1968年的《科学》杂志中，哈丁首次提出"公地悲剧"这一概念。他设置了这样一个场景：一群牧民在同一块公共草场上放牧，一个牧民想多养一只羊。在公共草地上每增加一只羊对牧民来说会获得增加一只羊的收入，可同时也会加重草地的负担，并使草地因为过度放牧而退化。那这个时候牧民将如何取舍？如果每个人都从自己的私利出发，肯定会选择多养羊获取收益，因为草场退化的代价由大家负担，收益却由自己独享。而若每一位牧民都如此思考，"公地悲剧"就出现了——草场持续退化，直至无法养羊，最终导致所有牧民破产。"公地悲剧"常被形式化为囚徒困境的博弈。在囚徒困境的博弈中，每一个参与者都有一个占优策略，博弈双方的占优策略构成了博弈的均衡结局，然而博弈均衡结果并不一定是帕累托最优结局。相反，个人理性的博弈过程与战略选择却导致了集体行动的悖论。奥斯特罗姆认为，公地悲剧、囚徒困境和合成谬误是公共事物治理所面临的三大难题，而且这些问题都是"搭便车"问题。如果所有人都参与"搭便车"，那就不会产生集体利益；如果有些人提供集体物品，而另一些人"搭便车"，就会导致集体物品的供给达不到最优水平。

（4）"融资与分配"问题 在资金来源问题上，有学者认为，一旦物品被融资供给，那么该物品由私人供给还是公共供给都是统一的，因为私人供给可以用于资助公共物品的生产，而税收也可以用于资助私人物品的生产。在分配决策中，有研究指出，公共物品与私人物品消费被概念化地区分为两个离散的步骤：①税收与转移支付是对私人物品与收益的再分配；②购买公共物品其实就是税收支付过程，公共物品的收益分配取决于假定的效用函数，效用函数的选择对于分配结果十分关键。萨缪尔森则指出了政府的两大功能：公共物品的供给和以收入再分配为目的转移支付。

2.2.4　新时代中国可持续发展观

当前，全球生态环境问题面临严峻挑战，人类正站在可持续发展的十字路口。生态文明是人类文明发展的历史趋势，为什么建设生态文明、建设什么样的生态文明、怎样建设生态文明，国家提出了一系列新理念、新思想、新战略，是党领导人民推进生态文明建设取得的标志性、创新性、战略性重大理论成果。

2.2.4.1　坚持党对生态文明建设的全面领导

党的十八大以来，党中央加强对生态文明建设的全面领导，把生态文明建设摆在全局工作的突出位置，做出一系列重大战略部署。在"五位一体"总体布局中，生态文明建设是其中一位；在新时代坚持和发展中国特色社会主义的基本方略中，坚持人与自然和谐共生是其中一条；在新发展理念中，绿色是其中一项；在三大攻坚战中，污染防治是其中一战；在到 21 世纪中叶建成社会主义现代化强国目标中，美丽中国是其中一个。这充分体现了党中央对生态文明建设重要性的认识，明确了生态文明建设在党和国家事业发展全局中的重要地位。

生态兴则文明兴，生态衰则文明衰；生态文明建设是关系中华民族永续发展的根本大计；生态环境是关系党的使命宗旨的重大政治问题，也是关系民生的重大社会问题。

2.2.4.2　人与自然是生命共同体

人与自然的关系是人类社会最基本的关系。党的十八大以来，以习近平同志为核心的党中央站在人类历史发展进程的高度，把"建设美丽中国"作为现代化的目标之一，将"坚持人与自然和谐共生"纳入新时代坚持和发展中国特色社会主义的基本方略。"人与自然是生命共同体"的新思想，立意高远，内涵丰富，不仅为中国解决生态问题、推进美丽中国建设提供了现实可行的道路，而且为全球生态文明建设和全球生态治理体系贡献了中国智慧，提供了中国方案。

这一思想强调了人与自然之间形成的紧密互利、不可分割的关系，是对马克思主义关于人与自然关系思想的继承和发展。人类是自然的有机组成部分，与自然是统一的有机整体。自然界对于人的整个生命不可或缺，就是人的生命本身。坚持人与自然是生命共同体，强调生产的目的是最大限度地满足人民对美好生活的需要，实现人的全面发展。中华民族向来尊重自然、热爱自然，绵延 5000 多年的中华文明孕育着丰富的生态文化。"人法地，地法天，天法道，道法自然""草木荣华滋硕之时，则斧斤不入山林，不夭其生，不绝其长也""顺天时，量地利，则用力少而成功多"等很多观念都强调要把天地人统一起来、把自然生态同人类文明联系起来，按照大自然规律活动，取之有时，用之有度。

纵观人类文明发展史，生态环境变化直接影响文明兴衰演替。古代埃及、古代巴比伦、古代印度、古代中国四大文明古国均发源于森林茂密、水量丰沛、田野肥沃的地区。而生态环境衰退特别是严重的土地荒漠化则导致古代埃及、古代巴比伦衰落。我国古代一些地区也有过惨痛教训。这也就要求当代的我们认真吸取古今中外的深刻教训，要深化对人与自然生命共同体的规律性认识，全面加快生态文明建设。

注重同步推进物质文明建设和生态文明建设，是社会主义现代化的一个重要特征。我们要实现的现代化不是单方面的满足物质需求，而是注重人与自然和谐共生的现代化。这就要求我们既要创造更多物质财富和精神财富以满足日益增长的对美好生活的需要，也要提供更多优质生态产品以满足日益增长的优美生态环境需要。进入"十四五"时期，我国生态文明建设更是进入了以降碳为重点战略方向、推动减污降碳协同增效、促进经济社会发展全面绿色转型、实现生态环境质量改善由量变到质变的关键时期。

2.2.4.3　绿水青山就是金山银山

绿水青山就是金山银山，是重要的发展理念。其内涵在于我们要切实把生态文明的理念、原则、目标融入经济社会发展各方面，既要绿水青山，也要金山银山；宁要绿水青山，不要金山银山；绿水青山就是金山银山。

传统观念总是无形中把绿水青山和金山银山对立起来，而实际上解决这一问题的关键在于人和思路，只要坚持正确的发展理念，以生态文明的理念引领经济社会发展，经济效益、社会效益、生态效益是能够同步提升，相得益彰。思路转变要求我们不简单地以国内生产总值增长率论英雄，而是要扭转为了经济增长数字不顾一切、不计后果、最后得不偿失的做法。让绿水青山充分发挥经济社会效益，不是要把它破坏了，而是要把它保护得更好。

人不负青山，青山定不负人。绿水青山既是自然财富，又是经济财富。只要坚持生态优先、绿色发展，锲而不舍，久久为功，就一定能把绿水青山变成金山银山。保护生态环境就是保护自然价值和增值自然资本，就是保护经济社会发展潜力和后劲，使绿水青山持续发挥生态效益和经济社会效益。发展经济不能对资源和生态环境竭泽而渔，生态环境保护也不是舍弃经济发展而缘木求鱼，要坚持在发展中保护、在保护中发展，实现经济社会发展与人口、资源、环境相协调，使绿水青山产生巨大生态效益、经济效益、社会效益。

解决生态环境问题，不仅仅是发展方式的转变，对生活方式也有新的要求。一方面，我们要摒弃损害甚至破坏生态环境的发展模式，坚决摒弃以牺牲生态环境换取一时一地经济增长的做法，坚持不懈推动绿色低碳发展，促进经济社会发展全面绿色转型；另一方面，倡导简约适度、绿色低碳的生活方式，反对奢侈浪费和不合理消费，广泛开展节约型机关、绿色家庭、绿色学校、绿色社区创建活动，推广绿色出行，普遍推行垃圾分类制度，开展厕所革命，通过生活方式绿色革命，倒逼生产方式绿色转型。

2.2.4.4　生态环境保护做到三个"全"

生态环境保护的三个"全"是指，从系统工程和全局角度寻求新的治理之道，统筹兼顾、整体施策、多措并举，全方位、全地域、全过程开展生态文明建设。生态是统一的自然系统，是相互依存、紧密联系的有机链条。要从生态系统整体性出发，统筹山水林田湖草沙系统治理，实施好生态保护修复工程，加大生态系统保护力度，提升生态系统的稳定性和可持续性。如果种树的只管种树、治水的只管治水、护田的单纯护田，很容易顾此失彼，最终造成生态的系统性破坏[一]。我国生态环境保护中存在的突出问题大多跟体制不健全、制度不严格、法治不严密、执行不到位、惩处不得力有关。因此，保护生态环境必须依靠制度、依靠法治。只有实行最严格的制度、最严密的法治，才能为生态文明建设提供可靠保障。以习近平同志为核心的党中央推动划定生态保护红线、环境质量底线、资源利用上线。对突破三条红线、仍然沿用粗放增长模式、吃祖宗饭砸子孙碗的事，绝对不能再干，绝对不允许再干。要健全党委领导、政府主导、企业主体、社会组织和公众共同参与的现代环境治理体系，构建一体谋划、一体部署、一体推进、一体考核的制度机制，提高生态环境领域国家治理体系和治理能力现代化水平。

2.2.4.5　共同构建地球生命共同体，体现大国担当

地球是人类的共同家园，也是人类到目前为止唯一的家园。建设绿色家园是人类的共同梦想，保护生态环境、推动可持续发展是各国的共同责任。我国积极参与全球环境与气候治理，成为全球生态文明建设的重要参与者、贡献者、引领者，体现了负责任大国的担当。

为全球生态文明建设提供中国经验、贡献中国力量。中国既加强自身生态文明建设，主动承担应对气候变化的国际责任，又积极参与全球生态文明建设合作，同世界各国一道，努力呵护好全人类共同的地球家园。我国率先发布《中国落实 2030 年可持续发展议程国别方案》，向联合国交存《巴黎协定》批准文书，认真落实气候变化领域南南合作政策承诺。我国长时间、大规模治理沙化、荒漠化，库布其治沙就是其中的成功实践，为国际社会治理生态环境提供了中国经验。经过长期努力，我国森林资源增长面积居全球首位，现已建成全球最大的清洁能源系统，成为世界节能和利用新能源、可再生能源第一大国，是世界上第一个大规模开展 PM2.5 治理的发展中大国，成为全世界污水处理能力最大的国家之一，并成为对全球臭氧层保护贡献最大的国家。有效保护修复湿地，生物遗传资源收集保藏量位居世界前列。"一带一路"倡议把绿色作为底色，建设更紧密的绿色发展伙伴关系，发起系列绿色行动倡议，采取绿色基建、绿色能源、绿色交通、绿色金融等一系列举措，持续造福参与共建"一带一路"的各国人民。

2020 年 9 月 22 日，习近平主席在第七十五届联合国大会一般性辩论上宣布，中国将提高国家自主贡献力度，采取更加有力的政策和措施，二氧化碳排放力争于 2030 年前达到峰值，努力争取 2060 年前实现碳中和。这意味着我国作为世界上最大的发展中国家，将完成全球最高碳排放强度降幅，用全球历史上最短的时间实现从碳达峰到碳中和。

实现碳达峰碳中和是一场广泛而深刻的经济社会系统性变革，要坚持全国统筹、节约优先、双轮驱动、内外畅通、防范风险的原则。党中央已经出台做好碳达峰碳中和工作的意见，批准了碳达峰行动方案，把碳达峰碳中和纳入生态文明建设整体布局和经济社会发展全局。实现碳达峰碳中和的任务极其艰巨，需要付出艰苦努力。中国会全力以赴，同各方一道，合

　　[一]　林震. 保持山水生态的原真性和完整性 [EB/OL]. (2021 - 10 - 18) [2022 - 10 - 24]. http://www. mzyfz. com/html/1873/2021 - 10 - 18/content - 1525194. html.

力保护人类共同的地球家园，共建万物和谐的美丽世界。

2.3 可持续发展的概念与内涵

2.3.1 可持续发展的概念

可持续发展是 20 世纪 80 年代提出的一个新的概念，其首次作为术语出现在 1980 年的《世界自然保护大纲》之中，同一时期还提出了"可持续性"和"持续发展"的概念。可持续性是指社会经济系统、生态环境系统或者任意一个发展中的系统，在保证系统能够无限运转的同时，运转所需的关键资源也不会耗尽而导致系统被迫衰竭的一种能力。持续发展是指连续若干年的不断发展，强调的是消除贫困实现发展的目标。"可持续发展"是综合了"可持续性"和"持续发展"的一个概念，既强调发展的目标，同时也要考虑将经济、社会、环境、资源等维持在一定水平，实现多方面的协同发展。因此，可持续发展的概念可以归纳为，在不破坏资源和生态环境承载力的前提下，实现人类社会的经济发展和生活质量的提高，实现经济效益、社会效益和生态环境效益的有机协调。

可持续发展概念的演化可以追溯到 1962 年，美国海洋生物学家蕾切尔·卡逊（Rachel Carson）发表了《寂静的春天》，标志着人类关注可持续发展问题的开端。书中阐述了人类同自然界之间的密切关系，指出人类活动不仅仅威胁到其他生物的存在，同时也会威胁到人类本身。1972 年，罗马俱乐部发表了《增长的极限》研究报告。报告指出，由于地球资源和自净能力的局限，呈指数增长的人口和污染水平，给资源本身和生态环境带来了巨大的压力和破坏，21 世纪人类将面临全球性的灾难。同年，联合国在瑞典首都斯德哥尔摩召开了斯德哥尔摩会议，会议通过了《人类环境宣言》，提出了 7 个共同观点和 26 项共同原则。此次会议是全球首个探索环境保护战略的国际性会议，旨在唤醒人们的环境意识，是人类对环境保护认识的里程碑。1987 年，时任联合国世界环境与发展委员会主席的挪威前首相布伦特兰夫人，在题为《我们共同的未来》报告中首次正式提出了"可持续发展（Sustainable Development）"的概念。报告指出"可持续发展是指既满足当代人的需求，又不损害后代人满足其自身需求能力的发展。"自此，世界各国政府达成了走可持续发展道路的共识。

2.3.2 可持续发展的内涵

2.3.2.1 经济可持续发展

经济发展是一个国家或者地区人口平均的实际福利增长过程，它不仅是财富和经济体量的增加和扩张，而且还意味着其质的变化，即经济结构、社会结构、生活质量和投入产出效益等的提高。简而言之，经济发展就是在经济增长的基础上，一个国家或地区经济结构和社会结构持续高级化的创新过程或变化过程。

1. 经济增长

经济增长是指一个国家或地区生产的物质产品和服务的持续增加，它意味着经济规模和生产能力的扩大，可以反映一个国家或地区经济实力的增长。通常用国内生产总值（GDP）或国民生产总值（GNP）来衡量其水平，也有人考虑到人口变化因素对社会总体财富的影响，从而选择用人均 GDP 或人均 GNP 作为经济增长的测度标准。拉动国民经济增长有三大要素，分别是投资、出口和消费。经济正增长一般被认为是整体经济景气的表现。

经济增长一直是人们关注和研究的重要问题之一。早期，经济增长尚未被认为是一种理论，人们更多的是去探讨经济增长过程当中的影响因素和各自的作用。1776 年，亚当·斯密（Adam Smith）在《国民财富的性质和原因的研究》中指出，国民财富的积累是由劳动生产率和生产劳动在所有活动中所占比例决定的，而财富的增加反过来又作用于生产劳动。19 世纪初期，大卫·李嘉图（David Ricardo）研究了工资、利润和地租在资本主义发展过程中的相互关系，认为利润率是生产发展和资本积累的前提。1912 年，约瑟夫·熊彼特（Joseph Schumpeter）在《经济发展的理论》中提到，本质上而言资本主义是一种经济变化的形式，而创新活动则是促进这种变化不断发展的根本原因。近现代的经济增长理论的形成是在 20 世纪 40 年代，基于凯恩斯建立的宏观经济模型之上，运用凯恩斯比较静态均衡分析国民收入的理论框架来研究资本主义生产力的长期动态发展。20 世纪 80 年代中后期出现的新经济增长理论将技术进步视为经济系统中的内生因素，因此也被称为内生增长理论。该理论认为经济增长的决定因素是内生的，同时政府干预在经济增长中也起到重要作用。

经济增长和经济发展既有联系，又有区别。经济增长内涵较窄，经济发展内涵较广；经济增长是经济发展的动因和手段，经济发展是经济增长的结果和目的。没有经济增长，不可能有经济发展。值得注意的是，尽管经济增长是经济发展的必要的、先决的条件，但经济增长并不必然带来经济发展。因此，为了谋求经济发展，必须启动经济增长，并保持经济稳定增长的势头。然而，无论是决策者还是学者对于经济增长的关注与研究，在前期很长一段时间内，都集中在数量上的经济增长而忽略了高质量的经济发展。

2. 经济高质量发展

当前，我国经济已由高速增长阶段转向高质量发展阶段。在党中央提出"高质量发展"这一新概念之后，社会各界对"高质量发展"的内涵进行了多方面的解读。概括来看，已有观点认为高质量发展的内涵包括更依靠创新驱动、更高的生产效率、更高的经济效益、更合理的资源配置、更优化的经济结构、更加注重消费对经济发展的基础性作用、更小的贫富差距、更注重幸福导向、更加注重防范金融风险、更绿色环保的发展方式等。

怎么理解发展阶段转换呢？观察世界银行数据可见，收入水平越高的国家，经济增速越慢。为什么会这样？其实非常好理解，正如一个孩子，在长身体阶段，一定是增长很快的，但到了十七八岁以后，身体增长放缓，转而专注于内涵方面的成长，如长智力、智慧、经验。经济发展也是这个道理。从总体上说，我国人口已进入由数量增长向质量提升转变的时代，"人口红利"并未消失⊖，二元经济发展特征弱化，进入一个新的发展阶段，

⊖　人民网. 李强：我国"人口红利"并未消失，"人才红利"正在形成［EB/OL］. ［2023 – 03 – 13］. http://lianghui. people. com. cn/2023/n1/2023/0313/c452945 – 32643362. html

传统增长动力弱化，经济发展速度必然会下降，实现持续发展必须寻找新的动能。而这个新动能的核心要义就在于推动高质量发展，推动经济实现更高质量、更有效率、更加公平、更可持续的发展。

进一步看，转向高质量发展阶段也是认识、适应和引领经济新常态的必然要求。首先要深刻认识新常态，这就意味着我们需要认识到，经济增长从高速转向中高速，不是周期性的外部冲击所致，而是由结构性因素造成的长期趋势，是我国经济进入新阶段的必然结果；其次，适应新常态意味着要接受经济增长减慢的速度，在政策层面做出正确反应；最后，引领新常态意味着要通过加快培育增长新动能，保持合理区间的中高速增长。值得一提的是，在高质量发展阶段，我们要特别注意处理好速度和质量的关系，经济的"好"与"快"是"鱼和熊掌不可兼得"。过去我国经济高速增长依靠人口红利，经济发展强调"快"，越快越好，而随着人口红利逐渐消失，经济增长速度自然会下降。

总之，从工业化和经济增长的历史看，我国经济发展阶段的转换符合追赶型经济体发展规律。国际经验表明，追赶型经济体在高速增长阶段结束后，增长率明显下降，并转入一个速度较低的增长平台。这种增长率下台阶的现象在第二次世界大战后高度增长的日本、韩国、德国等经济体表现得较为典型，100多个国家中，换挡成功的只有10%左右。对于我国来说，要实现这一跨越，就要坚定不移地把发展作为党执政兴国的第一要务，坚持解放和发展社会生产力，坚持社会主义市场经济改革方向，推动经济持续健康发展。

2.3.2.2 生态可持续发展

在全球生态环境日益恶化的现实背景下，坚持绿色发展，共建美丽家园正在成为越来越多国家的发展共识。而作为"共建美丽地球家园"的核心内容，生态文明建设在世界各国的受重视程度也在不断提升。这既源于人类对以往环境破坏行为的反思，也是人类为谋求可持续发展做出的必然选择。在此前很长一段时间内，各国的经济发展及人们生活水平的提高都是基于对自然资源无节制的开采利用。这种掠夺式的发展使得生态环境遭受了严重冲击，并逐渐从一国蔓延至全球。人类违背自然界客观规律的发展方式对全球生态环境造成了严重破坏。2016年，世界银行发布的《空气污染的成本：强化行动的经济依据》报告显示，全球低收入国家和中等收入国家约有90%的人口暴露在达到危险水平的室外空气污染之下。同年，习近平总书记在关于"绿水青山就是金山银山"的系列讲话中，也明确指出了20世纪发生在西方国家的"世界八大公害事件"对生态环境和公众生活造成的巨大影响。不断出现的生态环境恶化事件以及由此引起的一系列社会问题引发了人们对工业文明发展模式的深刻反思，也使人类逐步认识到生态环境问题对经济发展和社会稳定的重要性。

1. 能源资源利用

能源是一个重要的生产要素和生活资料，既不能被其他生产要素完全替代，也不能被其他消费品完全替代。纵观历史，我们不难发现，人类对能源的利用极大地推进了社会、经济的发展。第一次工业革命，瓦特发明的蒸汽机代替手工劳动大大提高了劳动效率，人类社会进入工业时代，煤炭逐步成为这一时期的主要能源消费品种。19世纪中期，石油资源的发掘进一步加速了人类社会经济发展的步伐。随后的第二次工业革命中对电力的使用，更是对社会各个方面产生了深远的影响，人类从此步入了电气时代。反过来在一定的经济发展阶段、产业结构和技术水平下，经济发展水平越高，国民生产和生活所需要的能源也就越多，而且这一消耗量会随着生产规模和消费结构的扩大和提升而增加。

随着技术进步，人类对能源的利用从柴草到煤炭，再从煤炭到石油，直到当前大力推行的经济能源和可再生能源，这些转变当中，经济发展起到了积极的促进作用。经济发展促进科学教育发展水平的不断提高，而教育水平的提高使人们的认知和素质均有所提高，由此人类对能源资源的理解不断加深，对能源资源的利用技术也不断改进。同时，能源资源的开发与利用，需要一定的物质支持，通常情况下其开发具有投资大、建设回收期长等特点，而经济发展的水平能够决定能源资源开发利用的规模与程度。

20 世纪 70 年代爆发的两次重大的石油危机，对西方工业国家造成了严重的损害。油价上涨、经济下滑、失业率暴增等一系列问题让人们认识到能源资源开发、利用、储备与能源安全的重要性；认识到能源资源是影响经济增长的重要因素，不能完全被其他要素所替代；另外，技术进步不能完全解决能源资源对经济增长的约束问题。

2. 应对气候变化

气候变化有两方面表现形式：①气候平均值的变化，如温度整体下降或者升高；②气候离差值的变化，是指目前的气候状态偏离正常状态的程度，气候离差值增大，气候状态的不稳定性增加，气候异常将愈加明显。

气候变化的原因既有自然因素也有人为因素。自然因素包括太阳辐射的变化、地球轨道的变化、火山活动、大气与海洋环流的变化等；人为因素主要是工业革命以来人类活动，包括人类生产、生活所造成的二氧化碳等温室气体的排放、对土地的利用、城市化等。全球变暖是目前气候变化的主要特征，其原因是大气中温室气体浓度上升导致温室效应增强。人类活动排放的温室气体快速增长，导致全球气候变暖、极端天气频发等一系列严重后果。政府间气候变化专门委员会（Intergovernmental Panel on Climate Change，IPCC）最新报告《气候变化 2023》显示，随着全球温室气体排放的持续增加，不可持续的能源消费、土地利用和土地利用变化、生活方式、消费模式与生产方式等因素在区域间、国家间和国家内部以及个人之间造成历史和未来贡献的不平等。人类活动的影响使大气、海洋、冰冻圈和生物圈发生了广泛而迅速的变化。人为活动导致的全球气候变化已经导致各地发生诸多极端天气和气候事件。这使自然和人类受到广泛而不利的影响，同时造成相关损失和损害。

气候变化直接影响生态环境，作为一种负外部性因素，也会通过一系列传导渠道，影响经济和金融体系，极易带来金融体系系统性、结构性问题。气候变化引发实体经济损失，影响经济增长目标。尤其是极端天气直接给实体经济带来重大损失，造成企业经营成本骤然上升，甚至使其面临破产压力。世界气象组织发布的《2023 全球气候状况》显示，温室气体水平、地表温度、海洋热量和酸化、海平面上升、南极海洋冰盖和冰川退缩等方面的纪录再次被打破，有些甚至是大幅度刷新。该报告确认，2023 年是有记录以来最暖的一年，打破了之前最暖年份（比 1850 年至 1900 年平均水平高 1.29 ± 0.12℃的 2016 年、高 1.27 ± 0.13℃的

2020 年）纪录，2023 年的全球近地表平均温度比 1850 年至 1900 年的平均水平高 1.45 ±
0.12℃。近十年也是有记录以来最暖的十年。根据报告，热浪、洪水、干旱、野火和迅速增
强的热带气旋造成的痛苦和混乱，使数百万人的日常生活陷入困境，并造成了数十亿美元的
经济损失。根据气候政策倡议组织的数据，跟踪到的气候融资流量仅占全球 GDP 的 1% 左右，
资金缺口巨大。在平均情况下，要实现降低 1.5℃ 的目标，每年的气候融资投资需要增长六
倍以上，到 2030 年达到近 9 万亿美元，到 2050 年再增长到 10 万亿美元，而不作为的代价则
会更高。

气候变化问题自 20 世纪 70 年代开始得到广泛研究，80 年代逐渐引发全球关注，经过三
十余年的发展，逐渐成为各方政治力量角逐的舞台之一。当前，全球应对气候变化的基本框
架已经建立，主要涵盖研究支撑和公约协定两条主线。

联合国政府间气候变化专门委员会（IPCC）是全球应对气候变化的主要支撑机构，是由
世界气象组织（WMO）及联合国环境规划署（UNEP）于 1988 年联合建立的政府间机构，其
主要任务是总结气候变化的"现有知识"，评估气候变化对社会、经济的潜在影响以及制定
适应和减缓气候变化的可能对策，旨在为决策者提供有关气候变化严格而均衡的科学信息。
IPCC 大约每六年发布一次气候变化评估报告，支撑应对气候变化政策的制定。1990 年、1995
年、2001 年、2007 年、2014 年和 2021 年，IPCC 相继六次完成了评估报告，这些报告已成为
国际社会认识气候变化问题、制定相关应对政策的主要科学依据。

联合国气候大会的全称是《联合国气候变化框架公约》缔约方会议第 N 届会议
（Conference of the Parties）。《联合国气候变化框架公约》（*United Nations Framework Convention
on Climate Change*，UNFCCC，简称《框架公约》）是 1992 年 5 月 9 日联合国政府间谈判委员
会就气候变化问题达成的公约，于 1992 年 6 月 4 日在巴西里约热内卢举行的联合国环发大会
（地球首脑会议）上开放签署。《联合国气候变化框架公约》是世界上第一个为全面控制二氧
化碳等温室气体排放，以应对全球气候变暖给人类经济和社会带来不利影响的国际公约，也
是国际社会在对付全球气候变化问题上进行国际合作的一个基本框架。公约于 1994 年 3 月 21
日正式生效。截至 2022 年 12 月，该公约已拥有 198 个缔约方。第一次缔约方会议 1995 年
在德国柏林召开，随后每一年都会在世界不同地区轮换举行。

2.3.2.3　社会可持续发展

社会进步是指人类社会由低级向高级不断迈进，表现为社会文明的不断发展，其中包括
两个大方向：物质文明和精神文明的进步与发展。在可持续发展的基本要求中，这种物质文
明的发展，我们更多的归结于经济的可持续发展，而社会可持续进步更多关系的是非经济因
素，即人口变化、科技进步、法治建设、文化传承等。

1. 人口变化

随着社会生产方式的进步与生活水平的变化，作为社会生活主体的人口，在数量、质量
和结构及其与外部其他事务的关系方面，会不断由低级向高级运动。人口的变化与发展意味
着作为社会生活主体的人口，特别是劳动力人口征服自然能力的发展，认识和运用自然规律、

社会规律不断改造自然、改造社会的能力的发展。

根据第七次全国人口普查公报显示，我国人口发展呈现新特点：①人口总量惯性增长，但人口增速有所放缓。②劳动年龄人口下降，人口抚养比上升。③人口素质大幅改善，人力资本不断提升。④人口性别比趋于合理，家庭户人口规模持续下降。⑤人口城镇化水平加速提升，人口流动更趋活跃[一]。

统计局相关数据显示，2022 年我国人口总量有所增加，人口城镇化率继续提高[二]，并于"十四五"时间进入快速发展的"五期叠加"[三]。人口城镇化是国家现代化建设的重要任务，也是现代文明的重要标志。具体而言，人口城镇化是指农村人口转变为城镇人口、农业人口转变为非农业人口的过程，它是社会生产力发展到一定阶段的产物。这个过程表现为两个方面，一方面是城镇数目的增多，另一方面是城市人口规模不断扩大。城镇化进程中，第一产业比重逐渐下降，第二、第三产业比重逐步上升，同时伴随着人口从农村向城市流动这一结构性变动。人既是社会发展的手段，也是社会发展的目的。传统的城镇化忽视了人的主体性，而新型城镇化强调以人为本，是以人为核心的城镇化。

新型城镇化的核心在于不以牺牲农业和粮食、生态和环境为代价，着眼农民，涵盖农村，实现城乡基础设施一体化和公共服务均等化，促进经济社会发展，实现共同富裕。新型城镇化与传统城镇化的最大不同，在于新型城镇化是以人为核心的城镇化，注重保护农民利益，与农业现代化相辅相成。城镇化不是简单的城市人口比例增加和面积扩张，而是要在产业支撑、人居环境、社会保障、生活方式等方面实现由"乡"到"城"的转变。新型城镇化的"新"，是指观念更新、体制革新、技术创新和文化复新，是新型工业化、区域城镇化、社会信息化和农业现代化的生态发育过程。"型"指转型，包括产业经济、城市交通、建设用地等方面的转型，环境保护也要从末端治理向"污染防治—清洁生产—生态产业—生态基础设施—生态政区"五同步的生态文明建设转型。

2. 科技进步

马克思说过"科技是第一生产力"。毛泽东在一篇题为《不搞科学技术，生产力无法提高》的文章里指出：科学技术这一仗，一定要打，而且必须打好。邓小平同志在《中国要发展，离不开科学》里说：实现人类的希望离不开科学，第三世界摆脱贫困离不开科学，维护世界和平也离不开科学。江泽民执政时实施科教兴国的战略。十六大以后，党中央、国务院提出建设创新型国家，核心是把增强自主创新能力作为发展科技的战略基点，走中国特色自主创新道路。2024 年 1 月 31 日，习近平总书记在中共中央政治局第十一次集体学习的时候强调，加快发展新兴生产力，扎实推进高质量发展。

〇　陈功. 我国人口发展呈现新特点与新趋势：第七次全国人口普查公报解读 [EB/OL]. [2022 - 06 - 01]. http://finance. people. com. cn/n1/2021/0513/c1004 - 32101889. html.

〇　中国政府网. 人口总量有所增加，城镇化率继续提高 [EB/OL]. [2022 - 06 - 01]. http://www. gov. cn/xinwen/2022 - 01/17/content_5668914. htm.

〇　高国力. "十四五"我国新型城镇化进入快速发展的"五期叠加" [EB/OL]. [2022 - 06 - 01]. https://www. ndrc. gov. cn/wsdwhfz/202202/t20220217_1315711. html.

改革开放以来，我国的经济飞速发展，国际贸易额增长迅速。然而，我们出口的多为科技含量较低的原材料或粗加工成品以及劳动密集型成品，而进口的多为科技含量较高的知识密集型产品。由此可见，只有依靠科技进步，提高传统产业的技术水平，发展高新技术产业加强科技创新，特别是原创性、颠覆性科技创新，加快实现高水平科技自立自强，打好关键核心技术攻坚战，使原创性、颠覆性科技创新成果涌现，培育发展新质生产力的新动能，才能实现经济又快又高质量的发展。

科技进步对国民经济产业也具有整合与牵引的作用。我国以往的经济发展过程，主要是基于扩大投资规模的外延式发展道路，在发展的过程中产生了产业结构不合理，资源、能源、人力资源浪费等现象，同时导致一些企业的效益和效率较低。而科技进步能够将现有的生产能力进行整合，使经济发展中的生产力得到有效的优化组合，生产资源得到高效的优化配置，从而提高全社会的生产效率。同时，科技进步也会进一步改变生产方式，近些年随着科技的发展，各种概念和技术层出不穷，不仅带动了企业的发展与效率的提高，同时也开辟了许多新的可能性。尤其是高新技术企业，它们不同于传统产业的新型企业，以高科技为支撑、以知识为中心，由高水平科研人员将科研成果转化为高科技产品而组成的现代企业。不同于传统产业，这类新型企业的主要资产不是自然资源或是货币资本，而是人才与科学技术这类知识资本。实际上，就全球而言，多数国家都非常重视科技的发展以及科技对提高一国经济与其他实力方面做出的贡献，科技强则国强。

3. 法治建设

法治社会是构筑法治国家的基础，法治社会建设是实现国家治理体系和治理能力现代化的重要组成部分。党的二十大报告指出，法治社会是构筑法治国家的基础，建设法治社会在建设社会主义法治国家中占有重要地位。和谐是社会发展的至高境界，我们所要构建的和谐社会，是整个社会的和谐，而实现和谐社会的推动力则是依法治国，随着社会的进步与发展，更加迫切的需要依法治国顺利进行，也需要全社会共同努力。

家有家规，校有校规。想要建成法治国家，就应该做到有法可依、有法必依、执法必严、违法必究。人民权益要靠法律保障，法律权威要靠人民维护。必须弘扬社会主义法治精神，建设社会主义法治文化，增强全社会厉行法治的积极性和主动性，形成守法光荣、违法可耻的社会氛围，使全体人民都成为社会主义法治的忠实崇尚者、自觉遵守者、坚定捍卫者。

4. 文化传承

文化是一个民族的灵魂。五千年中华文化体现了中华民族的精神追求，已经成为中华民族区别于其他民族的精神标识，其中的核心观念构成了中国人的精神世界，其基本价值已积淀为中华民族的文化基因，在漫长的历史发展中成为中华民族的精神命脉，传承中华文化就是维系中华民族的精神命脉。中华民族与中华文化互为一体，离开了中华民族就不会有中华文化，同样，离开了中华文化也就谈不到中华民族。中华文化的精神特质就是我们今天要大力弘扬的"中国精神"，弘扬中国精神，是凝聚中国力量、走稳中国道路的关键。没有中华文化的繁荣昌盛，就没有中华民族的伟大复兴，我们必须深入认识中华文化的重要性。

党的十八大以来，明确肯定了中华文化是中国特色社会主义的沃土，中国特色社会主义要植根在中华文化之中，中华文化是中国特色社会主义的历史渊源。以土与根、源与流来说明中华文化对于当代中国特色社会主义的基础意义，把中国特色社会主义作为中华文化发展长河的内在延伸。因此，中国特色不是外在于中华文化的历史发展，而是中华文化自身发展的产物，中国特色社会主义与中华文化有着内在的承接关系。建设中国特色社会主义必须自觉地理解这种关系，自觉地以中华文化为其历史源头。中华文化的源头活水为中国特色社会主义提供了充沛的资源养分，充分吸收中华文化的营养，中国特色社会主义才能更好地成长与发展。

改革开放以来，我国经历了现代化转型、市场经济活跃发展，但同时也出现了社会价值观严重迷失、道德水平下降、腐败问题突出等现象，重建社会价值观、道德观的任务刻不容缓。中华文化在几千年的发展中，以仁孝诚信、礼义廉耻、忠恕中和为中心稳定形成了一套价值体系，影响了我国政治、法律、经济、制度制定与政策施行，支撑了中国社会的伦理关系，主导了人民的行为活动和价值观念，促进了社会的稳定、心灵的向善向上。这一套体系是中华民族刚健不息、厚德载物精神的价值基础和根源，亦即中华民族民族精神的价值内涵。中华民族几千年来不息奋斗的发展和这一套中华文化的核心价值体系密切相关，这些价值也是中国人之所以为中国人的基本属性。

2.4　可持续发展的基本原则

2.4.1　公平性原则

这里的公平指的是平等选择的权利，其中包括代际公平和代内公平两种。发展是一个持续的过程，涉及当代正在从事生产的人们，以及他们的子孙后代。代际公平强调的是当代人的发展不应损害后代人的发展利益；代内公平是指同一代的所有人，在利用资源进行发展和享受清洁舒适的环境等方面享有平等的权利，即任何地区、国家、民族的发展不以损害其他地区、国家、民族的利益为代价。代内公平是实现可持续发展的必要条件，由于历史发展的原因，现有的国际经济秩序中发达国家和发展中国家之间存在巨大的经济差异，导致对资源的占有、利用和对环境的危害程度、对生态环境的保护能力参差不齐，代内不公平现象严重。实现当代人内部的公平，建立和谐的代内关系，有助于解决代与代之间的公平问题。

2.4.2　持续性原则

可持续发展不是指某些地方的一部分人，在特定的时间段内，保持经济、社会和自然的协同发展，而是要实现全人类与自然永远的和谐和美好。人类发展的历史上，最初的"黄色文明"即刀耕火种的农耕文明，被"黑色文明"即工业文明所替代。这样的一种历史性发展，使人类的经济和社会空前进步，达到了一个相对顶峰的水平，然而其对资源和环境带来的危害也是毁灭性的、不可修复的。因此，一部分人认为，单纯地延续工业文明的"持续"发展，可能达不到可持续发展的最终目标，而应该通过一种革命式的发展从生活、生产方式上进行根本性的改变，使人类从"黑色文明"迈入"绿色文明"。

2.4.3　共同性原则

共同性指的是全球不同文化、不同国情、不同发展水平的国家，发展的总体目标是共同的。应当采取世界各国共同的联合行动，以实现这一共同目标。《我们共同的未来》中写道："进一步发展共同的认识和共同的责任感，这是这个分裂的世界十分需要的"。《里约环境与发展宣言》中也指出："各国应本着全球伙伴关系的精神进行合作，以维持、保护和恢复地球生态系统的健康和完整。鉴于造成全球环境退化的原因不同，各国负有程度不同的共同责任。"。

2.4.4　协调性原则

前文提到，可持续发展是实现经济效益、社会效益和生态效益的有机协调，这其中包含了由人口、资源、生态、环境、经济、社会等多方面要素组成的庞大的复杂系统。只有实现了系统中各要素的协同发展，才能使整个系统达到全局最优状态。另外，由于地域不同、发展水平差异等多种原因，不同国家和地区的这个复杂系统的状态和发展机制也不同，如何实现多个复杂系统之间的协同发展，也是当代人类所面临的难题。最后，代内和代与代之间也要保持一种协调的关系，当代人的发展不能透支后代人本应拥有的生态环境资本。

本章习题

1. 简述可持续发展思想的产生过程。
2. 如何理解可持续发展的内涵？
3. 可持续发展的原则是什么？
4. 如何理解可持续发展与经济增长之间的关系？
5. 如何认识新时代中国的可持续发展思想？

第3章 可持续发展战略与现实选择——以我国为例

改革开放以来，我国经济取得了快速的发展，在以经济增长为中心的传统的发展理念驱使下，人口、资源与环境的矛盾日益突显，成为制约我国经济、社会发展的障碍因素[一]。针对资源短缺、环境污染、人口问题与经济社会的不协调发展，我国制定了建设资源节约型、环境友好型社会的基本国策，倡导走可持续发展道路。目前，我国学术界对人口、资源与环境的研究表明，传统的"高消耗、高排放、高污染"的发展理念带来的对环境的污染、资源的浪费和生态的破坏，在某种程度上不利于我国经济社会的健康可持续发展。随着我国人口结构性失衡、老龄化进一步加深，我国经济社会的发展面临着巨大的挑战，就业越来越难；同时，我国流动人口的增多以及人口分布的不合理对我国资源环境也产生了巨大的压力，我国人口的流动趋势主要是从农村地区流向城市、从经济欠发达地区流向经济较发达地区，人口的流动在带动区域经济发展的同时，也给区域的资源、环境造成了巨大的压力。因此，促进我国经济、社会可持续发展，就要转变发展理念，正确处理好人口、资源与环境的关系。

3.1 我国人口可持续发展战略

人口发展主要包括人口数量的增加和人口质量的提高，而人口的可持续发展是指为了提高国家可持续发展的能力，在人口有序增长的同时，注重提高人口的素质。

3.1.1 我国人口现状及发展趋势

我们通过以下六点来大致了解我国人口的现状及发展趋势：

（1）我国总人口数增长速度持续放缓并出现负增长趋势　截至2020年11月1日零时，大陆地区人口总体规模达到14.1亿人，相较于2010年"六人普"时，增加7205万人，其年平均增长率为0.53%[二]。这一增量比从2000年"五人普"到2010年"六人普"的10年间减少185万人，增速降低0.04个百分点。而2022年年末，根据国家统计局相关数据，全国人

　㊀　乔榛. 中国共产党对经济工作的领导：历史、经验和启示 [J]. 上海商学院学报，2021，22（03）：3-12.

　㊁　国家统计局. 第七次全国人口普查公报（第二号）：全国人口情况 [EB/OL]. （2021-05-11）[2023-03-15]. https://www.gov.cn/guoqing/2021-05/13/content_5606149.html.

口（包括 31 个省、自治区、直辖市和现役军人的人口，不包括居住在 31 个省、自治区、直辖市的港澳台居民和外籍人员）141175 万人，比上年末减少 85 万人，人口自然增长率为 −0.60‰。显然，我国人口高速或超高速增长的时期已经结束，人口零增长乃至负增长的时代已经到来。人口增长势头放缓以至扭转，主要是出生人口数量下降的结果。党的十八大之后，生育政策调整完善步伐明显加大加快，面对着城镇化水平增长、受教育程度提高、离婚不婚率上升等诸多生育水平下行因素的持续影响，相当程度地延缓了生育水平走低态势。但是因育龄妇女规模在减小、结构在老化等因素，出生人口数量降低的大走向不会改变，总人口数趋于零增长乃至负增长的基本面不会根本改变。迈入人口零增长乃至负增长时代，是我国在人口领域所面对的大变局，是促进人口长期均衡发展进程需关注的先导性议题，深刻影响着高质量发展的劳动力供给量、消费者需求量等。

（2）人口结构老年化明显　2020 年，大陆地区 60 岁及以上的老年人口总量为 2.64 亿人，已占到总人口的 18.7%。自 2000 年步入老龄化社会以来，老年人口比例增长了 8.4 个百分点，其中，从 2010 年的"六人普"到 2020 年的"七人普"的 10 年间升高了 5.4 个百分点，后一个 10 年明显超过前一个 10 年，这主要与 20 世纪 50 年代第一次出生高峰所形成的人口队列相继进入老年期紧密相关[⊖]。而在"十四五"时期，20 世纪 60 年代第二次出生高峰所形成的更大规模人口队列则会相继跨入老年期，使得中国的人口老龄化水平从最近几年短暂的相对缓速的演进状态扭转至增长的"快车道"，老年人口年净增量几乎是由 21 世纪的最低值（2021 年出现）直接冲上最高值（2023 年出现）。积极应对人口老龄化的现实迫切性空前凸显，党的十九届五中全会应势地将其上升至国家战略的高度。未来直至 21 世纪中后叶，我国老年人口数量增长的步伐尽管时快时慢，但不会停，通过在劳动供给、财富储备、科技创新及产品服务供给等多方面持续发力，人口老龄化给高质量发展带来的压力有望得到缓解，甚至于向动力转换。

（3）人口质量红利不断提升　2020 年，大陆地区每 10 万人中具有大学文化程度的达到 15467 人，比 2010 年"六人普"时高出 6537 人，高中文化程度的人数相应比例同期也有升高，初中文化程度、小学文化程度比例以及不识字率则在降低。这无疑是新中国成立后，特别是改革开放后，教育事业持续发展所结出的硕果。义务教育推行、高中教育普及，特别是高等教育进入大众化阶段等一系列教育改革发展举措，推动中国人口教育水平不断迈向新的高度。高质量发展应当把劳动年龄人口数量减少、结构老化等方面的劣势寓于劳动年龄人口素质提高的优势中，从而释放新动力、激发新活力。

（4）大规模的乡城迁移流动仍将延续　2023 年，大陆地区常住人口城镇化率达 66.16%，相较于 2010 年"六人普"时的 49.7%，上升了 16.46 个百分点。人口迁移流动是城镇化率从 2010 年"六人普"到 2020 年"七人普"相继冲上 50% 和 60% 大关的主推进力，广东省也因此继续成为人口数量第一大的省份。从发达国家城镇化的一般规律看，中国当前仍然处于城镇化率以较快速度提升的发展机遇期。在以人为核心的新型城镇化战略推动下，历史上千百年的"乡土中国"正日益发展为"城镇中国"，这可成为实现高质量发展的重要力量"源

⊖　李胜旗，徐玟龙. 人口结构、生育政策与家庭消费 [J]. 西北人口，2022，43（4）：15−31.

泉"。

（5）性别结构持续改善 2020年"七人普"男性人口为72334万人，占51.24%；女性人口为68844万人，占48.76%。总人口性别比（以女性为100，男性对女性的比例）为105.07∶100，与2010年基本持平，略有降低。出生人口性别比为111.3∶100，较2010年下降6.8%，我国人口的性别结构持续改善。

（6）养老保险参保人数增加 2023年年末，全国参加城镇职工基本养老保险人数52121万人，比2022年年末增加1766万人。参加城乡居民基本养老保险人数54522万人，减少430万人。参加基本医疗保险人数133387万人，其中，参加职工基本医疗保险人数37094万人；参加城乡居民基本医疗保险人数96293万人。参加失业保险人数24373万人，增加566万人。2023年年末全国领取失业保险金人数352万人。参加工伤保险人数30170万人，增加1054万人。参加生育保险人数24907万人。2023年年末，全国共有664万人享受城市最低生活保障，3399万人享受农村最低生活保障，435万人享受农村特困人员救助供养，全年临时救助742万人次。全年领取国家定期抚恤金、定期生活补助金的退役军人和其他优抚对象有834万人。2023年年末，全国共有各类提供住宿的民政服务机构4.4万个，其中养老机构4.1万个，儿童福利和救助保护机构971个。民政服务床位846.3万张，其中养老服务床位820.1万张，儿童福利和救助保护机构床位9.8万张。[⊖]

3.1.2 我国人口可持续发展战略目标

（1）持续引导人口有序增长，建立可持续的消费方式，大力发展社会服务与第三产业 人口规模庞大，人均资源占有率低；人口素质有待进一步提高；人口结构不尽合理。这些仍是目前和今后相当长的一个时期内，我国亟待解决的三个重大问题。消费模式的变化同人口的增长一样，在社会经济持续发展过程中有着重要作用。要采取积极的行动，改变传统的、不合理的消费模式，鼓励并引导合理的、可持续的消费模式的形成。我国社会服务和第三产业存在的主要问题是观念比较陈旧，政策尚不配套，管理薄弱，服务人员素质较低，服务质量不高，一些产业尚未形成完善的网络体系。我国社会服务和第三产业的持续发展目标是，提高服务的社会化、专业化水平，形成服务网络，提高服务效率和服务质量，创造就业机会，为经济结构调整、企业经营机制转换、政府机构改革创造条件，方便和丰富人民物质文化生活；加快第三产业的发展，提高在国民生产总值中的占比。

（2）缩小收入差距，推动共同富裕 经过全党全国各族人民的共同努力，在迎来中国共产党成立一百周年的重要时刻，我国脱贫攻坚战取得了全面胜利。在现行标准下，9899万农村贫困人口全部脱贫，832个贫困县全部摘帽，12.8万个贫困村全部出列，区域性整体贫困得到解决，完成了消除绝对贫困的艰巨任务，创造了又一个彪炳史册的成就。缩小地区差距、城乡差距、收入差距是实现共同富裕的主攻方向和必须攻克的堡垒。要坚持共富引领，找准方位、精准发力，着力破解发展不平衡不充分问题，加快缩小"三大差距"，实现人的全面

⊖ 国家统计局. 中华人民共和国2023年国民经济和社会发展统计公报［EB/OL］.（2024-02-29）［2024-03-01］. https://www.stats.gov.cn/sj/zxfb/202402/t20240228_1947915.html.

发展和社会全面进步，让人民群众共享改革发展成果和幸福美好生活。

（3）发展卫生事业，提高人民健康水平　改革开放以来。我国卫生事业有了很大发展。2023年年末，全国共有医疗卫生机构107.1万个，其中医院3.9万个，在医院中有公立医院1.2万个，民营医院2.7万个；基层医疗卫生机构101.6万个，其中乡镇卫生院3.4万个，社区卫生服务中心（站）3.7万个，门诊部（所）36.2万个，村卫生室58.3万个；专业公共卫生机构1.2万个，其中疾病预防控制中心3426个，卫生监督所（中心）2791个。卫生技术人员1247万人，其中执业医师和执业助理医师478万人，注册护士563万人。医疗卫生机构床位1020万张，其中医院800万张，乡镇卫生院151万张。全年总诊疗人次95.6亿人次，出院人次3.0亿人次，人民健康水平已居世界发展中国家前列。要坚持以科学发展观为指导，以全面维护和增进人民健康、提高健康公平、实现社会经济与人民健康协调发展为目标，以公共政策为落脚点，以重大专项、重大工程为切入点的国家战略。

（4）不断扩大宜居社区建设　要通过政府部门和立法机构制定并实施促进宜居社区可持续发展的政策、发展战略、规划和行动计划，动员所有的社会团体和全体人民积极参与，建设成规划布局合理、配套设施齐全，有利工作，方便生活，住区环境清洁、优美、安静，居住条件舒适的人类住区。⊖

3.1.3　典型案例——山东省生态宜居美丽乡村建设⊜

2005年10月，我国提出了建设社会主义新农村的重要历史任务，提出了建设美丽农村的具体要求。2007年10月，进一步提出，要统筹城乡发展，促进社会主义新农村建设。2012年11月，更是明确提出，要努力建设美丽中国，实现中华民族的可持续发展。2024年的政府工作报告提出，推动城乡融合和区域协调发展，大力优化经济布局。

建设生态宜居美丽乡村是实施乡村振兴战略的一项重要任务，生态宜居是乡村振兴的关键。改善农村人居环境促使农村生态环境好转、村民素质提高、乡风文明有序，统筹推进脱贫攻坚工作，协调解决农村产业发展与生态环境保护之间的矛盾，最终实现农业强、农村美、农民富的建设目标。农民既是乡村振兴的建设主体、需求主体，也是乡村振兴的提高主体、保护主体，坚持人与自然和谐共生，走乡村绿色发展之路。山东省是中国农业第一大省，在建设宜居、宜业、宜游的生态宜居美丽乡村基础上，其农业发展围绕农业、林业、畜牧、渔业全产业链发展，具有典型代表性。

3.1.3.1　生态宜居美丽乡村建设的目标

1. 改善乡村人居环境

近年来，中央和地方政府高度重视农村人居环境建设，发表了相关意见和实施了相关工作：2017年9月，在改善农村人居环境方面指出，专注于解决突出问题，不断改善农村人居

⊖　《中国21世纪议程》。

⊜　山东省农业农村厅网站. 推进人居环境整治建设宜居宜业美丽乡村 [EB/OL]. (2022 – 05 – 23) [2022 – 10 – 13]. http://nync.shandong.gov.cn/xwzx/spzx/nyns/202205/t20220523_3927173.html.

建设水平。2017 年 10 月，提出了实施"乡村振兴战略"，坚持农业农村优先发展，加快推进农业农村现代化；2017 年 12 月召开的全国城乡住房建设工作会议提出，要加强农村人居环境改善，推进美丽农村建设。

在一些村庄，规划和建设改进同时进行，缺乏指导，致使农民负担增加。农村历史文化、产业要素、自然资源的发展尚未实现，生态宜居美丽农村建设的合力尚未形成。农村建设是一项系统工程，但大多数部门只是在自己的业务范围内工作，没有形成合作关系。另外，除政府投资外，社会资本和民间资本并不多，也没有多元化的共建机制。建设生态宜居的美丽农村，需要产业的推动和支持。如果没有产业带动，就会变成一个空心村。目前，我国农村存在主导产业薄弱、产业发展水平低、品牌意识淡薄等问题。

改善乡村的风俗习惯是改善人居环境的关键性问题。在大多数村庄里，垃圾和柴火常常被抛弃，乡村生活垃圾和污水处理存在严重的问题。各级主管部门应加强对生态宜居美丽乡村建设的宣传，促进各种形式的良好体验和实践，努力培养村民良好习惯，为整个社会营造良好的氛围。充分发挥乡村基层党组织的战斗力和党员先锋示范作用，激发和调动农民积极性。此外，还建议在美丽村庄建设中大力开展调研活动，体察人民的感受、接受意见并切实帮助解决问题。建设美丽乡村，以合理的规划为指导，在建设过程中加强规划监督，坚决避免乱建，根据当地情况进行高层设计、总体规划和分类指导。要突出地方特色，保持区域乡村景观，分步做试点研究，论证乡村综合详细规划，加强整体性、前瞻性、系统性规划。有计划、分步骤、分阶段、分级推进乡村建设，促进人与自然的和谐共处，改善乡村人居环境。

2. 发展绿色循环经济

党的十八届五中全会提出了绿色发展的理念，并做到了与时俱进。绿色发展理念体现在农村循环经济中，其过程包括农业生产和生活过程中的物质回收，以达到环境、资源、生态、社会和经济的统一。绿色环保理念在经济发展中得到了更多的应用，使农村绿色循环经济在促进农村经济科学、可持续、绿色发展方面发挥了实际作用。

绿色循环发展方式从根本上说是一种生态运营体制，是以最少的资源和环境为代价获取最大化的经济效益和社会效益。农业废弃物处理不当，既污染环境又影响生产。多年来，解决农业废弃物是绿色循环发展方式的迫切需要。

根据低碳、凝聚、循环利用的绿色和生态发展理念，尽一切努力打击污染，关闭重型污染企业，大力扶持新兴环保产业的发展，创造绿色集群效应，大力推进和支持工业节能、污染控制、固体废物综合利用等新兴环保产业的发展。

在乡村分发垃圾桶，对单独的垃圾种类收集利用，白色垃圾统一回收，厨余垃圾被合并成肥料。工作人员一方面要告诉居民分类标准，另一方面要注意方式和方法，鼓励好居民的分类，同时将厨房垃圾处理成肥料，免费分配给农民。让公众树立环保意识，促进全社会绿色循环发展。

做好乡村水环境整治工作，严格防止废弃物和垃圾进入河道，加大对河道、水库、大坝垃圾清理力度。大力实施巩固和改善乡村饮用水安全的工程。通过在乡村建设小型集中供水站，扩大配套网络，推进乡村集中供水一体化。

绿色发展是新发展理念的关键构成部分，创建高品质的当代经济发展管理体系，绿色、循环、低碳环保发展是产业链转型发展的方向，是当今最有发展前途的行业，是处理乡村环境污染的重要途径。

3. 助推美丽乡村文化

先进的社会主义文化的发展和人民精神力量的广泛凝聚，是对国家治理制度和治理能力现代化的深刻支持。乡村文化建设在总体建设中不仅有提供动力的作用，充足的文化底蕴支持也是培育文明乡风的重要组成部分。建设生态宜居乡村是当前乡村建设的一项重要任务，文化促进乡村发展，丰富多样的乡村文化氛围不仅是一种令人愉悦的外部形象，也是一种内生的发展动力，乡村的魅力将更加具有吸引力。文化是一个区域和一个民族的灵魂，发挥文化教育人民、促进引领发展，让美丽中国更有吸引力。

目前建设生态宜居乡村，一方面是完善乡村基础设施建设，总体上改善乡村景观，为人们的生活、生产、旅游等提供更多的便利。另一方面，不应忽视乡村人民精神生活方面的需要，开展各种娱乐活动，丰富村民的精神生活。这是一个美丽乡村应该达到的目标。乡村文化是生态宜居、优美乡村的灵魂。

以人民的需要为指导，深入实地，与人民的心和思想联系起来，以规范和完善的村规章制度为载体，提高村民的素质，净化社会氛围，改变不良习惯，美化生活环境，充分发挥村民在舆论驱动、机制创新、组织驱动等方面的决策、建设和监督主体作用，促进生态优美村庄建设。重视怀旧，从历史的深处和传统的根源上寻找精神资源，保留自然的魅力和人文的血液，制定村规民约，纳入文明习俗。

文化能够形成认同感和归属感。只有当乡村文化要素得到了充分的探索和应用，区域独特的自然资源得到了良好的保护，原有的历史要素得以保存和继承，生态宜居美丽乡村建设才具有长期的生命力和良好的传承。

3.1.3.2 生态宜居美丽乡村建设的意义

1. 推进生态文明建设的内在要求

追求人与自然和谐共处的关系，特别是应对生态危机，产生了生态文明的概念。坚定不移塑造生态文明建设的核心理念，不断完善生态文明建设管理体系和体制，全力推动生态文明建设的实践活动和探索，应对日趋严重的资源匮乏、空气污染等严重状况。走可持续发展道路，要清醒地认识到保护环境和解决空气污染的迫切性，提升认识生态发展的必要性和重要性。加快生态文明建设，提倡社会经济发展方式转型发展、提升品质。坚持不懈以民为本、推动社会发展，全方位建成小康社会。

建设生态文明是把可持续发展观提升到绿色发展的高度，绿色生态发展关系到老百姓的福祉、中华民族的将来。中共中央、国务院高度重视建设生态文明，发布了一系列重大决定和安排，取得了重大的进展和积极的成果。建设生态文明对人民的福祉和国家的未来至关重要。生态环境保护是广大人民群众今天和未来都能从中受益的一个长期规划。

2. 建设美丽中国的重要组成部分

建设美丽乡村是建设美丽中国的重要组成部分。人与自然的关系是人类社会最基本的关系，不仅需要创造越来越多的物质和精神的财富，来满足人们日益增长的生活需求，还需要提供更优质的生态产品，坚持环境保护和自然恢复的原则，来满足人们对美好生态环境需求。

努力解决突出的环境问题，继续采取行动，防止和控制空气污染，预防水源污染，全方位管理河段和沿海地区水域。提升土壤污染防治能力，提升农业污染治理能力，采取有效措施改进自然环境。提升固体废物和废弃物处理能力，健全环境污染环保标准，明确污染者责任义务，健全自然环境信用评价管理体系，及时披露、严格惩处。坚持建设以政府为中心的环境管理系统，并鼓励引导企业、社会组织和大众一起积极参与管理。

对生态系统要保护与恢复同步落实到位，建立健全生态安全体系，建立保护生物多样性的可行性档案，提高生态系统抗损伤及自我修复能力。规划生态保护红线、农田控制线和城市发展边界。进行植树造林，推动土地荒漠化和土壤侵蚀的信息化管理，管理湿地公园的维护和修复，提升自然灾害的预防，完善天然林保护体系。健全耕地、大草原、山林、江河湖泊复垦规章制度，打造多样化绿色生态毁坏赔偿体制。

提升建设生态文明的详细设计和组织领导，创建国有资产管理、自然资源和自然生态监督机构，健全绿色生态质量管理体系，统一自然资源财产使用者履行岗位职责。创建国家土地规划维护规章制度，健全功能分区现行政策，创建公园维护规章制度，果断劝阻和惩处毁坏生态环境保护个人行为。

树立社会主义生态发展观，推进人与自然和谐发展的现代化新格局，促进生态环境保护有序发展，有力推动美丽中国的建设。

3. 实现全面建成小康社会必要前提

全面建成小康社会是党对人民的庄严承诺，2020 年是全面建成小康社会的决胜阶段。务必要明确，农业依然是四个现代化的短板，乡村地域依然是小康社会的短板。

在我国城市乡村协同有序发展这一过程中，实施乡村振兴战略是这一规划的有力支持。改革开放以来，城市化进程不断加快。与落后的农业产业化发展相比，农村建设还存在一些不足，阻碍和牵制着我国经济社会的全面建设。中国共产党第十九届全国代表大会指出，"农村转型和发展战略的基本方法是促进农业和农村的现代化"。

农业和农村优先发展是乡村振兴的基本前提，核心和根本问题是经济振兴。创建城市和乡村一体化发展趋势的规章制度、体制和现行政策管理体系是保持乡村转型发展的关键步骤。重要的是保持乡村转型发展，建立和完善城乡一体化发展趋势管理体系。近年来，我国进入都市化迅猛发展的关键环节，未能摆脱城镇双向发展。要保持城乡一体化发展趋势，需要开展改革创新和自主创新，提升乡村转型发展的高层次人才设计方案，以摆脱目前城乡二元结构。

加快农业和乡村现代化是乡村振兴的根本出路。不能使农村发展成为建成小康社会和建设美丽中国的现代化社会主义国家的薄弱环节。此外，中国的工业和城市也有支持农业和乡村地区的力量和条件，因此，以乡村振兴为目标，加快农业和农村现代化是必要和可行的。

3.1.3.3 山东省生态宜居美丽乡村建设的现状

1. 生态发展理念步步落实

山东省位于中国东部沿海、黄河下游，平原面积占全省面积的 65.56%，气候属暖温带季风气候类型，降水集中、雨热同季、春秋短暂、冬夏较长。山东是中国的农业大省，其农业发展方式、规模及种类具有典型代表性，内陆生态农业及沿海蓝色牧场并肩发展，农业增加值长期稳居中国各省第一位，是全国粮食作物和经济作物重点产区，耕地率位居全国之首。

《山东省农业现代化规划（2016—2020 年)》等农业综合政策规定了农业可持续发展的指导思想和基本原则，明确了农业可持续发展的主要任务与具体目标，提出了实现目标所需的保障措施，对农业可持续发展做出了全面性规定。

良好生态环境是农村的最大优势和宝贵财富，要让良好生态成为乡村振兴的支撑点。为具体落实生态发展理念，山东省财政厅筹措资金，支持实施绿化、生态能源、资源修复、源头污染治理和乡村文明五大项目，积极推进乡村生态文明建设并开展植树造林项目。在荒山、沙尘暴和平原地区，积极造林绿化，对国家森林乡村和小学、中学的绿化给予奖励和补贴。针对 20.46 万亩国家级和省公益林绿色生态收益给予补偿，为更好的林木品种和防治森林害虫提供补贴，并对 150 万亩林地的森林护理补贴进行试点，提高森林资源的质量。

2018 年 1 月 14 日，山东省农业工作会议将"开展生态提升行动"作为一项重要工作。实施生态能源项目。为促进乡村沼气建设，增加了 2.06 亿元投资，为全省增加了 13100 个乡村沼气用户。在 25 个县发展生态农业和乡村新能源，支持生态农业示范基地建设，建立农业生态和乡村能源发展的新模式。

实施资源恢复项目，筹集了 3.72 亿元，把重点国家水土保持项目从 6 个县扩大到沂蒙的 13 个老革命根据地。支持省级重点沙尘暴地区水土保持项目的实施，使 568.5 平方公里的水土流失得到控制。进行小清河水源管控工程项目，执行水产资源修复计划，有序推进生态公园基本建设和国家、省部级保护区基本建设，逐渐扭转生态环境保护恶化趋势。

山东省发展改革委会同省住房城乡建设厅、环保厅，编制完成了《山东省农村人居环境整治三年行动实施方案》，分区域分类型对农村人居环境整治提出行动目标。到 2020 年，全省农村人居环境明显改善。实施污染控制项目，继续补贴土壤肥料使用，对病死猪的无害化饲养环节给予充分补贴，减少动物疫病蔓延和非点源污染。支持发展农产品标准化生产基地，大力实施农产品质量安全工程。

为保障乡村居民的饮水安全，共筹集 13.56 亿元，并努力在丘陵地区开水挖井。鼓励地方政府依靠资源，依据本地状况，整体规划，科学执行，努力将农村建设成为一个宜居、文明、健康的家园。

2. 生活硬件设施基本到位

根据调查，鲁中地区及山东半岛蓝色经济区硬件设施落实情况良好，《2019—2020 年山东省"美丽庭院"创建工作实施意见》明确，2019年年底山东省5%的农村庭院建成美丽庭院示范户，半数以上村建成美丽庭院。该意见表明，"到2020年，全省10%的农村庭院建成美丽庭院示范户，每个村都有美丽庭院示范户"。

美丽庭院建筑标准包括"房间的美，庭院的美，厨房和卫生间的美，以及房子的美，并注意清洁能源的使用"。意见明确指出，各地应确定农村住宅的数量，结合当地的实际情况以及党委、政府工作安排，根据当地经济和社会发展水平、农村家庭的生活习惯等，并结合实际情况明确当地具体建设标准。目前，山东省民政厅明确了农村幸福院的功能定位，"不是养老机构，而是政府支持、村级主办、社会参与、互助服务性质的村级老年人公共服务设施"。因地制宜，分类推进美丽庭院工作，推进重点地区和重点村示范工程建设，逐步全面实施建设，奖励和鼓励有突出成绩的市、县。

在自然村，人口规模相对较小，无法形成规模效应。如果定居点过于分散，对政府来说，基础设施建设很容易，但维护起来却很昂贵。如果不考虑规模经济和维护成本，盲目地建设基础设施，就会导致资源的浪费。

自从生态宜居美丽乡村建设开始以来，继续巩固和加强乡村基础设施建设，并确保乡村基础设施的基本水平是全面和坚实的。乡村基础设施得到了改善和加强，基本建立了一个运输网络来连接每个村庄和每个家庭。然而，应当指出，虽然基本建立了支柱基础设施网络，但许多设施仍不够完善，无法满足乡村经济发展的需要。解决这个问题的办法是把重点放在标准的提升上。在基础设施建设方面，应确保顶层设计、财务支持和过程监督的良好匹配。

建设与改善与民生有关的乡村基础设施，包括建设乡村道路、供水、污水处理、河流处理、垃圾收集和处理、厕所改善、路灯照明、公共交通、电网改造和有线电视等。农民对乡村基础设施的需求不断增加，必须高度重视。在农村基础设施建设中，要加强对农村建设资金的管理力度，监督使用情况。

目前，乡村基础设施的供给与现代农业的需求不匹配，理应继续优先重视基础设施发展中的乡村地区，促进城乡基础设施的连接，提升乡村基础设施建设是农民的迫切期盼。

3. 村民生活水平有所提高

农民的生计包括许多方面，如食物、衣服、住房和交通。生活水平的提高，首先是收入的增加，其次是住房的改善、新能源的使用、儿童教育成本的减免、储蓄的增加等。

山东省农村整体生活水平显著提高，农民的出行模式由自行车、电动车到摩托车和汽车逐渐发展，生产工具从人力、牛耕转化为机器生产，食品安全得到了改善和保障，每天的用电、自来水、太阳能等基本设施得到了落实。山东省住房和城乡建设厅召开全省农村生活垃圾分类试点推进现场调度会，会议要求，"各示范试点县（市、区）要认真做好农村生活垃圾分类工作，确保农村环境清洁"。农民生活水平的提高还体现在教育、文化、医疗、生活环境的保障，目前我国正逐步改善乡村存在的问题。规划农民的居住环境，按照城市化的标准，做好规划设计，将相邻的自然村集中规划居住，规划进入居住区，改善基础设施，包括健身、文化娱乐、水电设施、美化照明等。

在乡村教育方面，幼儿园、小学和中学的教育质量显著提高。图书馆开放，互联网＋等学习形式使农民能够学习文化知识和专业技能，使更多的乡村居民能够接受教育和学习文化知识。

乡镇医院在村一级设立了卫生站，国家也给予了政策支持。2020年中央一号文件指出，加强农村基层医疗卫生服务，办好县级医院，推进标准化乡镇卫生院建设，改造提升村卫生室，消除医疗服务空白点。对于应聘到乡村地区的医学毕业生，国家将给予一定补贴，鼓励医疗资源的下乡扶持。国家提高了乡村养老保险和医疗保险的比例，增加医疗补偿的比例，特别是在患有严重疾病的情况下，为有家庭困难的农民提供医疗帮扶。

根据国家精神，在乡村逐步实行集约化养殖。目前乡村劳动力减少，为解决这一问题，可以采用集约化的多元化经营管理，充分利用土地资源开发生产。在合作社的形式中，探索实践"土地资源份额化、扶持资金股份化"，创新了合作经营形式，构建了集体经济新体系，实现了农民集体合作共赢，为农村集体产权改革提供了借鉴。乡村的农场由合作社集中管理，农民可以参与劳作，合作社把收入分配给农民，以增加其收入。

3.1.4 生态宜居美丽乡村可持续发展经验借鉴

近10年来，山东省乡村人居环境可持续发展态势良好，从促进乡村生产环境、生活环境和生态环境3个子系统协调发展取得了不少成绩，但仍有较大发展空间。因此，既有经验可以总结，又有相对薄弱的环节，可以扬长补短，全面促进生态宜居美丽乡村可持续发展。

3.1.4.1 挖掘不同地区优势，构建可持续发展的乡村生产环境

产业兴旺是乡村振兴的重要基础，是解决农村一切问题的前提。只有通过发展产业才能带动农村的经济发展，吸引人才聚集和资源聚集，解决农民就业实现共同富裕。种养业是山东农业的传统优势，各地区应深入挖掘发展潜力，在稳步提升粮食产能的基础上，通过统筹粮经饲生产、培育优势经济作物、创建特色农产品、推广林下经济发展模式，推进农林牧渔循环发展，达到优化农业产业结构的目的。通过延伸整合产业链，发挥农村一、二、三产业融合发展的乘数效应，如依靠特色产业发展特色小镇，依靠传统文化发展农业艺术村、现代农业产业园等。对于经济基础差，发展比较落后的地区，推进传统农业与旅游业的融合发展，是实现脱贫致富的重要路径之一。

3.1.4.2 改善乡村生活环境，提升村民生活品质

做好村镇体系规划和农村住房建设与危房改造规划，对于城中村和城边村要结合旧城改造和新区建设规划，集中连片开发，实现城乡教育、医疗等资源的共享。进一步加强乡村道路、供水、供电、通信、供暖等基础设施，公共服务设施和文体活动场所建设。提升教育医疗事业发展水平，稳定和优化乡村医生队伍，更好地保障农村居民享受均等化的基本公共卫生服务和安全、有效的基本医疗服务。大力推进通信网络建设，努力实现城乡一体化的信息交流渠道。

3.1.4.3 改善生态环境，提升乡村宜居性

首先需要政府部门加大对环境保护和治理的资金和人力投入，以清除垃圾、整治乱搭乱

建、绿化乡村、美化庭院为重点，开展全域无垃圾环境整治行动。其次提高全民环境保护意识，引导村民树立科学观念，倡导健康环保的生活方式，从源头治理影响农村人居环境的不良现象和不文明行为，自觉形成良好的生活习惯。最后在农业生产方面，加强技术创新，提高农用投入品的利用率，从源头上降低废弃物的生产。

3.1.4.4　生产、生活、生态环境协调发展

针对乡村人居环境建设编制一个立足全局、科学合理的县域规划，有助于充分发挥城乡融合的凝聚功能。统筹好城乡生产、生活和生态环境协调发展，构筑城乡要素双向流动的体制机制，实现农业农村高质量可持续发展。

3.2　我国经济可持续发展战略

可持续发展观强调经济增长的必要性，认为只有通过经济增长才能提高当代人的福利水平，增强国家实力增加社会财富。但是，可持续发展不仅是重视经济数量上的增长，更是追求质量的改善和效益的提高。要求改变"高投入、高消耗、高污染"的传统生产方式，积极倡导清洁生产和适度消费，以减少对环境的压力。经济的可持续发展包括持续的工业发展和持续的农业发展。

3.2.1　我国经济整体现状

（1）国内生产总值持续增长　国家统计局 2024 年 2 月 29 日发布的统计公报显示，2023年国内生产总值（GDP）为 1260582 亿元，比上年增长 5.2%。全年最终消费支出拉动国内生产总值增长 4.3 个百分点，资本形成总额拉动国内生产总值增长 1.5 个百分点，货物和服务净出口拉动国内生产总值增长 0.6 个百分点。全年人均国内生产总值 89358 元，比上年增长 5.4%。国民总收入（原称国民生产总值）11251297 亿元，比上年增长 5.6%。全员劳动生产率为 161615 元/人，比上年提高 5.7%。[一]

2002 年—2023 年，我国经济建设取得了巨大的成功，表现为增长速度快，持续时间长，经济运行总体平稳。按人民币计算，2023 年我国 GDP 较 2002 年增长了 10.35 倍，人均 GDP 则增长了 9.4 倍。我国国民经济过去 20 多年的持续、快速增长在世界上也是罕见的，大大高于世界 GDP 的平均增长速度，不但高于同期发达国家的经济增长速度，也高于发展中国家的增长速度。我国经济的持续、快速增长改变了世界的经济版图，我国已成为东亚乃至世界的一个重要经济增长区，是世界经济增长的一个潜在引擎。

（2）以第二产业为主体的产业格局逐渐向第三产业转变　2002 年我国三次产业比重分别为 15.4%、51.1% 和 33.5%，到了 2023 年，第一产业增加值为 89755 亿元，较上年增长 4.1%；第二产业增加值为 482589 亿元，增长 4.7%；第三产业增加值为 688238 亿元，增长 5.8%。第一产业增加值占国内生产总值比重为 7.1%，第二产业增加值比重为 38.3%，第三

㊀ 《中华人民共和国 2023 年国民经济和社会发展统计公报》。

产业增加值比重为 54.6%。

（3）全国人均年收入逐渐增加　2023 年全国居民人均可支配收入 39218 元，比上年增长 6.3%，扣除价格因素，实际增长 6.1%。全国居民人均可支配收入中位数 33036 元，增长 5.3%。按常住地分，城镇居民人均可支配收入 51821 元，比上年增长 5.1%，扣除价格因素，实际增长 4.8%。城镇居民人均可支配收入中位数 47122 元，增长 4.4%。农村居民人均可支配收入 21691 元，比上年增长 7.7%，扣除价格因素，实际增长 7.6%。农村居民人均可支配收入中位数 18748 元，增长 5.7%。城乡居民人均可支配收入比值为 2.39，比上年缩小 0.06。按全国居民五等份收入分组，低收入组人均可支配收入 9215 元，中间偏下收入组人均可支配收入 20442 元，中间收入组人均可支配收入 32195 元，中间偏上收入组人均可支配收入 50220 元，高收入组人均可支配收入 95055 元。全国农民工人均月收入 4780 元，比上年增长 3.6%。全年脱贫县农村居民人均可支配收入 16396 元，比上年增长 8.5%，扣除价格因素，实际增长 8.4%。

（4）新动能成长壮大　2023 年规模以上工业中，装备制造业增加值比上年增长 6.8%，占规模以上工业增加值比重为 33.6%；高技术制造业增加值增长 2.7%，占规模以上工业增加值比重为 15.7%。新能源汽车产量 944.3 万辆，比上年增长 30.3%；太阳能电池（光伏电池）产量 5.4 亿 kW，增长 54.0%；服务机器人产量 783.3 万套，增长 23.3%；3D 打印设备产量 278.9 万台，增长 36.2%。规模以上服务业中，战略性新兴服务业企业营业收入比上年增长 7.7%。高技术产业投资比上年增长 10.3%，制造业技术改造投资增长 3.8%。电子商务交易额 468273 亿元，比上年增长 9.4%。网上零售额 154264 亿元，比上年增长 11.0%。全年新设经营主体 3273 万户，日均新设企业 2.7 万户。

（5）绿色低碳转型深入推进　2023 年，全国万元国内生产总值二氧化碳排放与上年持平。水电、核电、风电、太阳能发电等清洁能源发电量 31906 亿 kW·h，比上年增长 7.8%。在监测的 339 个地级及以上城市中，空气质量达标的城市占 59.9%，未达标的城市占 40.1%。3641 个国家地表水考核断面中，水质优良（Ⅰ类～Ⅲ类）断面比例为 89.4%，Ⅳ类断面比例为 8.4%，Ⅴ类断面比例为 1.5%，劣Ⅴ类断面比例为 0.7%。

（6）全社会固定资产投资不断增加　2023 年，全社会固定资产投资 509708 亿元，比上年增长 2.8%。固定资产投资（不含农户）503036 亿元，增长 3.0%。在固定资产投资（不含农户）中，分区域看，东部地区投资增长 4.4%，中部地区投资增长 0.3%，西部地区投资增长 0.1%，东北地区投资下降 1.8%。在固定资产投资（不含农户）中，第一产业投资 10085 亿元，比上年下降 0.1%；第二产业投资 162136 亿元，增长 9.0%；第三产业投资 330815 亿元，增长 0.4%。基础设施投资增长 5.9%。社会领域投资增长 0.5%。民间固定资产投资 253544 亿元，下降 0.4%；其中制造业民间投资增长 9.4%，基础设施民间投资增长 14.2%。

（7）对外经济成果显著　2023 年，货物进出口总额 417568 亿元，比上年增长 0.2%。其中，出口 237726 亿元，增长 0.6%；进口 179842 亿元，下降 0.3%。货物进出口顺差 57883 亿元，比上年增加 1938 亿元。对共建"一带一路"国家进出口额 194719 亿元，比上年增长 2.8%。其中，出口 107314 亿元，增长 6.9%；进口 87405 亿元，下降 1.9%。对《区域全面经济伙伴关系协定》（RCEP）其他成员国进出口额 125967 亿元，比上年下降 1.6%。民营企业进出口额 223601 亿元，比上年增长 6.3%，占进出口总额比重为 53.5%。

3.2.2　我国经济可持续发展战略目标

（1）建立可持续发展的经济体系　首先要建立社会主义市场经济体制，使市场在国家宏观调控下对资源配置起基础性作用；要高度重视和加强农业发展，继续发展第二产业，大力发展第三产业，实现快速健康的经济增长；要通过调整各种经济政策，在国家宏观调控下，运用经济手段和市场机制促进可持续的经济发展；要把自然资源核算纳入国民经济核算体系，同时将环境成本纳入各项经济分析和决策过程，建立综合的经济与资源环境核算体系。

（2）实现农业与农村的可持续发展　农业和农村的可持续发展，是我国可持续发展的根本保证和优先领域。我国的农业与农村要摆脱困境，必须走可持续发展的道路。为此，要推进农业可持续发展的综合管理；加强食物安全和预警系统；调整农业结构，优化资源和生产要素组合；提高农业投入和农业综合生产力；搞好农业自然资源可持续利用和生态环境保护；发展可持续农业科学技术；发展乡镇企业和建设农村乡镇中心。

（3）用数字推动工业和服务业的发展　随着数据规模高速增长，现有技术体系难以满足大数据应用的需求，大数据理论与技术远未成熟，未来信息技术体系将需要颠覆式创新和变革。在大数据时代，高质量的数据资料对智能经济发展的意义显而易见，而数据共享与安全流动是以数据驱动创新的前提条件，也是实现经济可持续发展的首要因素。加强大数据发展国际合作至关重要，一方面要推动大数据核心、关键技术的联合攻关，加强联合创新、协同创新，解决大数据行业面临的技术难题。另一方面要加强在大数据应用方面的国际合作，建立跨国数据共享机制，各个国家和地区一起分享数字经济的红利，获得更多发展机遇和更大发展空间，从而促进数字经济下人类利益共同体和命运共同体的构建。

（4）建立与经济发展相适应、无害环境的能源供应体系和消费模式　要通过加强能源综合规划与管理，开发和推广先进的对环境无害的能源生产和利用技术，提高能源效率，合理利用能源资源，减少环境污染，实现能源工业的可持续发展，满足社会和经济发展的需要。

3.3　生态环境可持续发展战略

建设美丽中国是全面建设社会主义现代化国家的重要目标，是实现中华民族伟大复兴中国梦的重要内容。

当前，我国经济社会发展已进入加快绿色化、低碳化的高质量发展阶段，生态文明建设仍处于压力叠加、负重前行的关键期，生态环境保护结构性、根源性、趋势性压力尚未根本缓解，经济社会发展绿色转型内生动力不足，生态环境质量稳中向好的基础还不牢固，部分区域生态系统退化趋势尚未根本扭转，美丽中国建设任务依然艰巨。

3.3.1　我国生态环境的现状

根据国务院发布的《关于 2023 年度环境状况和环境保护目标完成情况的报告》，2023

年，全国生态环境质量稳中改善，环境安全形势保持稳定，但生态环境状况稳中向好的基础还不牢固。

（1）环境空气状况　空气质量保持长期向好态势。在面临疫情防控转段后经济活动明显回升、部分领域污染物和煤炭消费较快增长、气象条件极为不利等多重压力情况下，2023年全国地级及以上城市细颗粒物（PM$_{2.5}$）平均浓度为$30\mu g/m^3$，同比仅上升$1\mu g/m^3$，但与全社会排放强度相对较低的疫情期间三年平均值相比降低了$1\mu g/m^3$，与疫情前的2019年相比降幅达到16.7%。空气质量达标城市共203个，占比59.9%，较2019年增加46个。主要污染物浓度保持稳定。全国地级及以上城市PM$_{2.5}$、可吸入颗粒物、二氧化氮、二氧化硫、一氧化碳、臭氧六项主要污染物平均浓度，连续四年满足环境空气质量二级浓度限值要求。重点区域空气质量有所改善。京津冀及周边地区、汾渭平原等大气污染防治重点区域PM$_{2.5}$平均浓度同比分别下降2.3%、下降6.5%。北京市PM$_{2.5}$平均浓度为$32\mu g/m^3$，实现连续三年稳定达标。空气质量受不利气象条件影响较大。受厄尔尼诺现象影响，极端气象条件增多。与近20年相比，2023年春季沙尘天气呈现次数多、强度高的特征，沙尘异常天气导致全国优良天数比率损失1.3个百分点、重污染天数比率增加0.5个百分点。

（2）水环境状况　地表水环境质量持续向好，重点流域水质改善明显。全国地表水Ⅰ类～Ⅲ类水质断面比例为89.4%，同比上升1.5个百分点；劣Ⅴ类水质断面比例为0.7%，同比持平。黄河流域水质首次由良好改善为优，海河流域水质由轻度污染改善为良好，松花江流域水质持续改善。长江干流连续四年、黄河干流连续二年全线水质保持Ⅱ类。全国城市生活污水收集率提高到70.4%，农村生活污水治理管控率达到40%以上。重点湖库和饮用水水源水质保持改善态势。重点湖（库）中，Ⅰ类～Ⅲ类水质湖库数量占比为74.6%，同比上升0.8个百分点；劣Ⅴ类水质湖库数量占比为4.8%，同比持平。全国县级及以上城市集中式饮用水水源水质达到或优于Ⅲ类比例为96.5%，同比上升0.2个百分点。地下水水质保持稳定。全国地下水Ⅰ类～Ⅳ类水质点位比例为77.8%，同比上升0.2个百分点。水生态环境不平衡不协调问题依然突出。部分地区汛期水质出现恶化，河湖生态系统健康水平有待提高，滇池等重点湖泊蓝藻水华仍处于高发态势。

（3）海洋环境状况　我国管辖海域海水水质总体稳中趋好。夏季符合一类标准的海域面积占比97.9%，同比上升0.5个百分点。全国近岸海域水质持续改善，优良（一、二类）水质比例为85.0%，同比上升3.1个百分点；劣四类水质比例为7.9%，同比下降1.0个百分点，主要分布在辽东湾、长江口、杭州湾、珠江口等近岸海域，环渤海地区部分入海河流总氮浓度仍然偏高。

（4）土壤环境状况　全国土壤环境风险得到基本管控，土壤污染加重趋势得到初步遏制。加快实施124个土壤污染源头管控重大工程项目，完成6400余家土壤污染重点监管单位隐患排查"回头看"，累计将2058个地块纳入风险管控和修复名录管理。农用地土壤环境状况总体稳定，受污染耕地安全利用率达到91%以上。重点建设用地安全利用得到有效保障。有的地区土壤污染还在持续累积，污染地块再开发利用环境风险仍然存在。

（5）生态系统状况　全国自然生态状况总体稳定。生态质量指数（EQI）值为59.64，生态质量综合评价为"二类"。全国陆域生态保护红线面积约占陆地国土面积30%以上，森林覆盖率达到24.02%，草原综合植被盖度达到50.32%。全年完成造林400万公顷、种草改良438万公顷、治理沙化石漠化土地190万公顷，新增水土流失治理面积6.3万km²，水土保持率达到72.56%。局部地区生态破坏问题依然突出，生物多样性下降趋势尚未得到根本遏制。

（6）声环境状况　全国地级及以上城市声环境质量总体向好。功能区声环境质量昼间、夜间达标率分别为96.1%、87.0%，同比分别上升0.1个百分点、0.4个百分点。自2025年1月1日起，全国地级及以上城市全面实现功能区声环境质量自动监测。

（7）核与辐射安全状况　全国核与辐射安全态势总体平稳，未发生国际核与辐射事件分级表二级及以上的核事件或事故，放射源辐射事故年发生率稳定在每万枚一起以下。全国辐射环境质量、重点核设施周围辐射环境水平以及海洋辐射环境状况总体良好。

（8）环境风险状况　全年共发生各类突发环境事件130起，同比上升15%，所有事件均得到妥善处置，近五年来首次未发生重特大事件。但突发环境事件多发频发的高风险态势尚未根本改变，因生产安全事故、交通运输事故等次生的突发环境事件占比高。

3.3.2　我国生态环境可持续发展的目标

（1）加强自然资源保护与可持续利用　自然资源是国民经济与社会发展的重要物质基础。中国人口众多、底子薄、资源相对不足，以消耗资源和追求经济数量增长的传统发展模式，正在严重威胁着自然资源的可持续利用。因此，以较低的资源代价和社会代价取得高于世界经济发展平均水平，并保持可持续发展，是中国特色的可持续发展的战略选择。为了确保有限的自然资源能够满足经济可持续高速发展的要求，中国必须执行"保护资源，节约和合理利用资源""开发利用与保护增殖并重"的方针和"谁开发谁保护、谁破坏谁恢复、谁利用谁补偿"的政策，依靠科技进步挖掘资源潜力，充分运用市场机制和经济手段有效配置资源，坚持走提高资源利用效率和资源节约型经济发展的道路。自然资源保护与可持续利用必须体现经济效益、社会效益和环境效益相统一的原则，使资源开发、资源保护与经济建设同步发展。为此，要建立基于市场机制与政府宏观调控相结合的自然资源管理体系；在自然资源管理决策中推行可持续发展影响评价制度；加强水资源、土地资源、森林资源、海洋资源、矿产资源、草地资源的保护、管理和合理开发利用。

（2）生物多样性保护　我国幅员辽阔，自然地理条件复杂，既丰富而又独特的生物多样性在全球居第8位，北半球居第1位。但我国生态系统遭到破坏，物种受威胁和灭绝情况明显，遗传种质资源受威胁、缩小或消失。为此，要建立和完善全国自然保护区网络、全国珍稀濒危动植物迁地保护网络等，通过加强管理、建立和完善监测系统、开展国际与区域合作、加强科学研究活动、进行示范工程建设等，切实保护生物多样性。

（3）荒漠化防治　我国荒漠化严重，总面积已达国土总面积的8%，全国约有1.7亿人口受到荒漠化危害和威胁，每年因荒漠化危害造成的经济损失约20亿~30亿美元，间接损失为直接损失的2~3倍。防治荒漠化是我国一项长期的任务。为此，要加强荒漠化土地综合整治与管理，建立防、治、用有机结合的荒漠化防治体系和荒漠化监测及信息系统，减少人为破坏导致的荒漠化扩展；要全面贯彻实施水土保持法，全面管护，重点治理，使水土流失恶化的损失得到有效的遏止，重点水土流失区逐步走上生态经济系统良性循环的可持续发展道路。

（4）保护大气层　我国在保护和改善城市大气环境质量方面面临着严峻的任务和困难。控制煤烟型大气污染将是中国大气污染控制的主要任务，其次要注意和控制机动车辆的排废。要建立并推广实行以大气污染物总量控制为主导的大气污染排放申请登记和许可证管理制度，控制大气污染；防止平流层臭氧耗损；控制温室气体排放，同时，确立酸雨控制政策，加强对酸雨的监测，搞好酸雨防治。

（5）固体废物的无害化管理　我国每年的工业固体废物产生量约为 6 亿 t，城市生活垃圾约为 1 亿 t，不仅是对资源的巨大浪费，而且造成严重的污染。解决固体废物问题是改变传统发展模式和消费模式的重要组成部分。我国将进一步完善固体废物法规体系和管理制度，实施废物（尤其是有害废物）最小量化，对于已产生的固体废物首先要实施资源化管理和推行资源化技术，发展无害化处理处置技术，建设示范工程并在全国推广应用。

2022 年是党和国家历史上极为重要的一年。党的二十大描绘了全面建设社会主义现代化国家的宏伟蓝图，就推动绿色发展、促进人与自然和谐共生作出重大战略部署。习近平总书记在党的二十大报告中指出，中国式现代化是人与自然和谐共生的现代化，尊重自然、顺应自然、保护自然，是全面建设社会主义现代化国家的内在要求，必须牢固树立和践行绿水青山就是金山银山的理念，站在人与自然和谐共生的高度谋划发展。这为新时代新征程上进一步做好生态环境保护工作指明了前进方向，提供了根本遵循。

全国人大及其常委会持续加强生态环境立法和监督，最近 5 年连续组织开展生态环境保护领域重要法律实施情况实地检查，制定修改相关法律 19 次，为依法推进生态环境治理发挥重要指导和推动作用。

3.3.3　典型案例——德国能源转型与环境可持续发展

在全球气候治理实践中，德国将可持续发展目标及《联合国气候变化框架公约》《京都议定书》《巴黎协定》等目标都融入国家经济社会发展的长期战略规划中，依靠自身的资金和技术优势，积极推动二氧化碳减排与能源转型、可再生能源的开发和利用，实现了"碳排放达峰"及经济增长与碳排放"脱钩"，取得了显著的温室气体减排成效。2019 年，德国的碳排放总量降低至 8.11 亿 t，与 1990 年碳排放水平相比，减少了约35%。2019 年，德国可再生能源发电量占其总发电量的 46%。同时，德国积极将本国的气候治理战略融入欧盟和全球气候治理体系中，提供资金和技术，推进了全球履约进程，赢得了很高的国际声誉。

德国在可持续发展、二氧化碳减排及能源转型、可再生能源的开发和利用以及推进欧盟和全球气候治理方面积累了丰富的经验，为国际社会做出了积极示范，其经验对中国具有借鉴意义。⊖

⊖　张剑智，张泽怡，温源远. 德国推进气候治理的战略、目标及影响 [J]. 环境保护，2021（10）：67-70.

3.3.3.1　德国能源现状

德国的能源消费在全球排名第 5，仅次于美国、中国、俄罗斯和日本，但其自身资源匮乏，对能源进口依赖程度较高。近年来，德国将能源政策重点放在节约传统能源、提高能效以及发展新能源 3 个方面，以此摆脱对能源进口和传统能源的过度依赖，实现能源生产和消费的可持续发展。德国在替代能源如沼气、生物柴油、甲醇汽油及生物乙醇等能源的研究、开发和利用方面均处于世界领先的水平，其做法和成效对我国发展相关产业均具有一定的参考和启示作用。

3.3.3.2　德国促进能源转型的战略措施

1. 大力发展可再生能源

德国多次修订《可再生能源法》，推动能源转塑，促进可再生能源发展。

长期以来，德国一直是能源转型的先行者，实施了长期渐进的能源结构调整政策。为减少温室气体排放，1991 年 1 月，德国颁布《德国电力供应法》，明确提供贷款、补贴等优惠财政政策。在此基础上，2000 年 3 月，德国制定并颁布了《可再生能源法》，明确了以固定上网电价为主的可再生能源激励政策，促进了水能、风能、太阳能、地热能及生物质能发电。2004 年，德国修订了《可再生能源法》，完善了上网电价政策。2008 年，德国又修订了《可再生能源法》，建立了基于新增容量的固定上网电价调减机制，鼓励自发自用。

2011 年 6 月，德国再次修订《可再生能源法》，完善了新增容量的固定上网电价调减机制和自发自用激励机制，进一步鼓励可再生能源进入市场，再次提高电力消费来自可再生能源的比例，如"到 2050 年 80% 以上的电力消费必须来自可再生能源"。2014 年 4 月，欧盟委员会发布《2014 年环境保护与能源国家资助指南》，提出各成员国要逐步降低可再生能源补贴，激励可再生能源企业提高自身竞争力。2014 年 8 月，德国再次修订《可再生能源法》，明确要控制可再生能源发电补贴。《可再生能源法》的核心制度是上网电价制度，以固定电价、强制入网、全额收购等政策极大地刺激了可再生能源发展，但是高额补贴给政府带来了巨大压力。

为降低可再生能源发电成本，2017 年 1 月 1 日，德国再次修订了《可再生能源法》，该法案全面引入可再生能源发电招标制度，正式结束基于固定上网电价的政府定价机制，标志着德国可再生能源发电市场化的全面推进。2019 年，德国风能、太阳能、水能和生物质能等可再生能源的发电量大大提高。2019 年，德国可再生能源发电量占比首次超过化石能源。德国 2019 年碳排放总量明显降低。

2020 年 9 月，德国公布《可再生能源法修正案》，提出德国 2030 年的目标是可再生能源电力将占电力总消费的 65%，在 2050 年前实现德国生产和消费的电力气候中和。这将会促进更多的可再生能源进入电力市场，融入电力供应系统，提升公众对发展陆上风电的认可度。要实现上述目标，未来 10 年德国可再生能源将会继续保持强劲增长趋势。

2. 发布与推广国家氢能战略

德国政府于 2020 年 6 月通过了总额为 1300 亿欧元的经济复苏刺激计划。该计划主要包括推动绿色电力发展、实施国家氢能战略、促进汽车行业绿色转型三个方面，凸显了德国政府重振经济并摆脱对化石能源和汽车制造业依赖的承诺，表明了其应对气候变化的坚定决心。2020年6月10日，德国政府通过了《国家氢能战略》。该战略提出以下目标：①通过可再生能源的气候友好方式制氢并结合后续氢能衍生产品推动德国能源转型，实现相关部门的全面脱碳；②为氢能技术的市场增长制定政策框架，开拓国内氢能市场；③降低氢能技术成本，开拓和建立国际市场；④通过促进与氢能技术有关的创新技术发展，增强德国工业竞争力；⑤通过可再生能源制氢以及后续氢能衍生产品，保障德国未来能源供应安全。时任德国联邦经济和能源部部长的彼得·阿尔特迈尔指出，氢能技术将成为德国能源转型成功的关键。这一具有前瞻性的新能源将为实现德国乃至全球的气候目标做出重要贡献。

3. 弃核发电与弃煤发电

从电力结构来看，德国的主要发电能源为燃煤、可再生能源和核能。日本福岛核电站事故后，德国正式宣布全面退出核能产业，明确到2022年年底，分阶段关闭正在运行的17座核电站。目前，德国正在抓紧制定《德国煤炭退出法》。德国增长、转型和就业委员会（即退煤委员会）于2019年1月提出了退煤计划及实施的建议，提出德国最晚于2038年完成退煤发电，争取在2035年前完成退煤。该法将会对褐煤发电厂、硬煤发电厂的关停时间和补偿金额做出明确规定。这意味着德国将可再生能源作为电力行业转型的主要方向。德国是欧洲的电力生产及消费大国，德国的"弃核""弃煤"对欧洲其他国家能源转型起到了很好的示范作用。

4. 提高能源效率

早在1977年，德国已经开始执行第1个节能规范，通过立法提高标准并加强国家监控，健全和严格执行法律法规。财税政策也是德国用于推动建筑节能的措施之一，通过财政资助，如节能贴息贷款和税收政策、完善能源管理体系来推动建筑节能、交通节能和工业节能。除此以外，政府还通过运用市场机制和宣传引导来提高全民节能意识和节能的实效性。

5. 加快电网和电力系统建设

德国的风电资源主要集中在北部地区，而负荷地区集中在西部和南部地区，因此需要大规模建设输电通道，加强电网建设，扩大电网互联范围以此发挥互联电网间接储能系统的作用。德国联邦政府分别出台了《加快电网扩张法》和《联邦需求规划法》等法律法规，以保障电网和电力系统的建设需求。

6. 加强能源创新研究

创新和新技术研发是德国能源转型战略成功的关键之一，德国政府2011年启动了3年资助35亿欧元的能源研发计划，重点领域集中在可再生能源、能效、储能和电网技术等方面，重点项目包括更高效、更灵活的H级燃气轮机，储能基金计划项目，未来电网基金计划项目等。

7. 加强政府能源管理

德国联邦政府启动了能源转型监察程序，通过名为"未来的能源"的监察程序针对能源结构转型的进展每年发布一次总结报告，在联邦经济部和联邦环境部共同发布的年度报告中主要介绍达标进度和政策实施状况。此外，德国政府还为加强能源结构转型的领导和协调建立了有效的架构和工作程序，并为有关各方的全面参与提供了保障。

3.3.3.3 能源转型促进碳中和的配套措施

（1）颁布《联邦气候保护法》明确减排要求 为履行《巴黎协定》规定的义务，根据《欧洲治理条例》《欧洲气候保护条例》《欧洲气候报告条例》等相关规定，2019 年，德国正式颁布《联邦气候保护法》，该法案明确德国的气候保护目标：与 1990 年相比，逐步减少温室气体排放量，到 2050 年减少 95% 的排放量。此外，到 2050 年，还要在剩余温室气体排放量和从大气中减少温室气体之间达到一个平衡（温室气体净零排放）。《联邦气候保护法》附件 1 规定了 2021 年—2030 年，能源、工业、建筑、交通运输、农业及废弃物处理领域的年度减排量。

《联邦气候保护法》规定德国联邦政府为了确保完成统一的国际温室气体排放报告，在不违反欧盟法律规定的情况下，无须征得联邦法院的同意，可更改附件 1 中排放源的划分。从 2020 年起，德国联邦环境署于每年 3 月 15 日前发布《联邦气候保护法》附件 1 规定的各主要领域上一个年度的温室气体排放数据。德国联邦政府每年编写气候保护报告，该报告包含不同产业部门排放量变化的最新趋势、采取的措施以及可预期的减排效果。每年 6 月 30 日前，联邦政府向德国联邦法院呈交上年度气候保护报告。从 2021 年起，联邦政府每两年编写一份《气候保护预测报告》，包含土地利用、土地利用变更和林业等领域温室气体排放情况的预测。每年 3 月 31 日前，联邦政府向德国联邦法院呈交当前气候保护预测报告。《联邦气候保护法》还要求成立一个跨学科的气候问题专家委员会，其主要负责审查现行的和计划的气候保护措施是否能实现德国和欧洲的气候保护目标，以及对上一年度重点领域的排放数据进行审查并将评估报告提交给联邦议会。如果审查结果显示某一领域的年度排放量超过了规定数值，则负责该领域的部门必须制订一份含调整措施的短期计划，以使该领域的排放量回归正常。

（2）德国启动国家排放交易系统提升二氧化碳交易价格 根据德国出台的《气候保护计划 2030 年》，德国将从 2021 年起启动国家碳排放交易系统，在交通和建筑领域开始对二氧化碳排放定价，向销售汽油、柴油、天然气、煤炭等产品的企业出售排放额度。2021 年—2025 年，德国二氧化碳排放价格将由 10 欧元/t 逐步上升至 2025 年的 35 欧元/t。2025 年后，碳排放价格将由市场决定。

3.3.4 促进我国绿色低碳转型发展的建议

2020 年 9 月 22 日，习近平主席在第 75 届联合国大会一般性辩论上宣布，中国将提高国家自主贡献力度，采取更加有利的政策和措施，力争在 2030 年前实现二氧化碳排放达到峰值，努力争取在 2060 年前实现碳中和。2020 年 12 月 12 日，习近平主席在气候雄心峰会上进一步宣布，到 2030 年前，中国单位国内生产总值二氧化碳排放将比 2005 年下降 65% 以上，非化石能源占一次能源消费比重将达到 25% 左右，森林蓄积量将比 2005 年增加 60 亿 m³，风电、太阳能发电总装机容量将达到 12 亿 kW 以上，还表示将助力《巴黎协定》行稳致远，开启全球应对气候变化新征程。我国的承诺得到国际社会的高度肯定和赞誉，但面临日益复杂的国际形势，实现碳达峰和碳中和是一项非常急迫和充满挑战的任务。

（1）严格执行绿色低碳发展的"十四五"能源发展规划，进一步推动能源转型　根据2017年世界资源研究所的一份报告，1990年以前，德国就实现了碳排放达峰。从1990年碳排放达峰到2050年碳中和，德国用60年时间完成能源转型，碳减排的难度相对较小。我国要实现2030年碳达峰到2060年碳中和，仅仅30年时间，碳排放规模和碳强度要远远高于德国，这意味着我国经济发展要快速转型，产业和能源结构要加快调整。

《bp世界能源统计年鉴2022》报告显示，2021年全球煤炭产量为167.85艾焦[一]，中国煤炭产量达85.15艾焦，位列世界第一，德国仅为15艾焦，位列世界第十一，我国煤炭产量约是德国的74倍。为实现我国2030年碳达峰的目标，需要尽快制定降低化石燃料产量和消费量的阶段目标。严格执行绿色低碳发展的"十四五"能源发展规划，完善化石能源的减量和退出机制，加大产业结构调整力度，优化能源结构，减少能耗和碳排放强度，有序推动能源转型，支持有条件的地方率先碳达峰。

（2）尽快修订《中华人民共和国可再生能源法》及制定气候变化法　2009年2月，我国修订了《中华人民共和国可再生能源法》（以下简称《可再生能源法》），促进了风能、太阳能、水能、生物质能、地热能、海洋能等非化石能源的发展。近年来，在经济下行压力大、电力产能过剩的背景下，可再生能源在电力市场空间、输电通道利用、能源系统创新、市场机制等方面与化石能源利用之间的矛盾越来越突出，部分地区出现了"弃风弃光"等问题，造成了可再生能源的浪费。因此，需要尽快修订《可再生能源法》，并尽早开展气候变化法的起草工作，继续加大水电、风电、光伏发电、生物质能发电的研发与推广应用，形成与绿色低碳发展相适应的电力发展市场机制。通过技术创新，完善可再生能源储能、节能及绿色氢技术，降低可再生能源成本，实现经济与环境双赢。

（3）完善全国碳排放交易体系的建设　运用市场手段开展碳排放交易是实现绿色低碳发展、落实我国碳排放达峰目标的重要手段。借鉴德国的先进经验，完善全国碳排放交易、碳排放权登记交易、碳排放配额分配管理制度、碳交易核查机构资质认定等政策法规制度，适当扩大碳排放交易的行业覆盖范围，增加纳入碳排放交易的重点排放单位，加大对重点排放单位的碳核查和信息公开力度。合理确定二氧化碳交易价格，充分调动重点排放单位加入碳排放交易体系的积极和主动性。

（4）以绿色"一带一路"国际合作为契机，推进可再生能源领域技术交流与合作　近年来，我国在可再生能源领域取得了巨大成就，对发展中国家而言，我国快速发展的新能源技术和规模经济将会大大降低可再生能源的利用成本。充分发挥"一带一路"绿色发展联盟、生态环保大数据的作用，分享我国可再生能源产品、技术和经验，助力发展中国家突破新能源可及性瓶颈，提升我国能源对外援助和合作的数量及质量，对稳固我国与其他发展中国家新能源领域合作前景，推动"一带一路"沿线国家实现新能源可及性和能源转型目标都有重要意义。

　　[一]　1艾焦＝1000万亿焦耳。

3.4　我国可持续发展战略

3.4.1　我国推进可持续发展战略的总体思路

我国将进一步推进可持续发展战略的总体思路，可以用五句话来概括：

1）把转变经济发展方式和对经济结构进行战略性调整作为推进经济可持续发展的重大决策。不仅要调整需求结构，把国民经济增长更多地建立在扩大内需的基础上；还要调整产业结构，更好、更快地发展现代制造业以及第三产业，更要调整要素投入结构，使整个国民经济增长不能老是依赖物质要素的投入，而是要把它转向依靠科技进步、劳动者的素质提高和管理创新上来。

2）把建立资源节约型和环境友好型社会作为推进可持续发展的重要着力点。要深入贯彻节约资源和环境保护这个基本国策，在全社会的各个系统都要推进有利于资源节约和环境保护的生产方式、生活方式和消费模式，促进经济社会发展与人口、资源和环境相协调。

3）把保障和改善民生作为可持续发展的核心要求，可持续发展这个概念有一个非常重要的内涵叫代内平等，它实际上讲的是人的平等以及人的基本权利，可持续发展的所有问题，核心是人的全面发展，所以我们要以民生为重点来加强社会建设，推进公平、正义和平等。

4）把科技创新作为推进可持续发展的不竭动力。实际上很多不可持续问题要靠科技的突破、科技的创新来解决。

5）把深化体制改革和扩大对外开放与合作作为推进可持续发展的基本保障，建立有利于资源节约和环境保护的体制和机制，特别是要深化资源要素价格改革，建立生态补偿机制，强化节能减排的责任，保障人人享有良好环境的权利。

3.4.2　我国可持续发展面临的挑战

（1）资源浪费　传统发展模式下的速度型经济增长，是在低技术组合的基础上，靠物质资源的高投入、高消耗支撑的。目前，我国物质产品的物化劳动和活劳动消耗比工业发达国家高得多。横向对比各国 2022 年的能源强度，若采用汇率法，我国能源强度是世界平均水平的 1.3 倍，是 OECD 国家平均水平的 2.7 倍，差距仍然较大。2023 年，全国的高效节水灌溉面积已经发展到了 4.1 亿亩。全国农业用水量从 2014 年的 3869 亿立方米下降到 2023 年的3600 多亿立方米，耕地灌溉亩均用水量由 402 立方米下降到不足 350 立方米，农田灌溉水有效利用系数从 0.530 提高到 0.576。

（2）环境污染　环境是生命支持系统，也是人类生存发展的终极物质来源。传统发展观指引下的工业化过程，是以对环境的巨大损害为代价的。为了达到经济增长的目标，人们很少甚至根本不考虑环境的承载能力，毫无节制地把各种废弃物抛洒给自然界，毫无节制地消耗自然资源，造成了环境与生态的双重破坏。对于环境的污染，人们感受最深的莫过于对水和空气的污染。2022 年，排放源统计调查范围内废水中化学需氧量排放量为 2595.8 万 t，其中，工业源（含非重点）废水中化学需氧量排放量为 36.9 万 t，农业源化学需氧量排放量为

1785.7 万 t，生活源污水中化学需氧量排放量为 772.2 万 t，集中式污染治理设施废水（含渗滤液）中化学需氧量排放量为 1.1 万 t；氨氮排放量为 82.0 万 t。2022 年，排放源统计调查范围内废气中二氧化硫排放量为 243.5 万 t，其中，工业源废气中二氧化硫排放量为 183.5 万 t，生活源废气中二氧化硫排放量为 59.7 万 t，集中式污染治理设施废气中二氧化硫排放量为 0.3 万 t；氮氧化物排放量为 895.7 万 t，其中，工业源废气中氮氧化物排放量为 333.3 万 t，生活源废气中氮氧化物排放量为 33.9 万 t，移动源废气中氮氧化物排放量为 526.7 万 t，集中式污染治理设施废气中氮氧化物排放量为 1.9 万 t；颗粒物排放量为 493.4 万 t，其中，工业源废气中颗粒物排放量为 305.7 万 t，生活源废气中颗粒物排放量为 182.3 万 t，移动源废气中颗粒物排放量为 5.3 万 t，集中式污染治理设施废气中颗粒物排放量为 0.1 万 t；挥发性有机物排放量为 566.1 万 t，其中，工业源废气中挥发性有机物排放量为 195.5 万 t，生活源废气中挥发性有机物排放量为 179.4 万 t，移动源废气中挥发性有机物排放量为 191.2 万 t。

（3）效益低下　我国经济效益的长期低下与传统发展模式密切相关。粗放型增长方式的一个显著特点是大量投入原材料、能源和劳动力，而产出不高，产品未经深加工，产品的附加价值小。1990 年—2023 年，全社会固定资产投资增加了 113.3 倍，GDP 却仅增加了 66.7 倍，经济增长速度不低，但经济效益并不理想。每百元资产总投入仅增加国内生产总值 58 元左右，投入是产出的近两倍，高投入、低产出，不可避免地带来经济效益下降。

（4）技术进步贡献率低　现代经济增长主要由科学技术的进步来推动。同时，当前国际的竞争也集中表现为科学技术的竞争。在这种竞争格局中，科学研究的竞争已不完全是追求学科上的先进性，科研成果商品化、生产化的速度和质量同样成为科研追求的目标。我国每年有 3 万项左右通过鉴定的科技成果、100 多万项的专利技术，但能转化为批量生产的仅占 20%，能形成产业规模的只有 5%，而西方发达国家的科技成果转化率一般在 60%~80%。

传统发展模式对自然资源的掠夺式、低效率使用，破坏了环境和生态平衡，实质上是一种威胁人类长期生存、发展的破坏性生产行为。传统发展模式所造成的效益低、技术水平低和经济发展的大起大落，又使经济增长难以持续。我国正是从对传统发展模式的沉痛反思中，进一步坚定了走可持续发展道路的决心。

3.4.3　我国可持续发展战略的实施对策

《中国 21 世纪议程》为我国今后的发展描绘了一幅美丽的蓝图。这个蓝图能不能变成现实，有赖于富有成效的实施。现从支持可持续发展战略实施的角度，依据《中国 21 世纪议程》，提出如下对策：

3.4.3.1　建立健全可持续发展的决策与管理体系

建立可持续发展的综合决策机制和协调管理机制，是实施可持续发展战略的关键。可持续发展本质上要求决策的过程应当遵循系统论的规律，把自然—经济—社会看成一个完整的系统，重视它们的总体效应和综合效益，变分散决策为综合决策。可持续发展管理要求综合运用规划、法制、行政、经济等手段，培养高素质的决策人员和管理人才，采用先进管理手段，建立和完善组织机构，形成协调管理的机制。

1. 在决策过程中实现经济、社会、资源和环境因素的综合决策

1）各级政府部门在重大决策和设立有关重要项目时，要进行可持续发展影响评价，同时审查是否符合区域开发整治规划的要求。

2）提高决策方面的民主化程度。通过建立非政府的咨询机构以及大众信息网等，使有关社会团体、公众有效参与决策过程；通过建立可持续发展研究机构并充分利用现有的软科学研究组织与机构，深入、系统地开展可持续发展的多学科综合研究，向有关决策部门提供政策性建议。

3）有效地监测和评估发展进程，以便评估各级政策与各部门可持续发展的成效。

4）通过政策协调，提高资源分配的合理性。

2. 促进可持续发展协调管理机制的形成

1）国家定期召开各地区、各部门负责人会议或特别会议，研讨我国可持续发展总体战略和对策，并检查可持续发展战略的实施情况，同时提出措施解决实施过程中出现的新问题；在省（自治区、直辖市）、地（市）、县（市）各级政府中，也进行与国家一级类似的活动。

2）组织研究、编制和实施区域开发整治规划，并定期酌情修订区域开发整治规划。

3）将《中国 21 世纪议程》逐步纳入各级国民经济和社会发展计划。各地方、各部门要根据《中国 21 世纪议程》和国家对国民经济和社会发展计划的要求，结合自身实际情况，制定符合各地区、各行业实际情况的具体行动计划。采取各种措施，提高计划管理人员的可持续发展意识和组织实施能力，抓紧研究相应的指标体系和政策、措施等。

4）采用多种方法加强对各级决策和管理人员的培训，提高他们的可持续发展意识、理论修养和实施能力，保证正确决策的顺利执行；经常对规划人员、管理人员、特别是各级领导干部，开展有系统的培训，交流做法和管理经验；开展包括培训工作在内的国际合作，不断吸收国际新思路、新做法。

3.4.3.2　建立健全可持续发展的立法与实施体系

与可持续发展有关的立法是可持续发展战略和政策定型化、法制化的途径，与可持续发展有关立法的实施是将可持续发展战略付诸实现的重要保障。在可持续发展战略由蓝图变为现实的过程中，有关立法和法律的实施占重要地位。

近几年来，全国人大常委会和国务院制定和完善了保证可持续发展的法律、行政法规，对现行的环境保护与资源管理法律、行政法规进行了修改和补充，已初步形成了适合我国国情的环境与资源法律体系框架。与此同时，也加强和健全了执法和监督机构建设，形成了从中央到省、市、县四级环境和资源保护管理机构体系，开展了环境与资源保护执法大检查，在全国引起了非常大的反响。但是，与可持续发展的需要相比，无论是立法还是法律实施，都面临着挑战。

（1）研究与可持续发展有关立法现状、趋势的需要，并根据研究结果制订与可持续发展有关的立法行动计划

1）在国家一级继续开展与可持续发展有关的立法研究，协调现有法律的关系，重点对环境、资源、能源、产业等领域的立法进行审查，审查重点包括有无遗漏和不协调之处，是

否符合可持续发展原则等。

2）在统一指导下对现行地方可持续发展的立法进行审查，审查重点包括是否已把可持续发展原则纳入地方环境与发展立法，地方的与可持续发展有关的立法是否与国家战略相互协调。

3）根据调查研究结果，分别制订、修改与完善有关可持续发展领域立法的国家与地方计划、方案和措施。

（2）有计划地进行可持续发展领域的立法活动，完善法律法规体系

1）抓紧时间研究制定出以提高人口素质为目标的法律，并继续完善人口数量控制的法规。

2）在有关立法中规定建立"可持续发展影响评价制度"，要求政府部门在制定政策、规划过程中和企业立项时，对可持续发展可能产生的影响做出评估。

3）通过立法促进产业的可持续发展，尽快研究制定《清洁生产法》《清洁能源法》以及其他重要产业立法，在制定《公司法》《市场管理法》等重要经济法规时充分体现可持续发展原则。

4）继续加强环境立法，制定并施行《防沙治沙法》《固体废物污染防治法》《资源开发生态环境保护条例》《自然保护区条例》等。

5）根据可持续发展原则修订完善现行资源管理法律法规，并着手研究制订与自然资源合理利用相关的法律，如《资源综合利用法》《节能法》《野生植物资源保护法》《海岸带法》《海域使用管理法》《海洋资源开发基本法》《基本农田保护条例》等。

6）与有关外国政府研究机构合作，研究外国的与可持续发展相关的立法，促进我国法律与国际的接轨，为我国采用国际通行的有利于可持续发展的技术标准和准则提供依据。

（3）加强与可持续发展有关法律法规的宣传和教育，提高全社会的法律和可持续发展意识

1）将可持续发展领域的法律宣传纳入国家普法计划，广泛宣传与可持续发展有关的法律；在一项新的环境与可持续发展的法律公布之后，要组织大规模的宣传和培训。

2）将与可持续发展有关的法律列入学校基础教育课程之一，使可持续发展理论落实到基础教育之中。

3）通过新闻媒介公开报道环境与发展执法中的重大典型案件，以实际司法活动扩大影响，提高公民环境意识、可持续发展意识和守法自觉性。

（4）加强与可持续发展有关法律的执法队伍建设，提高执法能力

1）建立健全基层执法机构，改善执法条件。

2）严格考核执法人员，实行执法人员持证上岗制度。

3）通过培训，提高执法人员、司法人员的执法能力。

（5）促进司法和行政程序与可持续发展有关法律实施的结合

1）把与可持续发展有关法律的实施纳入行政程序，并建立可持续发展领域的政府首长责任和有关制度，保障行政行为符合可持续发展原则；同时，要在有关的法律条文中，明确各类企业在可持续发展中的责任和义务，使其采取有效措施保障可持续发展原则的真正落实。

2）把与可持续发展有关法律的实施纳入司法程序，司法机关通过处理违法案件、处理纠纷等，保护公民、法人的合法权益，保障可持续发展战略的实施。

3.4.3.3　建立健全可持续发展的科技支撑体系

科学技术是综合国力的重要体现，是可持续发展的主要基础之一。科学技术的不断进步可以有效地为可持续发展的决策提供依据和手段，促进可持续发展管理水平的提高，加深人类对自然规律的理解，开拓新的可利用的自然资源领域，提高资源综合利用效率和经济效益，提供保护自然资源和生态环境的有效手段。这些作用对于缓解中国人口与经济增长和资源有限性之间的矛盾，扩大环境容量进而相应扩大生存空间和提高生存质量，实施可持续发展的战略目标尤为重要。要通过建立可持续发展的科技支撑体系，大力促进科技进步，实现决策的科学化、民主化；将国民经济的发展真正建立在依靠科技进步增加经济效益，提高劳动者素质的基础上来；跟踪世界高科技前沿，有所创新，有所突破；锻炼造就一支纵深结构配置合理的精干的科技队伍。

1）认真贯彻实施《国家中长期科学和技术发展规划纲要（2021—2035）》《关于构建市场导向的绿色技术创新体系的指导意见》，以及"'十四五'国家重点研发计划""国家工程研究中心建设计划""火炬计划""星火计划"等国家重大科技计划。

2）努力发展教育事业，大力培养科技人才；制定有效的方针政策，吸引和激励一批优秀人才，从事可持续发展科学技术研究，形成结构合理和精干的科研队伍。

3）不断完善保护知识产权的制度，完善科技立法；发挥政府的政策引导、组织管理职能，组织科技协作与攻关；加强科研支持系统和服务体系建设，改善研究场地、实验室、实验设备、图书馆等设施条件。

4）开展可持续发展的基础理论研究，形成适合我国国情的可持续发展的理论体系；进行可持续发展技术选择、风险评估、指标体系的研究，形成一套成熟的可持续发展的评估系统和比较合理的可持续发展技术经济体系；促进形成基础研究、应用研究、工程设计的配置合理的科技体系，加强可持续发展高新技术的研究。

5）深化科技体制改革，完善技术市场，促进科技成果的转让与推广，形成科学研究、技术开发、生产、市场有机相连的"一条龙"体系；促进国内各地区、各行业科研人员的广泛交流与合作，尤其是要促进跨学科、跨领域科研人员的交流与合作，进行可持续发展科学技术研究；促进科研、教学与产业的交流与协作，鼓励企业科技进步和科技开发。

6）加强国际合作，及时沟通国内外的科学技术信息，了解和掌握国际科技发展的最新成果。通过各种渠道，积极争取国际社会的支持，进行国际科技合作和人才、成果的交流。同时认真抓好引进先进技术的消化、吸收和创新工作。

3.4.3.4　建立健全可持续发展的信息体系

可持续发展是一个没有终止的过程，随时获取所需要的信息，做出必要的反馈和调整是必要的。没有充分的信息，很难适时地做出正确的决策。对可持续发展而言，人人都是信息的使用者和提供者。所以，可持续发展信息系统的建立涉及非常广泛的领域。在可持续发展信息系统中，不仅需要考虑信息的数量和完备性，也需要考虑信息的质量和一致性。

目前，我国各部门、各地都建有自身的信息中心，国家也建立了一个涉及范围比较广泛的国家信息中心，可持续发展的信息网络，使有关部门和机构能够比较方便地获得有关可持续发展的最新和综合信息，这些都可作为可持续发展的信息系统的基础。

1）制定可持续发展信息系统的框架结构、确定标准和应具备的功能。

2）对我国现有可用来支持可持续发展的信息系统做出技术评价，找出存在的问题和改进的途径。在此基础上，逐步建立起可持续发展信息系统与统计监测系统。

3）通过联合国开发计划署所倡议的可持续发展网络，建立可与国外交流的可持续发展信息网络。

4）完善我国可持续发展信息网络的立法与制度，促进形成信息共享的机制，保证政府部门、非政府机构和广大民众可方便地获取和交流信息。

5）发展和采用现代化的信息采集、传输、管理、分析和处理手段，发展地理信息系统、遥感、卫星通信和计算机网络等高新技术及应用。

3.4.3.5 建立健全综合的经济与资源环境核算体系

建立健全综合的经济与资源环境核算体系，是实施可持续发展战略的前提条件之一。传统的国民经济衡量指标（GNP）既不反映经济增长导致的生态破坏、环境恶化和资源代价，也未计量非商品劳务的贡献，并且没能反映投资的取向。它存在三个缺陷：①没有将环境视为财富；②没有计算自然资源的消耗；③总是将环境治理费用加进国民收入，而不是将环境破坏造成的损失从国民收入中扣除。这些缺陷使目前的国民经济核算体系不能分析和核算经济和环境之间的相互作用以及由此产生的许多问题。因此，需要建立一个综合的资源环境与经济核算体系来监控整个国民经济的运行。

目前，我国正进行自然资源核算的研究和试验，并分析将其纳入国民经济核算体系的可能性。此类研究的主要目标是建立资源核算的理论，提出资源评估和定价方法，分析国内有关的资源价格以及国际上同类资源的可比价格，最后提出如何把资源核算纳入国民经济核算体系的方法以及自然资源的价格政策。在此基础上，逐步建立一个新的综合核算体系，以更加合理和经济地使用自然资源。新的核算体系有助于界定资源资产的所有权关系，强化资源的有偿使用制度，强化资源的有效管理，也将改善长期和短期发展政策的协调，并成为协调经济发展与自然资源持续利用和保护的一种有效手段。

1．开展建立和实施新的综合国民经济核算体系的研究

（1）改善国民经济核算制度　由负责国民经济核算的政府部门与国家环境保护以及其他自然资源管理部门密切合作，组织有关研究和制定实施方案；有关政府部门应在经济与资源环境综合核算体系的建立、完善及正常运作方面发挥重要作用。

（2）建立评估程序　政府同国际机构广泛开展合作，以加强现有的数据系统；提高自然资源数据的采集、管理、分析、审查与系统评价的能力，提高全国数据的综合应用能力；政府将评估各种政策措施，以纠正导致土地、水、能源和其他自然资源的价格扭曲和造成环境恶化的政策倾向。

2．加强国际合作与交流

（1）积极获取国际组织支持　争取联合国有关机构的支持，获得有关资源环境与经济的国民经济核算体系的各种方法技术，同时和其他国家政府开展技术合作和支持，以便进一步研究、检验和改进联合国所提出的概念和方法，使其标准化；争取与其他国际组织和国家的合作，如开展国民经济核算和人员的培训，建立、修订和发展综合的资源环境与经济核算体系等。

（2）统筹多级政府部门间规划与合作　扩大现有的研究和实施计划，以便在国民经济和社会发展规划和决策工作中利用可持续发展的指标，将综合的经济与资源环境核算体系纳入国家级的经济发展规划。同时，通过合作来改进国家和省两级的资源环境、经济与社会数据收集方法。

（3）加强国际政府交流与合作　通过联合国统计处和环境规划署，争取与其他国家在建立综合经济与环境核算体系、非市场的自然资源核算方法以及数据标准化方面开展技术交流与合作。

3．加强机构与能力的建设

（1）强化部门协调　加强国家综合的资源环境与经济核算机构以及部门之间的协调，确保在规划和决策层上，实现环境与发展的有效结合；制定信息交流和技术转让的管理制度、指导方针和机制以便能最有效和最广泛地使用综合经济与资源环境核算体系。

（2）加强人员培训　提高决策过程中的数据收集、贮存、组织、评价和使用能力，开展综合经济与资源环境核算体系所需的各种层次上的培训，包括对从事环境和经济分析人员的技术培训和对决策人员的培训等。

本章习题

1．可持续发展战略的总体思路是什么？
2．现阶段我国坚持可持续发展面临的挑战有哪些？
3．简述我国当前的人口现状及未来发展方向。
4．当前我国"美丽乡村建设"的着力点应该在哪些方向？
5．如何保障我国经济实现可持续发展？

第4章

循环经济的起源、概念和经济逻辑

4.1 循环经济的形成与发展

4.1.1 循环经济产生的社会形态背景

从人与自然的关系看，人类社会发展经历了崇拜自然的原始文明、改造自然的农业文明和征服自然的工业文明三个阶段，并将进入第四个阶段——协调自然的生态文明。人类历史上每一种文明形态都是在一定社会生产方式的基础上形成的，每当社会生产力的发展引起社会变革而形成新的社会生产方式，旧的社会文明形态就会进化为新的文明形态。人类改造自然能力的不断提高促进了文明形态更替。与农业文明相比，工业文明极大程度地丰富了人类社会的物质生活，同时将人类社会的发展推向了一个巅峰。

在工业文明阶段，随着工业革命引发的世界工业化的发展，人类征服自然的能力达到了极致。然而，一系列不容忽视的全球性生态危机表明，单纯依靠改造自然、从自然界获取资源来谋求人类社会发展的模式已经不再适应当今社会的发展。人类征服自然的价值取向，最大限度地追求经济增长和经济利益，以获取最大的利润为基本原则的社会发展模式在为人类社会创造巨大财富的同时，也给地球施加了无法负荷的沉重压力。工业文明危机四起，它既不是人类最完善的终极文明，更不是人类共享的普世文明，人类需要开创一个新的、能够与环境长期和谐共存的文明形态来支持人类社会的发展、延续自身的生存。在一段时间的追寻和摸索后，人类逐步发现这个新的文明形态就是生态文明。生态文明是"人类遵循人、自然、社会和谐发展这一客观规律而取得的物质与精神成果的总和"，是以"人与自然、人与人、人与社会和谐共生、良性循环、全面发展、持续繁荣为基本宗旨的文化伦理形态"。

从工业文明到生态文明，其主要区别体现在生产生活方式的转变上。传统工业文明是"资源—生产—消费—废弃物排放"的单向流动的线性生产方式，这会消耗大量的自然资源，并且在长时间的工业化发展后积存了大量的废弃物，如老旧汽车、废家电、废纸张等，而在工业文明之后出现的生态文明，旨在构造一个以环境承载力为基础，人类社会与生态环境和谐共生的资源节约型、环境友好型社会，这就要求人类在社会生产中减少自然资源的使用，对废弃物进行再生利用。这为循环经济理念的产生提供了必要的社会形态背景。

4.1.2　循环经济的思想背景

循环经济理念的产生是人类反思社会发展模式的结果。该理念不是直接从具体的经济学中提取，而是在特定的社会背景下不断发展完善形成的内涵丰富的新思想。

循环经济的概念最早在 20 世纪 60 年代开始出现，根据当时阿波罗登月计划中宇航员"物资循环的生存方式"，美国经济学家肯尼思·鲍尔丁（Kenneth E. Boulding，1969）提出了经济发展的"宇宙飞船理论"。他认为，地球就像一艘宇宙飞船在太空飞行，它依赖于利用再生能力有限的资源的持续消耗来生存，如果有限的资源得不到合理开发和利用，任意破坏环境，地球就会毁灭。资源和环境问题是由发展引起的，最终需要通过发展来解决。解决这些问题的方法是改变传统的经济运行模式——单向的线性经济，采用循环经济的模式，从而避免地球的毁灭，这可以看作是循环经济思想的萌芽。

20 世纪 70 年代初，面对日益严峻的生态环境问题，国际社会开始组织生态治理活动。与此同时，各个国家的学者也积极出谋划策，为促进循环经济的发展做出了突出贡献。1972年，罗马俱乐部出版了有关环境问题的热门书籍《增长的极限》。该书预测，由于自然资源的供应有限，经济增长不可能无限度地向前推进，如果不加防范，世界灾难将会来临。

20 世纪 80 年代，随着循环经济理念的形成，人们开始在生产活动中使用基于资源的方法来处理废弃物。巴里·康芒纳（Barry Commoner，1984）指出，要达到"从摇篮到摇篮"的境界，需发展以生物和技术两种新陈代谢或两种封闭循环为内容的循环经济。1987 年《我们共同的未来》报告中说，地球上的能源和资源是有限的，它们总有一天会无法满足人们生活发展的需要，我们要为当代和下一代的利益而改变现有的发展模式。

20 世纪 90 年代，可持续发展的概念在各国盛行，这相应地促进了循环经济的发展。德国、日本和美国相继制定了与循环经济相关的法律法规，在各个领域扩展循环经济的有关概念，以开展实际工作。1990 年，英国经济学家大卫·皮尔斯（David Pearce）和图奈（Tumer）在《自然资源与环境经济学》一书中首次提出了"循环经济"一词。之后，各国又先后出台了循环经济的相关法律，促进循环经济在各国的发展。

4.1.3　循环经济模式的探索过程

当前，世界各国的循环经济发展方兴未艾，西方发达国家已经形成了一整套发展循环经济的机制和政策体系，理论研究也进入比较专而深的技术领域。尤其在我国，自 21 世纪初以来，在政府的推动和媒体的关注下，循环经济更是成为流行话题。其实，追根溯源，循环经济有着悠久的历史，就其形成和发展模式可以概括为如下四个阶段。

4.1.3.1　萌芽阶段：原始的循环经济模式

就其基本做法和思想萌芽而言，循环经济自古就有。由于物资匮乏，我国民间一直存在着对废物进行综合利用的传统习俗。但古朴的循环经济思想一直是以节约资源为基础出发点的。我国唐代就已经出现的"桑基鱼塘"，可谓循环经济的早期形态。珠江三角洲地区很早以前就出现生态农业的"基塘模式"，简单地说，就是在低洼的地方挖一挖，泥堆在四周形成"基"，中间成为"塘"：基上栽桑，桑叶养蚕，蚕果缫丝，丝做服装，这些环节中的废物可以放到塘里养鱼。这样，就形成了"废物变原料"的循环。20世纪50年代，在广东江门镇，南街生产甘蔗的渣子用于北街造纸的原料，则是工业中"废物变原料"的例子。

换句话说，我们现在研究的循环经济，或者"废物变原料"的产业链延伸，在我国有着相当长的历史。这种模式是在科学技术极端落后、人类面对大自然的威胁所采取的一种本能的反应，因而缺乏一种自觉的、系统的理论认识和实践总结。我们把这种循环经济称为原始的循环经济。

4.1.3.2　早期阶段：古典的循环经济模式

从理论渊源上看，最早系统分析生产过程中废弃物循环利用的是马克思。在分析资本循环与利润率变化时，马克思认为，生产废料再转化为同一个产业部门或另一个产业部门的新的生产要素，即所谓生产排泄物再回到生产从而消费（生产消费或个人消费）的循环中，是生产条件节约的一个途径，而化学工业的进步对废弃物利用最显著。

从马克思朴素的论述中可以得到四点启示：①废弃物的循环利用是资本循环过程中不变资本的节约；②废弃物的循环利用应该建立在规模经济和大机器生产的基础之上；③节约创造价值，即废弃物的循环利用是一种资本逐利的行为；④科学技术尤其是化学技术进步可以提高资源循环利用的效率。马克思是从节约资源角度以及节约资本和提高利润率、创造价值的高度来认识资源和废弃物循环利用的，我们把这种以节约为目的的资源与废弃物循环利用定义为古典的循环经济。

4.1.3.3　晚近阶段：技术范式的循环经济模式和新古典的循环经济模式

技术范式的循环经济模式侧重于运用工程技术方法和视角来分析和解决资源高效利用问题。从肯尼斯·鲍尔丁、巴里·康芒纳到现在的 Wuppertal 研究所、Factor 10 研究所以及世界观察研究所，都注重研究循环经济的技术、工艺、工程和方法，从生态学和环境科学角度，运用物质流管理、生态足迹分析、资源生产率分析、产业生态学、系统动力学等方法来促进循环经济的发展。这些均可称为循环经济的技术学派，这种以减物质化为目的的发展模式可称为技术范式的循环经济模式。

新古典的循环经济模式则注重从循环经济的制度机制来推动。新古典经济学家认为，资源环境问题本质上是经济问题，即人与自然的矛盾实际上就是人与人的矛盾。因此，资源环境问题可以运用主流经济学的思想和方法进行解释分析并加以解决。早期的污染经济学、资源经济学和现在的环境经济学，都是建立在产权经济学、福利经济学等理论基础之上的。这种观点还进一步延伸到代际公平即资源环境的跨期配置。我们把运用产权、外部性、公共品、均衡和最优等概念工具和理论方法来指导循环经济发展的途径和思路称为新古典的循环经济模式。

4.1.3.4　现代阶段：综合管理的循环经济模式

循环经济不仅是资源环境生态问题，也是一个社会经济问题。发展循环经济需要政府、企业、社会多方面的参与，需要通过制度、法律、政策、舆论、教育等手段来推进。因此，循环经济的发展是一个系统工程，循环经济模式是一个具有综合性和战略性的经济社会发展模式。在理论方法上，需要多学科的合作，这种模式被称为现代循环经济模式。现代循环经济模式的产生和实践必将推动循环经济理论研究的新突破。

4.2 循环经济的背景和分析方法

循环经济的理论研究具有广泛而深厚的理论基础和学科支撑。就现有知识结构而言，可持续发展经济学、产业生态学和生态经济学分别从不同的学科视角给予方法论支持。

4.2.1 循环经济的理论背景

4.2.1.1 可持续发展经济学

可持续发展经济学是一门从经济学的角度来研究生态经济社会复合系统由不可持续发展向可持续发展状态转变及维持其可持续发展动态平衡状态运行所需要的经济条件、经济机制及其综合效益的学科。其研究对象不是"生态—经济—社会"三维复合系统的矛盾及其运动和发展规律，而是以此为范围在三维复合系统的总体上着重研究可持续发展经济系统的矛盾运动和发展规律。即是从可持续发展系统的总体上揭示可持续发展经济系统的结构、功能及其诸多要素之间的矛盾运动和可持续发展的规律性科学。

可持续发展经济学的主要任务是在可持续发展系统总体上研究可持续发展经济系统的结构、功能及其诸多要素之间的矛盾运动，揭示可持续发展经济现象中的可持续发展经济关系及其发展的客观规律，探索生态代价和社会成本最小化的经济机制及其可持续的规律，从而提高经济效益、生态效益和社会效益，揭示工业经济向知识经济转化的条件、过程、表现特征和内在规律。

可持续发展经济学对循环经济的贡献在于从代际的长远角度出发，分析生态环境资源的真正价值和整体价值，并通过制度分析方法建立可持续发展指标体系，为资源的循环经济利用提供理论体系建设，实现"生态—经济—社会"三维复合系统的发展目标和生态效益、经济效益与社会效益的全面提升。

4.2.1.2 产业生态学

产业生态学是一门研究经济和环境相互作用的新兴学科。产业生态学要求从根本上转变传统的基于污染末端治理的环境保护观念，全面、系统地将环境因素纳入产品、服务的设计开发过程，通过资源充分循环和能源高效利用，来实现经济与环境兼容、人与自然和谐共处的可持续发展目标。与自然生态系统相似，产业生态系统同样包括四个基本组成，即"生产者""消费者""再生者""外部环境"。通过分析系统结构变化，进行功能模拟和分析产业流（输入流、产出流）来研究产业生态系统的代谢机理和控制方法。通常采用的方法有"供给链网"分析（类似食物链网）和物料平衡核算。

产业生态学的思想包含了"从摇篮到坟墓"的全过程管理系统观，即在产品的整个生命周期内不应对环境和生态系统造成危害，产品生命周期包括原材料采掘、原材料生产、产品制造、产品使用以及产品用后处理。系统分析是产业生态学的核心方法，在此基础上发展起来的工业代谢分析和生命周期评价是目前工业生态学中普遍使用的有效方法。

产业生态学以生态学的理论观点考察工业代谢过程，亦即从取自环境到返回环境的物质转化全过程，研究工业活动和生态环境的相互关系，以研究调整、改进当前工业生态链结构的原则和方法，建立新的物质闭路循环，使工业生态系统与生物圈兼容并持久生存下去。产业生态学对循环经济的贡献在于从产业层面考察物质流的平衡运动。

4.2.1.3 生态经济学

生态经济学是一门从经济学角度来研究由社会经济系统和自然生态系统复合而成的生态经济社会系统运动规律的科学，其基本假定是资源配置存在着社会最优解，而且社会最优解与企业最优解具有互补性。它研究自然生态和人类社会经济活动的相互作用，从中探索生态经济社会复合系统的协调和可持续发展的规律性。

该学科的显著特征是把经济系统视为地球大系统中的一个子系统。尤其是热力学和生态学的发展，形成了研究生态—经济系统的理论基础。生态学是研究动植物的分布及其丰富性的科学。生态系统是其研究的核心。古希腊词"oikos"是经济学和生态学中的"eco"的共同词根，"oikos"的意思是"家庭"，前者研究自然的家庭管理，后者研究人的家庭管理。循环经济的本质是生态经济，研究循环经济必须建立在生态经济学的基础之上。"宇宙飞船理论"就是从生态经济学的角度分析经济系统和自然生态系统的协调发展。

由于生态经济学是对经济学和生态问题的嫁接，所以，在对众多的有关循环经济的研究文献进行学科分类时，生态经济学将其囊括其中。

4.2.1.4 循环经济学与生态经济学的关系

循环经济研究需要经济学作为理论基础，但是并不是对经济学理论的简单套用，它有其自身的特色和要求。循环经济是一种新型经济运行模式，它要求经济系统绿色化、生态化，追求"最优消耗、最适消费和最少废弃"，因此需要在生产方式、经营方式、生活方式等方面进行变革。

鉴于此，循环经济实质上是生态经济，不仅要遵循工业经济所必须遵循的线性因果，更重要的是遵循生态规律，必须研究循环经济的生态学基础问题，即运用循环再生、协调共生和整体层级原理等生态学理论来解释新的经济运行模式。毕竟经济系统和生态系统有各自的运行轨迹和作用条件，如果对两大系统之间的关系缺乏科学研究，不加分析地把二者联系起来，生态学很难独自承担变革新生产方式的任务。现有的理论进展表明，传统的经济学和生态学已经很难解释当今的生态经济问题。于是，生态经济学作为一门相对独立的学科应运而生。

循环经济的理论价值则仅限于资源的节约开发利用以及对废弃物的无害处理，亦即资源节约型和环境友好型经济活动方式。由此可见，可持续发展经济学应涵盖循环经济理论。从二者的关系来看，前者更强调整体性和价值性，是一个宏观层面的概念；后者则强调结构性和技术性，更侧重微观层面。

4.2.2 循环经济的分析方法

目前，研究循环经济的方法大致分为两大类：①数量分析方法，具体有能值法、生态足迹法、生态效率法、物质流分析法、自然资本计量法等方法；②系统化管理方法，具体有产业生态学、生命周期分析、绿色供应链管理、产品一体化管理等方法。前一类方法更多运用于环境工程技术领域，后者则多用于企业管理。本节主要对后一类方法进行简要介绍，并对四种方法做比较（表 4-1）和相应的整合。

表 4-1　循环经济分析方法比较

方法	特征	行为主体网络	物质流/系统边界	时间期限
产业生态学	地理学方法/区域意义	产业共生体内的相关企业	区域网络内部的物质流动	工厂生命周期（数年至十多年）
生命周期管理	产品设计是最重要的决策环节	与产品（服务）设计和生产相关的所有生产环节	产品生命周期有关的物质流	产品生命周期（数月至数年）
绿色供应链管理	行为主体网络内部必要的管理活动	与满足客户需求直接相关的所有生产环节	满足客户需要的运营性物质流和信息流	供应链开发、配送周期（分别为数月至数年、数时至数日）
产品链一体化管理	利益相关者整合	与物质流有关的公司以及受物质流影响的利益相关者	物质流动限于部门内部和法律许可边界	部门内部和法律许可边界（十多年）

产业生态学（Industrial Ecology，IE）涵盖地理学和基于产品的方法，前者主要分析物质流的区域网络，如生态工业园、产业生态系统或产业共生体等，地理学视角是 IE 的主要特色；后者与产品生命周期评价密切相关。地域共同性是 IE 的前提条件，系统边界由当地企业网络形成，物质流限定于特定区域性网络内部；因为网络围绕一个产业核心或产业聚集地而形成，因此，其时间维持程度要大于单个产品线的生产时间，由工厂生命周期决定。

生命周期管理（Life-cycle Management，LCM）主要运用产品生命周期方法，重点在于产品设计阶段，因为 80% 的环境负荷和产品成本都是由这个阶段决定的。LCM 方法的出现导致环境关切从产业转向行为主体。相关企业（包括资源开采者、利用资源的产品生产者）都是需要关注的对象。由于环境负荷多数情况发生在个体行为之间，因此，对企业间组织的管理非常重要。

产品链一体化管理（Integrated Chain Management，ICM）起源于公共政策，应用于两种不同的方法：①生命周期管理，②物质流分析。ICM 具有管理意义，侧重于公共政策层面。如德国的《物质封闭循环与废物管理法案》，ICM 更强调利益相关者的影响，不仅考察部门内的物质流，还考虑整个社会。

绿色供应链管理（Green or Environmental Supply Chain Management）作为一种管理方法，强调运作中的执行，致力于运作效率的改善，其中配送周期是关键时间表。整合供应链管理是核心，所有成员都要为满足客户需要做贡献，物质流和信息流也以此为目标进行整合。

循环经济是一项系统工程。它涉及多个主体、多个环节、多项活动，涵盖资源、产品、空间、组织和网络等不同层次。生命周期管理是从物质流层面考察不同阶段物质流动产生的环境影响，解决问题的根本是优化产品设计；产品整合管理是从产品流的层面消除产品在不同环节的环境影响，因此，属于产品管制范畴，需要一定的政治程序和管制规则；产业生态学从空间的角度，把产品设计、生产组织和企业群落进行整合，形成具有生物圈功能的产业共生系统；绿色供应链则从流通层面，通过物流网络的设计，把废弃产品的逆向物流纳入其中。这四种方法具有交叉性和重叠性。通过构建统一的分析框架，最大限度地实现资源节约和环境影响最小化。循环经济分析方法的整合框架如图4－1所示。

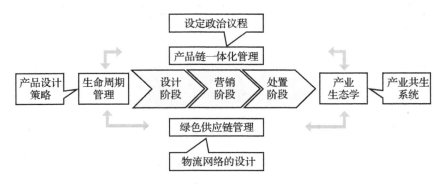

图4－1　循环经济分析方法的整合框架

4.3　循环经济的基本概念

4.3.1　循环经济的内涵

关于循环经济的内涵主要存在三种不同角度的解释。

（1）循环经济是一种物资闭环流动型经济　在这种解释下，对资源的循环利用是循环经济的核心内涵。循环经济强调要充分利用所有可供使用的物质，物尽其用，提高资源使用的经济性。以丹麦卡伦堡生态工业园为例（如图4－2所示），充分考虑到废弃物的利用后，可以看到，其发电厂的废硫可作为石膏板生产厂的原料，煤灰可供造水泥和筑路，余热可通过相应的技术设备提供给养鱼场或者温室以尽其用。与以往的经济活动相比，利用相同的生产资料，循环经济模式下的经济活动能够生产出更多的产品，同时，由于废弃物作为生产资料被消耗掉，所产生的最终废物量大大减少，对环境的负面影响大大降低。

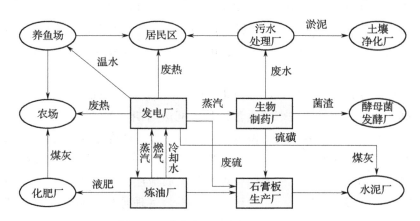

图4－2　丹麦卡伦堡生态工业园示意

根据这一内涵的要求，生产过程的技术模式要实现从"自然资源—产品—废弃物"的单向流动的线性经济，向"自然资源—产品—再生资源"的反馈式环型经济的转变。反馈式环型经济是指在生产活动中，不断实现一个生产活动中的废弃物转变成下一个生产活动中的生产资料的过程。在反馈式环型经济中，资源通过反复投入生产过程，其利用效率可以得到很大提高，能将生产和消费过程产生的废弃物降至最低，使所有资源在该环型经济系统中得到更合理的利用。

（2）循环经济是一种环境友好型经济　循环经济条件下的"循环"，不仅着眼于生产、流通、消费等经济系统内诸环节、诸过程中的资源循环利用，而且着眼于人类经济系统与自然生态系统之间的物质循环利用和友好相处，即人类的经济活动不能伤及、更不能危及生态的多样性平衡和环境净化的阈值。因此，人类的经济活动对环境的影响成为考察和判别其所处社会的经济体制是否为循环经济的重要指标之一。为此，要求循环经济模式下的生产活动绿色化，其首要表现即为清洁生产。清洁生产是指通过排污审核、工艺筛选、实施防治污染措施等技术和管理手段，将综合预防的环境保护策略持续应用于生产过程和产品中，以减少对人类和环境的危害。清洁生产既是循环经济的技术方法之一，也是循环经济的基石。同时，这一内涵要求也对消费群体提出了新的环境责任，即要求适度消费和绿色消费，主张满足人的基本需要，着眼生活质量的提升，崇尚淳朴、节俭和适度，反对奢侈消费、超前消费和过度消费。

（3）循环经济是一种可持续发展型经济　循环不是单调的周而复始，也不是绝对的封闭圆圈，而是建立在发展的基础之上，呈螺旋式上升。循环经济能否实现螺旋式上升发展，取决于资源环境的投入和经济增长的产出脱钩程度。资源环境压力（R）与经济增长速度（E）两者之间存在如下四种关系组合：

1）$R \geq E$，即随着时间的推移，资源环境压力增长速度大于或等于经济增长速度，表明经济不可持续。

2）$R < E$，即资源环境压力增长速度小于经济增长速度，表明二者开始出现相对脱钩（Relatively De-linking），这种情形虽优于第（1）种情形，但对于不可再生的资源和环境来说，仍会陷于不可持续的境地。

3）$R = 0$，$E > 0$，即经济仍在增长，而资源环境压力零增长，二者开始出现绝对脱钩（Absolutely De-inking），经济处于可持续发展状态，这也是循环经济的理想目标。

4）$R < 0$，$E > 0$，即经济仍在增长，而资源环境压力负增长，这是经济可持续发展的理想境界，也是循环经济的最高目标。

上述关于循环经济内涵的三种解析，存在逐层递进的关系。物质闭环流动型经济，是从经济系统内部运行的角度对循环经济进行刻画；环境友好型经济，是从经济系统外部交换的角度对循环经济进行刻画；可持续发展型经济，则是从动态的角度对循环经济进行刻画。循环经济不仅仅在于维系资源的循环利用，也不仅仅在于维护经济系统与环境生态的友好，还在于维持资源环境消耗与经济增长之间，从相对脱钩到绝对脱钩的变迁。若是强调了其中的某一个方面，或者强调了其中的某两个方面，都是不够准确和全面的。

另外，在新时代背景下，循环经济也可以表述为三个层次：新的发展理念，新的发展模式和新的产业形态。

（1）循环经济是一种新的发展理念　发展循环经济要体现"节约资源"和"保护环境"的精神，在工业化和城乡建设过程中，重视"从摇篮到摇篮"的生命周期管理。循环经济是坚持以经济建设为中心，将发展作为"第一要务"，用发展的思路解决资源约束和环境污染的重要途径。

（2）循环经济是一种新的生产方式　循环经济生产方式与传统生产方式的根本区别在于：传统生产方式将地球看成是无穷大的取料场和排污场，系统的一端从地球大量开采自然资源生产消费产品，另一端向环境排放大量废物，以"资源—产品—废弃"为表现形式，是一种线性增长模式，这是因为经济活动中的实物流量越大，GDP 就越大；循环经济生产方式强调在生产和再生产的各个环节利用一切可以利用的资源，按"物质代谢"和"共生"关系延伸产业链，以"资源—产品—再生资源"为表现形式，是对"大量开采、大量消费、大量废弃"的传统生产方式的根本变革，是可持续的生产方式和消费模式。循环经济生产方式与传统生产方式的比较见表 4-2。

表 4-2　循环经济生产方式与传统生产方式的比较

传统生产方式	循环经济生产方式
大量生产	最优生产
假定不存在资源约束	假定存在资源约束
利润最大化，不承担环境责任	正利润，承担环境责任
以资源低价格维持大规模生产	资源价格反映资源稀缺程度
资源依赖型增长模式——物质经济（产品经济）	非物资化增长模式——知识经济（功能经济）
生产者责任止于销售环节	生产者责任延伸（延伸产品寿命、服务创新、生态设计、产品回收等）
大量消费	最适消费
片面追求产品的便利性而不顾资源浪费和环境污染	追求便利性的同行兼顾环境负荷
产品周期缩短，即用即丢	延长产品寿命，循环使用
占有产品，强调数量，排他性使用	获得服务，重视功能，尽可能共享
大量废弃	最少废弃
大量生产造成大量排放，大量消费造成大量废弃	尽可能减少排放物进入环境，或无害化处理
废物排放速率超过环境吸纳能力	废物排放速率与环境吸纳能力相适应
末端治理	全程控制

（3）循环经济是一种新的产业形态　循环经济可以通过发展资源节约产业和产品、综合利用产业和产品、废旧物资回收以及环保产业，为经济社会可持续发展提供保障。发展循环经济的核心是"变废物为财富"，提高资源利用效率，从源头减少废弃物排放，实现经济社会发展与资源、环境的协调和良性循环。比如，利用焦炉煤气来发电，既可以增加能源供应，又可以减少废弃物排放，一举两得。从这个意义上来说，我国大力推进循环经济的目的是贯彻以人为本的科学发展观，是建立资源节约型、环境友好型社会的重要途径，是实现我国经

济社会可持续发展的重大实践。

依照《循环经济促进法》第二条的规定，循环经济是指在生产、流通和消费过程中进行的减量化、再利用、资源化活动的总称。循环经济实践要遵循的核心原则始终是"减量化、再利用、再循环"（3R）原则，如图 4-3 所示。

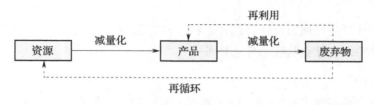

图 4-3　循环经济 3R 原则

3R 原则是基于物质不灭定律和能量守恒定律提出的。社会经济活动中大部分物质是可循环和可再生的，能量是可梯级利用的，单位社会产品的物质消耗和能量消耗也是可减量的。遵循 3R 原则进行的社会生产和消费活动，不仅可以减少物质和能量的总消耗，而且可以控制废弃物的总排放量。

减量化（Reduce）原则。该原则是 3R 原则的核心原则，属于输入端控制法，旨在从输入端控制、减少进入生产和消费过程的物质和能量流量，从而在经济活动的源头上节约自然资源并减少污染物的排放。一方面、该原则要求生产厂家在设计和生产过程中，改进设计制造工艺，利用先进科技手段，节约能源资源，减少废弃物排放；另一方面，消费者也应按照这一原则的要求，重视物品的实用性，摒弃铺张浪费的消费方式，尽可能多地使用耐用性强、可循环使用的物品。减量化使人们解决环境污染问题的视线从经济活动的末端转移到开端，与"高消耗、高排放、高污染"的传统生产方式存在着本质区别。

再利用（Reuse）原则。该原则属于经济活动中的过程性方法，旨在通过反复利用产品和服务来延长其使用的时间强度，从而提高产品和服务的利用效率，减少污染排放量，减轻环境压力。以电子产品为例，随着科技日新月异，电子产品的更新速度越来越快，许多仍处于使用寿命周期内的手机、电视、冰箱等随着新一代产品的出现被丢弃，处理这些被丢弃的电子产品需花费很多的财力、物力。如果人们降低更新这类电子产品的速度或者这些电子产品能够被其他人再使用，不仅意味着需要投入生产的相应资源量可大大减少，同时需要处理的废弃物数量也会大大减少。

再循环（Recycle）原则。该原则属于输出端控制法，要求人们尽可能地将废弃物资源化，并让处理后的废弃物作为有用资源重新流向生产的输入端。许多物品在其生命周期结束之后，经过分解拣拆，其中很大一部分可以再投入生产过程，从而实现循环使用。按照这一原则，一件产品的生产只能算是完成了一半的工作，产品寿终正寝后的处理设计才是关键所在，即生产者还应解决和处理好完成使用生命周期后的产品。

3R 原则在循环经济中的重要性不是简单并列，而是在强调优先减少资源消耗和废弃物产生的基础上进行综合运用，其重要性顺序依次为减量化、再利用、再循环。3R 原则是人类利用自然资源所要遵循的原则，它对社会经济活动的指导和要求，改变了人们对资源利用的传统认识，突破了人们在传统经济模式下所处的资源限制瓶颈。

随着循环经济研究的不断深入，循环经济理论也在不断丰富。在 3R 原则的基础上，众多学者增添了再思考（Rethink）、重组化（Reorganize）、替代化（Replace）、再修复（Repair）等原则，构造了多 R 理论。

4.3.2 循环经济的外延

循环经济的外延是指通过什么样的外部特征来界定循环经济的范畴。主要包括历史特征，技术特征、经济特征、社会特征和生态特征。

4.3.2.1 循环经济的历史特征

循环经济理念的提出是在 20 世纪 60 年代，但这种理念是在人类长期实践经验的积累中逐渐沉淀形成的。也就是说，诞生于工业文明的"循环经济"，其形态至少在农业文明阶段就存在，只不过没有被正式记载下来。

人类社会经历了原始文明、农业文明和工业文明。远在农业文明社会，人们就具有物质循环利用思想。例如，农作物收获后，人们将大部分废弃的农作物的根、茎、叶经过适当的处理后铺于田地，经过一段时间的分解、腐烂，释放出含钾、氮等的有机物质，增加土壤的肥力，不仅解决了农业垃圾处理问题，同时为土地的再生产提供了有利条件。在冬天，人们会将秸秆铺在新菜地上，为新出芽的菜种保温，这也是现代大棚种植的起源。这一阶段的物质循环主要表现为废弃物的简单利用。

工业文明阶段，虽然人们主要采用资源到产品再到废品的线型生产方式，但企业往往追求用有限的生产资料生产尽可能多的产品。人们延续了农业文明时代种植业和畜牧业简单的废弃物利用，此外在新兴的工业生产中，人们也实现了一定的物质循环。

到了生态文明阶段，循环经济已经成为人类社会的一种自觉的经济活动方式，其范围已经突破独立的农业和工业生产，强调人类社会生产活动中要注重物质的循环和反复利用，注重区域及国家层面的合作，使最终废弃物排放量最小化，最大限度地减轻对环境的污染。

因此，从人类社会发展角度来看，循环经济存在一个不断发展、扩大的过程，从最初的农业到工业，再延伸至全社会。真正实现循环经济的发展，需要依靠全社会全人类的力量。

4.3.2.2 循环经济的技术特征

科学技术是循环经济发展的重要保证，先进技术是循环经济的核心竞争力。区别于传统工业经济的发展要求，循环经济运行的物质循环特性，要求对经济活动在技术上进行根本性变革，才能以最小的资源和环境消耗来获得尽可能大的经济效益。

循环经济的首要特征是科技先导性。先进的科学技术是实现循环经济的先决条件，只有积极采用各种新工艺、新技术，降低原材料和能源的消耗，在循环经济的投入、生产、销售和回收环节对系统的能源消耗和废弃物排放进行分析设计，才能从根本上改变"末端治理"模式。传统工业技术是在以最大限度开发自然资源、最大限度创造社会财富、最大限度获取利润的经济指导思想下形成的技术体系，忽视自然资源的节约和废弃物的利用（解淑玲、徐雷，2007）。而循环经济强调经济效益、生态效益和社会效益相互之间的协调和统一，需要经济系统与自然系统从微观到宏观各个层面的技术支撑。当代技术领域在可持续发展理念和循环经济发展理念的引领下发展起来的环境无害化技术、资源综合利用技术和能源利用技术等先进科技，成为循环经济强有力的支撑。

循环经济的第二个特征是创新性。技术是一个不断由低水平向高水平完善的过程，循环经济技术同样是一个动态发展的过程。循环经济理念下的技术创新是一种健康的、有益于社会发展的创新，是以坚持适度发展原则为基础，将科技进步与人文科学的发展结合起来进行的技术创新。循环经济条件下的技术创新，将创新的终极目标由市场的需要转变为满足人类适应生存环境的需要，将传统线型的技术创新模式转变为以环境为终端和开端的环型模式，通过生态产品、生态技术、生态知识和生态观念四个层次的流动作用于技术创新全过程，实现由效益型战略向生态型战略的转换。

4.3.2.3　循环经济的经济特征

从发挥经济作用的机理来看，可以把循环经济看作是品牌经济、环境经济、借势经济。循环经济是品牌经济，通过企业的良好运作和政府的政策扶持，造就驰名的生态产品和企业品牌。循环经济是环境经济，其目的就是保护环境，确保经济社会和生态社会和谐稳定发展，确保将人类活动对生态环境的影响减少到最低。循环经济是借势经济，在环境保护意识高涨的时期，发展循环经济对人类社会起到催化剂的作用。

从经济效益的实现时间看，可以把循环经济看作是未来经济。循环经济追求的是经济的可持续发展，是不影响子孙后代的发展模式。在循环经济发展初期，需付出高昂的技术创新成本和废弃物资源化成本，其经济效益并不乐观。但若从长远看，循环经济通过保护环境和节约资源，对未来社会的发展会产生积极作用。

4.3.2.4　循环经济的社会特征

健全的社会制度是循环经济发展的前提。制度是决定人类生产过程中资源分配和利益分配的重要因素，循环经济旨在通过一定的制度安排，通过强制性的制度约束和道德规范，规范和引导经济运行路径，弥补市场机制的不足。

全社会的参与和全人类的合作是循环经济发展的保证。循环经济的发展不仅需要企业的努力和政府的推动，还需要消费者的理解和支持。只有全民参与，循环经济的发展才能取得成功。

4.3.2.5　循环经济的生态特征

循环经济是一种强调物质环型流动、实现生态文明的经济活动，要求人类社会经济活动遵循经济规律、社会规律、自然规律、技术规律和生态规律，用"资源—产品—废弃物—资源"的环型经济系统取代"资源—产品—废弃物"的线型经济系统，实现自然资源的低投入、高利用和废弃物的低排放，从根本上化解长期存在的环境保护与经济发展之间的矛盾，实现经济系统与生态系统的长期协调统一。

4.3.3　循环经济与相关概念的关系

4.3.3.1　循环经济与经济循环的关系

循环经济和经济循环有着密切的联系。经济循环以资本循环的形式表现出来，实质上是价值转移、价值增值和价值补偿，即价值循环的过程。资本的本性是追逐利润，这种利润动机是经济活动的动力所在，在客观上起到促进经济增长的作用。但是如果听任市场规律的作用，资本就会脱离价值创造领域转向价值分配领域，进而脱离实体层面转向虚拟层面。在资本强权的逻辑之下，资本的非生产功能可能会超过生产功能，资源配置因此由生产领域转移到非生产领域。

当前整个世界范围的价值生产和价值实现出现大分流，我国以世界近30%的实物生产仅获得占全球6%份额的价值是对这种现状和趋势的最好证明。就我国而言，经济增长陷入一种高投入、高消耗、高污染的增长路径依赖，导致价值流和物质流（能量流）的背离。

一方面，循环经济作为经济系统和生态系统的复合体，有助于弥合价值流与物质流的裂缝，使资本循环和物质循环统一起来。但是，由于循环经济存在巨大的外部性和公共品特点，不可能完全依靠自发成长，需要通过设计市场运行的相关制度对经济主体产生激励和约束。这样，复合而成的生态经济系统才会进入良性的自运行轨道。另一方面，在知识经济和信息技术的支撑下，信息成本降低；交易关系的增强和交易制度的完善，经济活动的信任程度提高，将会导致经济系统运行中物质流和信息流的同步性。

资本循环和物质循环的统一使经济学的本义从狭隘的节约财务资本转向既节约财务资本又节约物质资源。经济学既研究资源的配置问题也研究资源的利用问题，其核心是基于成本的资源节约问题。但是传统的观点把资源仅仅局限为财务资本（即货币资本），或以货币数量衡量一切资源的价值，在不完善的市场条件下，扭曲了自然资源的真实价值。最后，导致资本循环和物质循环的背离，集中体现为资源、环境生态问题的恶化。经济学作为一门研究节约的学问，包含对财务资本和物质资源节约的研究。在这个意义上，循环经济理论与经济学是完全一致的，同时经济学的基本理论对循环经济的解释力是毋庸置疑的。经济循环与循环经济的区别和联系如图4-4所示。

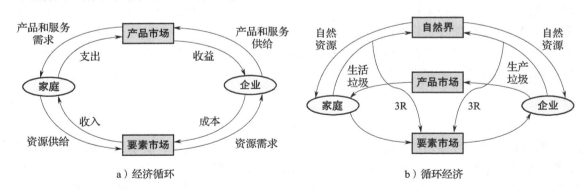

图4-4　经济循环和循环经济的区别和联系

4.3.3.2　循环经济与污染治理、环境保护的关系

循环经济是全过程、系统化地对经济系统进行规划和管理的经济活动方式，而污染治理则是末端治理模式的主要做法。二者的功能和目的有着显著的差异。需要指出的是，循环经济是环境污染的解决途径之一，但代替不了污染治理措施；并非所有污染物都能达到"零排放"，因而需要处理和最终处置；我国局部地区的大气污染、水污染已相当严重，问题的最

终解决还得靠末端治理；国外发展循环经济，最初是从垃圾或废弃物减量化和循环利用角度提出的，国外河流的污染也是靠治理才取得成功的。

4.3.3.3 循环经济与资源综合利用和废物回收利用的关系

它们之间的关系既有相通之处，也有区别。

（1）涵盖内容不同　资源综合利用包括三个部分：①资源开采过程中对共生、伴生矿的综合开发和合理利用；②对生产过程中产生的"三废"物质和余热、余压的回收利用；③对社会生活中产生的各种废旧物资进行回收和再生利用。循环经济不仅注重资源的循环、再生利用，还强调资源减量使用和高效利用。

（2）侧重点不同　资源综合利用主要针对生产资料的回收利用，以解决工业生产中物资短缺和供应紧张；而循环经济还强调城市生活垃圾的综合处理，以实现资源节约和环境友好。

（3）运行机制和实施方式不同　资源综合利用主要靠行政命令和计划手段来实施，循环经济则主要靠市场机制、经济手段来实现。

4.3.3.4 循环经济与清洁生产的关系

循环经济与清洁生产在资源利用效率和废物减排方面有着共同之处。主要的区别在于循环经济侧重于社会经济领域，追求"从摇篮到摇篮"，实现人与自然的和谐；而清洁生产则主要侧重于生产领域的技术层面，最大限度地减少污染排放。二者关系也非常紧密，清洁生产是从产品生产角度推行循环经济，属于微观层面的循环经济；而且清洁生产主要解决的一系列技术问题，为循环经济的实施提供技术保障。因此，清洁生产是循环经济的基础和保障。

4.3.3.5 循环经济与绿色消费的关系

绿色消费为循环经济的推行提供群众基础和社会舆论。作为新型消费模式，"绿色消费"有三层含义：从消费倾向看，它是倡导消费者在消费时选择未被污染或有助于公众健康的绿色产品；从消费后果看，它是在消费过程中注重对垃圾的处置，避免环境污染；从消费意识看，它引导消费者转变消费观念，崇尚自然、追求健康，在追求生活舒适的同时，节约资源和能源，实现可持续消费。这些特征表明绿色消费为循环经济发展提供内在动力。

4.3.3.6 循环经济与生态工业的关系

生态工业是模拟生态系统的功能，建立起相当于生态系统的"生产者、消费者、分解者"的工业生态链，以低消耗、低（或无）污染、工业发展与生态环境协调为目标的工业。资源生产部门、加工生产部门和还原生产部门三大工业部门分别扮演生产者、消费者、分解者的角色，由此构成工业生态链。循环经济不仅包括工业部门的生态生产链，还包括农业部门和服务业生态链；不仅包括生产领域还包括消费领域和整个社会的资源循环利用；不仅通过规划设计和科学管理，还需要政府统筹协调、市场经济驱动和公众积极参与。由此看来，生态工业只是循环经济的一个重要组成部分，循环经济的范围和内涵更广泛、更深厚。

4.3.4 循环经济的认识误区

4.3.4.1 克服认识误区

发展循环经济应避免以下五个方面的认识误区。

误区一：认为循环经济只是单纯的经济发展或技术问题，忽视循环经济的系统性和整体性。

循环经济并非仅属于经济范畴，也不是单纯的技术问题，而是一个庞大的系统工程，涉及经济、科技、社会、文化及环境等一系列可持续发展的基本问题。它从单纯的经济及管理转向"经济—社会—自然"复合生态系统的整合和优化，旨在构建人与自然、人与人和谐发展的社会。

误区二：认为发展循环经济只是单纯地提高资源利用问题，忽视生态文明的协调发展。

循环经济的3R原则，即资源的减量化、再利用和再循环，并不能简单地将其理解为资源节约或提高资源利用效率，而是把3R原则贯穿生产过程、消费环节和整个社会的经济运行之中，实现系统地减少资源消耗并减小环境扰动，最终在经济得到发展的同时实现生态系统和经济系统的协调。

误区三：认为发展循环经济只是政府行为，忽视市场作用和广大民众的参与意识。

循环经济是一项具有鲜明正外部性的活动，也是一项提供环境公共物品的活动，这意味着政府在其中的作用非常重要，但是并不能就此认为发展循环经济只是政府的责任。首先从道德伦理和社会责任上讲，保护环境、节约资源是每一个公民、企业和社会团体的义务，这要靠社会各界自觉履行和主动参与。其次，要发挥市场配置资源的基础性作用，通过建立资源节约和环境友好的激励机制和利益机制，引导、鼓励企业和社会公众参与循环经济活动，最终建立起"政府主导、企业主体、公众参与、法律规范、市场推进、政策扶持、科技支撑"的运行机制。

误区四：认为发展循环经济主要靠法律等强制性手段保障，忽视经济手段的引导调节和科学技术的核心作用。

当前我国的环保法律仍然是基于末端治理或分段治理，过分强调污染发生后的被动惩罚，难以根治循环经济发展面临的问题。所以，发展循环经济除了法制手段外，还应利用经济手段。同时，在发挥科学技术的核心作用上，突破循环经济发展的技术瓶颈，加快科技投入，支持循环经济共性和关键技术继续研发，开发资源节约和替代技术、能量梯级利用技术、延长产业链和相关产业链技术、"零排放"技术等，提高循环经济技术开发水平和创新能力，加快新技术、新工艺和新设备的推广应用。

误区五：认为发展循环经济仅是工业企业生产问题，忽视区域和社会层面以及其他产业的循环经济发展。

发展循环经济包括企业、区域和社会三个层面。应在重点行业形成一批循环经济企业和生态工业园；在重点领域形成若干符合循环经济发展模式的示范区；同时，也要注重在农业、第三产业等其他产业领域大力推进循环经济，逐步形成具有中国特色的循环经济发展模式，推进节约型社会和循环型社会建设。

4.3.4.2 避免操作误区

发展循环经济，在政策设计和实际操过程中应当避免三个误区：循环不经济，循环不节约，循环不环保。

循环不经济。企业实施循环经济后，成本大幅度上升，超过节约资源的效益，出现这种不经济性的主要因素有三点：①环境资源价格扭曲，导致循环经济收益被低估；②企业规模未到达循环经济的临界规模，导致循环经济成本大于资源环境的价格；③循环经济技术水平低、管理落后，使循环经济运行成本高。因此，发展循环经济要求在理顺资源环境价格机制的前提下，通过市场来运行。

循环不节约。物流实现物质的循环利用和再生利用，但是为了这种节约又产生新的浪费甚至更大的浪费。通常情况下，循环利用废弃物需要投入新的资源和能源，也需要增加人工，把握不好进程，选择不准环节，确定不合实际的领域，都会产生节约一种资源而浪费另一种资源的情况。这就要求发展循环经济要把减量化放在首位，这是循环经济的核心和根本。

循环不环保。企业生产过程中实施了 3R 原则，但是又产生新的污染。这种污染可能因废弃物的处理不善而循环利用产生，也可能因一个生产过程中的废物进入另一个生产过程之中，因利用不当而产生，还有就是一些物质在循环利用过程中长期累积、相互作用，产生的潜伏性、综合性污染。因此，循环经济不仅要遵循 3R 原则，还要坚持无害化原则。

4.3.5 循环经济的构成

4.3.5.1 循环经济的"点"

循环经济的"点"是指经济循环圈上的节点，具体包括企业、消费者和政府等。

企业是循环经济发展的重要节点。企业是资源消耗和产品形成的基础，实施循环经济必须从企业入手。一般而言，循环经济企业内部资源再生循环包括三种情况：①将流出生产系统之外的资源回收，并作为产品原料重新投入生产系统；②将生产过程中产生的废弃物进行资源化处理后，作为产品原料返回原生产系统或其他流程；③将最终产品消耗后产生的废弃物进行适当处理分类后，重新投入原生产系统或其他流程。

不仅如此，以循环经济为指导的企业实现低消耗、高利用和低排放的核心是发展清洁生产技术。清洁生产是对末端治理模式和传统发展模式的根本性变革，其实质是通过对企业生产全过程的控制，从生产开端就减少资源浪费、促进资源循环利用、减少污染，实现经济效益与生态效益的协调统一。

消费者是循环经济发展的另一个重要节点。正因为消费者不断消耗产品，才促使企业不断生产并促进经济社会发展。在过去，人们往往把生活消费看作是个人的事情，是个人对物质财富的占有和消耗。正是在这种观念的支配下，无节制的消费促使企业以资源环境为代价进行生产经营，导致了社会经济系统与生态环境系统的矛盾，经济增长模式也陷入危机。循环经济倡导资源的再利用、延长产品的生命周期和服务时间，这就要求消费者转变消费观念，做到物有所值、勤俭节约、物尽其用和功能为本，将对环境的影响降至最低。

循环经济的第三个节点是政府。在人类社会的历史长河中，产生过多种经济形态。自然经济又称自给自足经济，是为了直接满足生产者个人或经济单位的需要，而非为了交换而生产的经济，因此，从一定意义上说，自然经济尚处于无政府状态。随着人类社会的进一步发展，出现了市场经济体制和计划经济体制。在循环经济活动中，政府应以引导为主，在规范企业和消费者行为的同时，制定一系列激励和约束措施，并通过有效的市场竞争确保循环经济健康发展。

4.3.5.2 循环经济的"线"

循环经济的"点"之间的相互联系可称为循环经济的"线",如图4-5所示。

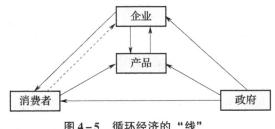

图4-5 循环经济的"线"

企业的生产行为决定了产品的性质。按照减量化、再利用、再循环原则进行生产的企业,在产品设计阶段就充分考虑了其产品消费之后如何处理的问题,通过有效的分类拣拆,进行资源化处理,减少最终垃圾的排放量,同时,资源化处理后的再生物质进入下一个生产环节。资源化处理后形成的再生资源只能在特定的生产过程中实现其价值,进而决定了下游企业的生产类型、生产性质和生产产品。

由于不同消费者存在不同的消费水平和消费理念,对市场上的不同产品有不同的选择。消费者行为会引导企业的生产行为,企业也会通过向消费者传递保护环境、促进和谐的理念,间接引导消费者选择循环经济产品;或者通过报纸、电视等媒体宣传循环经济产品的优势,直接引导消费者选择循环经济产品,使循环经济产品在市场竞争中处于有利地位。

政府主要通过制定有利于循环经济发展的政策,引导、鼓励企业发展循环经济,同时通过对产品价格的控制和政府购买行为,影响企业的生产选择,促使企业采取循环经济发展模式。此外,政府通过对全社会的直接教育,帮助人们形成循环经济理念和正确消费观,推动全民参与循环经济。

4.3.5.3 循环经济的"圈"

循环经济追求的是经济社会系统和生态系统长期和谐发展,是对传统经济中"资源—产品—废弃物"线型经济的根本性变革,其创新在于"资源—产品—再生资源"环型经济,这就构成了循环经济的"圈",如图4-6所示。

在循环经济的圈中,企业和消费者是参与主体,物质(含各类资源、废弃物、再生资源等)则是客体。企业通过发掘和开采天然资源,并将其投入生产过程中,获得产品产出,随后产品进入销售和消费过程。在产品生命周期结束之后,相关企业对产品进行回收处理,对其进行资源化之后成为再生资源,进入新的生产过程,从而开始下一个循环过程。

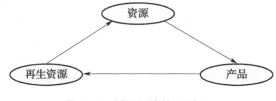

图4-6 循环经济的"圈"

4.3.5.4　循环经济的"流"

1. 物质流、能量流和信息流

循环经济是以现代科学技术为依托，综合运用生态规律和经济规律发展起来的新型经济活动方式，在循环经济的封闭的循环体系中，各个环节之间及各个子系统之间不断地进行着物质、能量和信息的交换及循环，从而在时间和空间上产生了物质流、能量流和信息流。

循环经济的物质流指的是物质从生产起点到生产终点再到下一个生产起点的流动过程。在该过程中，各种非能源物质经过一系列的物理化学变化，从自然资源到最终产品或废弃物，再到再生资源进行流动。

物质的流动需要能量。不论物质流的流动是物理变化还是化学变化，该过程一定伴随着能量的转换。能量伴随物质流动的全过程，沿着转换、利用和回收的路径发生着改变。能量来源于能源，因此，能量流实际上也是能源物质发生物理、化学变化的过程。

在物质流及能量流流动过程中，会产生大量信息，从而可对物质流和能量流进行调节和管理，在调节和管理的过程中发生的信息获取、传递、变换、处理和利用的流动过程就是信息流。任何存在物质流和能量流的地方，必然存在信息流。

物质流、能量流和信息流的关系非常紧密，它们的合理运转是循环经济系统稳定有效运行的前提。

2. 小循环、中循环和大循环

在国内外实践中，循环经济一般包括三个不同而有序衔接的层面，即企业层面的"小循环"、产业层面的"中循环"和社会层面的"大循环"，三者由小到大依次递进，前者是后者的基础，后者为前者的平台。实际上，对"中循环"的理解，有"行业"和"区域"等两种视角，在这里主要论述"产业"视角，但后文也会兼顾"区域"视角的分析。

基于企业层面的"小循环"是循环经济在微观层面的表现形式。它以单个企业内部物质和能量的微观循环为主体，通过推行清洁生产、资源和能源综合利用，促进企业内部工艺间物料循环使用、延长企业生产链条、降低生产过程中物料和能源的使用量，进而减少废弃物的排放并提高资源的利用率。

由于受单个企业技术和规模的限制，总会产生企业自身无法再利用的废弃物，这类废弃物的处理往往需要其他企业的配合，进而会产生在产业层面运行的循环经济模式，这可称为"中循环"。在该循环中，企业间遵循生态学原理，建立起工业生态系统的"产业链"和"产业网"，通过企业间的物质集成、能量集成和信息集成，形成产业间的代谢和共生耦合关系，使一家企业的废弃物成为另一家企业的原料和能源，从而实现跨企业的循环。

基于社会层面的循环经济模式是循环经济在宏观层面的表现形式，是跨行业、跨地区、跨产销的循环经济模式，可称为"大循环"。它要求在整个社会依据环境容量，通过废弃物的再生利用，实现资源的跨产业利用，达到生产和消费中物质的反复循环和能量的多次使用。在该循环内，工业与农业、城市与农村、生产与消费通过生态产业链有机结合起来，从而实现可持续生产和绿色消费。

4.4 循环经济的经济逻辑

4.4.1 循环经济的制度分析

4.4.1.1 循环经济的外部性分析

外部性理论是研究经济主体的成本收益内部化的理论，资源环境领域存在大量的成本收益外部性问题，从而导致资源环境的过度消费和供给不足。经济学家张五常将这种问题概括为"租值耗散"，即资源环境的经济租值没有完全为产权主体所获取。

资源环境的过度消费导致其不可再生性存量减少，消费量超过可再生性流量，从而损害其他消费者的效用，这种损害就是一种负外部性。发展循环经济，就是通过资源循环利用、环境持续改善，使经济社会生态系统持续运转。因此，循环经济具有高度正外部性。

由此看来，发展循环经济是一项抑制负外部性、扩大正外部性的活动。由于这种经济活动需要借助市场体制和政府力量来实现，那么，相关制度创新和体制变革是发展循环经济的必要前提。

4.4.1.2 循环经济的产权分析

循环经济是解决资源环境问题的根本之道。资源环境问题的本质是公共品问题。公共品具有非排他性、非竞争性和不可分割性等特征。资源环境的产权边界模糊，难以界定和区分使用者，因此具有非排他性。在一定限度内，多数资源环境不会因消费者的增加而使其他消费者效用减少，因此具有非竞争性。环境作为一种能够提供环境服务的资源性产品，是以整体性、系统性特征实现其生态经济功能的，因此，环境不可分割。

资源环境问题的核心是产权问题。在共有产权下，资源的价值随时间的推移而下降。产权的缺失会增加资源流动的交易成本，降低资源再配置效率，从而导致资源价值下降。因为在产权清晰且完整的条件下，资源价格能够准确而真实地反映其供求状况，交易各方会把资源配置到有价值的方面，最终实现帕累托效率。如果缺乏这种产权制度，价格信号扭曲、失真，资源也就无法流向有价值的方面。对于资源的跨期配置问题，价格反映跨期资源租金流的现值。如果资源的现值低于未来值，资源的开发利用会因为竞争压力而减少。但是如果缺乏这种产权安排，也就不会产生这种价格信号，经济主体不会做出资源在现在和未来之间进行合理利用的决策。而且，由于所有权的不确定，资源的价值会进一步恶化。因为，所有权的不确定性和不安全性会缩短生产决策的时间长度，减少投资，并鼓励过于快速的掠夺性开采。

有效产权制度的经济绩效表现在两个方面：①对经济行为的激励，即通过分配转让有价值资产的所有权和指定从资源利用的决策中获得收益并承担成本的主体；②通过配置决策权，主导性产权决定经济系统的主角。

资源约束和环境恶化的本质是经济关系的矛盾凸现，经济关系的矛盾主要在于高交易成本，高交易成本主要源于产权结构的不合理（权责和损益不一致），而交易成本的克服需要结构上的变革，尤其是制度结构的调整。

传统的生态经济学只是对经济活动的物质流进行分析,忽视价值流和信息流分析。循环经济基于生态规律,关注价值流和信息流,注重从经济学角度对经济流程的前后两端管理。从输入端控制资源的过度消耗,输出端控制环境过度扰动。控制机制具有技术和经济可行性的方法之一就是产权的重新安排及相应权责的重新配置,重点是自然资源产权和环境使用权设计。

循环经济中的产权问题是多层面的,以生态经济效率为核心,以资源减量化为主要原则,需要突出解决的产权问题是与资源价值评估、价格形成、资源循环利用和再生成本收益、生产者和消费者责任划分等方面密切相关的生态经济问题,它涉及自然资源的初始产权界定、生产者环境责任界定、资源循环利用和再生成本收益划分、消费者丢弃权四个方面。

4.4.1.3 循环经济发展的制度变迁

循环经济是一种新的社会经济运行机制,需要重新构建一个新的制度框架,对人与自然的关系和人类社会生产关系进行新的制度安排。制度的经济功能和社会功能意味着创新循环经济制度的必要性,制度变迁与经济社会发展的关系说明循环经济制度创新的必然性,制度起源与制度本质的理论学说有助于揭示循环经济作为一种经济形态制度变迁的规律性。

循环经济与一般经济形态的不同在于它的正外部性和公共品性质,因此,循环经济制度变迁的主体和动机具有特殊性,制度变迁的动力和制度供求关系的变化不是简单地运用“经济人”假设、理性决策和均衡等概念可以解释的,由此形成的制度变迁方式和路径也需要重新设计。

运用制度变迁理论研究循环经济,包括从制度变迁与经济发展的关系、制度变迁与生态系统转型的关系、制度创新与循环经济促进的关系以及促进循环经济的非正式制度等方面对循环经济制度变迁规律进行探讨。

在制度变迁方式上,注意强制性变迁与诱致性变迁、主导性变迁与协同性变迁、整体性变迁与局部性变迁的结合。在制度供给与需求上,根据不同领域、不同环节有着不同的制度需求,从而采取相应的制度安排:针对“既循环又经济”,以利用市场为主;针对“虽循环不经济”,以完善价格机制和产业化政策为主;针对“虽经济难循环”,以技术扶持政策为主;针对“虽经济不循环”,以征收庇古税为主。在制度变迁路径上,分析循环经济发展的制度互补性、制度适应性、路径依赖性、制度关联性与“多米诺骨牌”策略。

4.4.2 循环经济的价值运行

4.4.2.1 原生资源价值确认与再生资源价值发现

1. 环境资源的价格

企业生产过程中的资源投入,一般存在原生资源和再生资源两种可选择的资源,哪一种被选择取决于两者的成本对比,即资源或环境容量成本和循环利用(或循环经济)成本的对比。一方面,企业购买资源、能源或环境容量(如排污许可证代表的排污权)等原生资源投入生产需要付出成本,成本的大小取决于资源或环境容量价格;另一方面,如果企业实施循环经济,通过资源和能源的减量化、再利用和再循环,从而减少向市场购买的资源量、能源量和向自然环境排放的污染量等原生资源,但是企业实现循环经济也是需要技术、设备购买费用等方面的投入，从而产生循环经济成本。

在循环经济技术水平既定的条件下，资源循环利用的经济成本恒定，由于资源或环境容量成本来源于其价格，故用45°线表示横坐标资源或环境容量价格等价于纵坐标资源或环境容量成本，进而与企业实施循环经济后的成本进行比较，如图4-7所示。

从纵轴视角看，若循环经济成本大于资源或环境容量成本（图4-7的A区域），企业实施循环经济是无利可图的；若循环经济成本小于资源或环境容量成本（图4-7的B区域），企业实施循环经济是有利可图的。

从横轴视角看，若资源或环境容量价格小于P^*（资源或环境容量价格与循环经济成本相等时的临界点），实施循环经济将无利可图；若资源或环境容量价格大于P^*，实施循环经济则有利可图。然而，在我国现有的市场价格体系和规制条件下，资源或环境容量价格未能准确反映其供求关系，低价甚至免费的资源使企业落在A区域，需要政府给予补贴或奖励来发展循环经济。

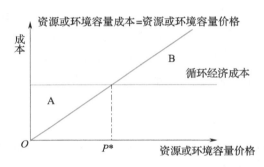

图4-7　循环经济技术水平不变下资源或环境容量价格的影响

2. 技术因素

当循环经济技术水平发生变化时，企业的循环利用成本随着循环经济所需技术水平的提高而降低，技术水平对循环经济成本的影响如图4-8所示，为一条向右下方倾斜的曲线。同时，假定环境资源价格为一常量，即为平行于横轴的直线。此时，若循环经济技术水平低于T^*，企业的循环经济成本大于环境资源或环境容量价格（图中A区域），企业实施循环经济是无利可图；若循环经济技术水平高于T^*，企业循环经济成本小于资源或环境容量价格（图中B区域），企业实施循环经济则有利可图。

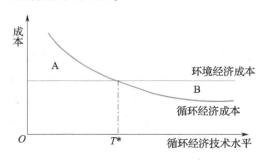

图4-8　资源价格不变下技术水平的影响

但是，目前我国循环经济所需技术的发展尚不完善，设备更新成本、运行成本也较高，使企业实行循环经济的成本较高，需要政府进行补贴。

4.4.2.2　循环型产品价值实现

（1）循环经济产品的定义与分类　循环经济产品是指通过实施循环经济活动而生产的产品，它通常是以再生资源或非初始性资源为基础，通过循环型技术制造而成。

循环经济产品可分为三类：①资源化产品，即把生产或消费活动产生的废弃物通过再生技术改造，作为其他生产活动所需要的资源或原材料；②中间产品，通过再循环或再利用技术制造的产品，为其他经济活动提供生产资料或生产工具；③最终消费品，是指通过循环经济技术制造的，为最终生活消费提供服务的产品。

（2）循环经济产品定价的依据和理由　对循环经济产品进行定价是基于三个依据。①资源环境产品有价。根据生态价值论，资源环境作为稀缺性物品，不仅具有非使用价值，还具有使用价值。②污染者付费。根据外部性内部化理论，社会福利最大化的条件是让污染者承担污染产生的外部成本。③循环经济产品的生产成本和营销成本。这是市场经济的一般要求。

假定产权明确，资源价格形成机制完善，生产过程中产生的副产品的价格就会显示出来。原因在于：①大部分副产品没有完全实现价值转移，其残值存在一定的盈利空间。②合理的价格机制准确而真实地反映了资源价值，表示资源使用者支付的价格至少不会低于资源的机会成本。既然初次生产过程资源价值并未完全转移，就意味着资源购买时所付出的成本还没有完全抵消。当然，在会计上，这种成本可能会被各种收益所掩盖。但是，仅就资源本身而言，价值没有形成循环。③从需求来看，资源价格真实地反映资源机会成本，根据替代理论，企业会增加对可替代的副产品的需求。

美国《国际先驱论坛》有文章分析指出，铝和塑料的再造可节省90%的能源，钢和纸的再加工可节省50%的能源，玻璃的再生产可节省30%的能源，回收 1t 钢可节省水约 25t、减少矿渣近 3t、减少空气污染物 200lb（1lb = 0.45359237kg）、减少水污染物 100lb。由此可见，再生资源具有很强的替代效应。

（3）影响循环经济产品定价的因素　影响产品价格制定的因素很多，包括成本、需求、竞争、政策法律等，在节能环保引入营销领域后，企业的社会责任、资源成本、环境成本等因素进一步增加了定价的复杂性。由于研发费用以及成本构成的变化，循环经济产品具有高价的倾向。不过，由于大量采用新技术、新工艺，大量使用再生资源和回收资源，带来生产的良性循环，从而使产品成本有大幅度降低的可能，带来可观的经济效益和社会效益。

1）促使绿色价格上升的因素。①由于引入有利于环境保护的原材料而增加了成本；②由于清洁加工和清洁技术投入的增加，而使生产成本增加；③为取得绿色产品证书和标志而产生的成本；④用于预防生态灾害或消除污染的保险费开支以及购买清污设备和开展清污活动的成本增加；⑤为改变企业管理和营销而产生的绿色管理费用等。

2）促使绿色价格降低的因素。①由于生产中使用清洁生产的设备使原料和能源的使用效率提高，节省了成本；②由于减少产品不必要的包装而节省了费用；③由于高效能的使用等科技手段，实现无纸化办公，减少了管理费用支出；④由于规模效应，改变学习曲线，使成本大幅度降低；⑤由于废旧物品的回收利用带来的收益等。

4.4.2.3 循环经济的价值运行过程

1. 循环经济的价值来源

循环经济的价值运动是建立在生态价值观基础之上的。循环经济不仅仅是一个需要投入的经济活动，还存在巨大的利润空间，收益主要来自两个方面：①废弃物转化为商品后产生的经济效益；②节约的废弃物和排污成本。这种效益可以在不同的层次上以不同的规模和形式表现出来。

在企业层次，循环经济价值来源于四个方面：①输入端的减量化，即减少进入生产过程的物质和能量的投入，形成生产成本的节约。这种节约可以通过产品工艺设计和生产流程再造等方法实现。②过程控制，对资源的重复利用和能量的梯次利用实现生产成本的降低。这种节约可以通过合同能源管理、产品服务化等新型管理方式来实现。③输出端的废物再利用，实现资源价值增值。它实际上包括减少废物排放带来的环境成本的节约和资源再利用带来的生产成本的节约。④末端治理的无害化产生环境管理收益。这种收益通过引进污染治理技术或开发污染治理新技术带来环境成本的节约以及新技术的专利收入。

当循环经济运行到产业链或产业网络层次时，企业不但可以得到上述的内部经济，还产生巨大的外部经济。产业共生形成了企业之间的合作互利，对资源循环的利用，减少了对环境的压力。产业聚集促使区域内资源配置合理和高效利用，节约了运输成本和物流成本，减少流通过程的资源损耗。

2. 循环经济价值循环的前提

价值循环实际上是在市场经济条件下的资本循环增值过程。因此，作为整个经济体系的一部分，循环经济价值循环得以实现，离不开三个条件：

（1）利益驱动机制　由于资源循环利用的共识，展开互利合作产生的预期收益。这种预期收益既可以来自市场，也可以来自政府的补贴。

（2）价格显示机制　资源化的成本不能高于初次资源的价格。这要求三个市场的完善：①初级资源市场，对初级资源价格要能真实地揭示出来；②再生资源市场，再生资源的生产是一个具有正外部性的活动，需要把这种正外部性内部化；③循环型产品市场，避免非循环型产品对循环型产品的"逆淘汰"。

（3）需求拉动机制　绿色产品市场的驱动。作为一种新的市场，在市场秩序、运作管理、准入标准、产品标志和信息披露等方面对循环型产品市场建设加以扶持。

3. 循环经济的价值形成机理

（1）循环经济运行的价值基础　循环经济价值链是循环型产业链持续发展的关键。循环经济产业链的生成不同于一般产业的市场演化，更不同于基于分工的产业集群和以价值链为纽带的产业关联。它首先是在遵循生态规律条件下产业演化、市场作用的结果。

循环经济是以物质循环为表象的价值循环和利益互动，是在生态规律支配下的经济循环活动。循环经济价值链的形成是以其利润大于零为前提条件的，也是循环经济持续发展的经济动力。价值链是一个高度整合、相互依赖、始于用户、终于用户的系统。经济价值链一旦形成，意味着对经济价值、社会价值和生态价值的整合。当价值链的运行处于增值状态时，循环经济才是持续发展的，而且此时的物质流、能量流、信息流、人力流和价值流处于良性循环的状态，从而在经济价值的基础上实现经济价值、社会价值和生态价值的有机统一。

（2）循环经济价值运行机理　循环经济价值运行机理揭示出循环经济的价值运动过程，这一过程通过三个不同的阶段表现出来：价值投入与资源配置、价值物化与价值增值、价值产出和价值实现。

1）价值投入与资源配置。循环经济是通过投入一定的人力来开发和利用各种资源的生态经济系统，而人们要按照生态规律和经济规律来开发并综合利用资源，进而形成循环经济的价值链过程。

2）价值物化与价值增值。劳动者运用一定的技术手段和劳动技能作用于物化劳动，通过活劳动的消耗将活劳动物化在资源开发、生态保护及相关的产品生产中。

3）价值产出和价值实现。价值是随着循环经济过程中所形成的各种物质流、能量流得以产出和实现的。

4.4.3　循环经济的市场化与规模化

4.4.3.1　循环经济的市场化

1. 循环经济市场化障碍

循环经济的持续有赖于完善的市场机制，循环经济活动的市场化面临五个方面的障碍：价格障碍、成本障碍、制度障碍、技术障碍和信息障碍。

（1）价格障碍　循环经济生产方式中意图实现减量和循环的环节，多数不是现行市场条件下的必然选择，可再生资源的再生利用过程一般都存在着可替代的生产过程，现行市场条件下源自再利用和再生利用的原料常常不仅在性能上不占优势，在价格上也不占优势，以致在现行市场条件下循环经济生产方式很难自发形成。

造成这种情况有多种原因，如：初次资源和再生资源的价格形成机制不同；在国际分工中存在对原材料和能源提供国的价格不利因素；以大规模、集约化为特征的现代生产体系，使得多数原材料的开采和加工成本日益降低，而对各种废旧产品和废弃物的集中回收成本高，再利用和再生技术发展滞后，规模效益差。由于这些原因，再利用和再生利用原料的成本常常比购买新原料的价格高，由此构成了推进循环经济的障碍。

（2）成本障碍　环境容量资源在不同经济发展水平的国家具有显著不同的消费者支付意愿和市场价格，目前我国的环境容量尚没有作为严格监管的有限资源，企业和大众消费者支付的废弃物和排污费远低于污染治理费用，这就使废弃物排放具有显著的外部性。如果不能将这种外部成本内部化，循环经济型生产环节一个重要的效益来源就不能显现，循环经济型生产环节的成本就很难收回。

（3）制度障碍　既得利益集团的影响能力、政府的偏好和利益导向（政绩、财政收入）、政府对资源配置的控制等因素会影响循环经济有关立法工作的推进。如对企业清洁生产的要求会遭到部分企业的抵制，为了维护地方利益，地方政府可能会对资源环境保护方面的执法采取不合作、不作为。

（4）技术障碍　循环经济中工业物质循环在技术上和经济上都存在可行性的问题。有些物质无法进入循环过程，需要进行无害化处理；能够循环的物质由于经济上不合算，则需要采用新技术进行加工；即使经济上可行的物质循环也存在着如何提高循环利用率等方面的问题。所有这些都需要技术的支持。由于很多地方、很多行业循环经济起点低，技术运用普遍不高，进一步加剧了技术障碍。

（5）信息障碍　由于市场主体之间彼此交换的是一种专业知识或专业化产品，交易双方各自所占有的自身产品的性能、质量等方面的信息显然要优于对方——尤其对于普通消费者而言，往往很难在购买时就能凭常识即时、准确地识别产品的性能与质量；再加上市场交易本身的专业化（导致商人与商业企业出现）引致市场交易范围的拓宽，就在事实上拉长了市场主体之间的地理与心理距离。亦即，随着专业化的发展与交易范围的拓宽，市场主体占有交易对方的生产信息、产品质量、性能信息越来越少。

市场主体谋取最大交易收益的方式有两种：①通过推进专业化和知识垄断来获取超额利润；②利用交易信息不对称、通过实施市场机会主义来谋取机会主义收益。由于专业化需要支付大量的研究开发费用，而实施市场机会主义一本万利，这就致使市场主体获取交易收益的重心从前者转向后者。

上述因素阻碍了循环经济活动的价值实现，直接影响到相对价格发现的成本，抑制市场的发育，提高了循环经济运行的成本。要使企业自觉"循环起来"，必须克服价格障碍、成本障碍、制度障碍、技术障碍和信息障碍，通过以制定政策为主的制度创新构建资源在利用和再生的生产环节的赢利模式，使市场经济条件下循环型生产环节有利可图，这样就可以形成促进循环经济发展的自发机制，达到事半功倍的效果。因此，需要探讨循环经济的市场形成问题。

2. 循环经济市场化的微观机理

（1）循环经济市场化的意义　在传统经济增长方式下推行循环经济模式，即使有较发达的市场经济，由于涉及资源、生态、环境等天然地具有公共品、外部性、信息不对称等性质的要素，市场机制的功能发挥也会受到很大制约。

可以说，在生态领域，如果以传统经济理论为主导，经济也必然处于低度发达市场经济阶段。因此，需要政府加大制度供给，完善市场体制，让市场机制在循环经济的发展中更好地发挥作用。市场机制的优势体现在资源配置效率、交易信息披露、激励约束内生性等方面。如果在实施循环经济的过程中市场发挥基础性作用，不仅提高经济运行质量、节约成本，还可以大大减少政府直接干预微观经济活动造成的寻租、腐败和价格扭曲等现象，从另一个层面体现节约理念。

（2）循环经济的市场生成条件　所谓市场经济，是指构成经济的家庭、企业等主体为谋求其各自的福利最大化而通过市场交换结合在一起，全部经济资源的动员和配置均由此实现

的经济。根据微观经济学理论,市场机制的作用需要一定的制度环境和基础:

1)自主决策的微观经济主体(企业和消费者)。企业必须是以追求利润最大化为目标,预算具有硬约束。

2)产权明晰。产权的内容是完整且是可执行的,这样可以保证交易活动中权利和责任的对等、收益和成本都能够完全内部化。

3)完善的市场交易基础设施。在时间和空间上所提供的交易技术、交易平台和交易媒介能够适应交易数量、交易频率变化的需要。

4)健全的市场交易秩序。交易规则及其惩罚机制、交易标的物数量和品质方面的计量检验标准等方面的制度安排也是必不可少的。

5)买方市场的形成。这是市场制度演化的动力。

6)社会分工深化。它会推动交易数目、交易频率和交易范围的扩大。

在经济不发达地区,由于存在大量的垄断、外部性、信息不对称、交易成本、寻租等现象,产权缺失,且执行成本奇高,市场机制的作用是有限的,因此资源配置效率就很低下,从而影响经济增长的绩效。

(3)循环经济的市场化与生态化 循环经济的市场化运作需要具备生态经济的特点。

1)培育符合循环经济理念的市场主体,即循环型企业和生态型消费者。有了这样的微观主体,循环经济的运行才具备应有的微观基础。

2)循环经济的制度基础是成本收益高度内在化的产权及其实施机制。主要是指资源产权的公共品性质、环境产权的非排他性和非竞争性需要分解,进行层次划分,在产品回收责任、生活垃圾和旧产品的丢弃权等方面进一步细化和明确,并建立权利和责任的实施机制。

3)完善资源价格的形成机制。资源交易价格实质上是资源产权的价格,但是有了产权并非自动地真实反映资源价值。人的有限理性、机会主义、短视、未来预期、环境的不确定性等因素都会导致即使在产权明晰的条件下资源价格大大偏离价值的结果。

4)建立循环产业链稳定的交易机制。包括交易平台、交易秩序、信息披露、产品(包括"副产品")品质检验、损害责任追偿等。

5)循环经济在整体上具有强的正外部性,需要在产业聚集、企业规模经济、业间长期稳定合作方面创造更多的条件,包括信任关系的管理、专用性资产的投资、信息共享、物质流的集成化等。

4.4.3.2 循环经济的规模化

1. 循环经济与企业规模经济

在发展循环经济中,不管是产业的链条化和网络化,还是资源回收利用和循环再生,都要求物质和能量的流动具备一定的循环通量,即存在大量的持续的废物流以及与之相适应的废物运输、存储、加工、转化等集成处理能力。正如高速公路的建设一样,只有足够的车流量才能产生经济效益。因此,循环经济具有规模要求。对于规模大的生产企业要进行合理布局,对于规模小的企业要进行产业聚集,建立资源互通有无的合作网络和资源再利用、垃圾无害化处理的共享设施。

2. 循环经济与规模经济

规模经济是指在一定的产量范围内,随着产量的增加,平均成本不断降低的事实。它表现为在一定的技术条件下,随着生产规模的扩大导致平均成本下降且平均成本小于边际成本。

规模经济的主要来源是:①专业化分工和协作的经济性,这是规模经济的基础;②采用大型、高效和专用设备的经济性,这在重化工行业表现尤为突出;③标准化和简单化的经济性,这为批量生产提供技术基础;④大批量采购和销售的经济性;⑤大批量运输的经济性;⑥大批量管理的经济性。前三点是技术因素,后三点是交易因素,都有助于降低企业的生产成本和交易成本。

由于循环经济在微观层次涉及多个生产流程、多个生产环节,也需要跨部门协调,因此,规模经济对循环经济的持续发展具有重要意义。

首先,循环经济的资源消耗减量化本身必须建立在规模经济的基础之上,因为成本最低本身就必须实现单位产出的资源综合消耗最低。没有规模经济就不可能实现单位产出的资源消耗最小化。

其次,循环经济要求实现地域化规模经济网络。中小企业在生产中都会产生各种废弃物,由于废弃物的量不足以达到规模化处理的最小规模,它们的内部独立循环利用资源在经济上没有可行性。在这种情况下,需要实现循环利用资源的社会化,要求有专业化的、达到规模经济要求的废弃物收集、分类、加工处理、再利用的企业。

3. 循环经济与范围经济

范围经济是指通过多产品生产,充分利用现有资源,降低平均成本。范围经济的来源是①生产技术具有多种功能,可用来生产不同的产品,从而提高生产技术设备的利用率;②许多零部件或中间产品具有多种组装性能,可以用来生产不同的产品;③企业研发的某种技术可以用来生产多种产品;④对企业无形资产的充分利用。在循环经济过程中,生产工艺方面与多个产品有关,或者是生产同一产品会产生多种废弃物,这些废旧资源的处理可以通过范围经济降低成本。

企业产品多样性或业务多元化对循环经济具有促进作用:①产品多样性产生的多种副产品可进行集约处理或集中转让给下游需求者;②产品多样性为副产品在企业内的循环利用提供了可能性;③副产品多样化为企业开展多元化业务提供了可能。

企业的范围经济在循环经济上构成了企业的循环规模经济,对于循环经济联合体和区域循环经济网络的发展都具有规模性的贡献。

4. 循环经济的临界规模

循环经济的发展需要通过市场机制的作用才能持久运行,因此,它遵循规模经济的规律和要求。循环经济的适度规模以及企业规模对循环经济决策的影响如图4-9所示。

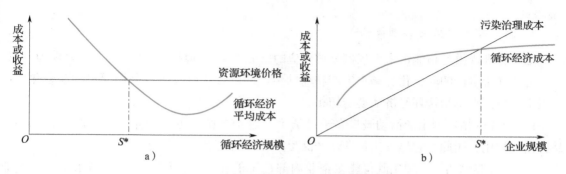

图 4-9　循环经济的适度规模与企业规模

注：根据沈满洪的《资源与环境经济学》（中国环境科学出版社，2007 年，第 249 和 263 页）改编。

企业实施循环经济需要对原有的生产技术和生产设备进行革新，初始投入会增加，但是随着产量的增大，循环经济的平均成本呈下降趋势，即循环经济具有规模经济特征。

从图 4-9a）中可以看出，发展循环经济需要有适度规模，当循环经济的规模小于 S^* 时，由于生产中的副产品太少，循环利用规模小，物质循环的平均成本比较高，并且大于资源环境价格，循环经济活动利润为负，在无外部补贴的情况下，循环经济活动萎缩，多数企业会选择放弃发展循环经济。当循环经济的规模大于 S^* 时，物质循环的平均成本小于资源环境价格，循环经济活动利润为正，再加上企业获得的税收减免等优惠政策，循环经济活动扩大。因此，存在发展经济的一个临界规模 S^*。

这种规模既可能存在于企业内部，也可能存在于一个循环经济产业链或一个循环经济联合体甚至一个区域的循环经济。就微观而言，企业是如何进行循环经济决策的呢？企业规模不同，其污染治理成本不同，发展循环经济的成本也不同。

短期内企业规模是无法改变的，企业是在当前的规模下，比较污染治理成本和循环经济成本的大小进行选择。从图 4-9b）中可以看出，当企业规模小于 S^* 时，污染治理成本小于循环经济成本，企业选择前者；当企业规模大于 S^* 时，污染治理成本大于循环经济成本，企业选择后者。因此，企业也存在发展经济的一个临界规模 S^*，这种规模既可以通过企业长期发展而形成，也可以提高多个企业联合而产生。如果一个区域环境压力过大，企业规模又小，市场机制不能发挥调节企业循环经济活动的作用，就要求政府制定一定的产业政策和环境管制政策，对于污染大、耗能高的企业进行强制性技术改造或关闭。

4.4.3.3　循环经济与地域规模经济

1. 聚集经济的含义

聚集经济是指生产要素和经济资源在一个特定的区域聚集或向该地区集中的趋势。它既是一种状态和结果，也是一种经济趋势和原因，因此，也被称为聚集效应。聚集经济是由于把生产按某种规模聚集在同一地点进行，因而在生产方面造成的节约或给销售方面带来的利益。通常以规模经济、范围经济、外部经济、网络经济等多种形式表现出来。企业发展循环经济需要一定的规模，在更大范围内，循环经济要求企业在一定空间内聚集，实现循环利用资源的区域性规模化，从而实现循环经济在地域上的规模经济。

2. 循环经济与地域合理规模

地域合理规模是指能带来大规模节约效应的企业在某个地域的聚集规模。它表现为三点：产品连续加工阶段的联合化、基本生产和辅助生产的联合化以及综合利用原料的联合化。这三点中，后两点都与循环经济活动密切相关。

1）企业的循环型生产活动既贯穿于清洁生产过程之中，也集中体现在对废弃物和副产品的循环利用，因此，它体现出预期性产品生产和辅助性生产的联合。

2）对废弃物的综合利用既可能在企业内部也可能在企业之间。生产废料重新进入企业生产过程实现的是企业规模经济，相邻的多企业合作利用副产品实现的是地域规模经济。

循环经济地域合理规模的来源为：

①集中的环境管制不仅降低管制成本，而且提高资源利用程度，减少环境污染危害性。

②集中的基础设施利用。基础设施分为三个部分：

生产性基础设施，为生产服务的交通运输、能源供应、物资供应及金融机构等；生活性基础设施，为生活服务的商业、服务业、公用事业、住宅及公共设施等；社会性基础设施，为大众服务的文艺卫体科研、环保治安等。

生态工业园被一些学者定义为资源节约型、环境友好型企业社区，这形象地说明了企业共享生产性、生活性和社会性基础设施的关系。丹麦卡伦堡生态工业园不仅是一个企业社区，还是一个企业与居民互利共存的共生体，这种紧密而和谐的关系是对各类设施高度共享并产生巨大经济、社会和生态效益的集中体现。

3. 聚集经济对循环经济的影响

聚集经济是指生产要素和经济资源的空间集中，它可以通过产业扩散效应、公共基础设施的共享和管理成本的节约而实现。循环经济是一种新型技术经济范式，循环经济的技术体系以提高资源利用效率为基础，以资源的再生、循环利用和无害处理为手段，作为一种具有高度正外部性的经济活动，更需要经济活动规模的扩大和区域内的经济联合。因此，循环经济的发展不仅对企业规模提出要求，更需要区域聚集经济。

循环经济的技术经济特征要求经济聚集，提高资源利用效率，减少生产过程的资源和能源消耗，这是提高经济效益的重要基础，也是污染排放减量化的前提。延长和拓宽生产技术链，将污染尽可能地在生产企业内进行处理，减少生产过程的污染排放。这些技术经济特征都需要企业规模的扩大和区域内多个企业的联合才能实现。

聚集经济对循环经济的影响主要体现在以下几点：

（1）规模经济性　循环经济的发展需要大规模的公共基础设施投资，比如产业链接的关键技术和资源化、无害化技术的研发投入以及信息网络建设。当一个区域有足够的企业集中时，形成对某类公共产品的需要，政府就会通过多种方式来提供这种产品，这些投资就呈现出边际成本递减的趋势，并具有累积增值性。进入区域的企业会因此而受益，节约自身的环境治理成本，并集约地与区内企业进行副产品交换，周边的生态环境与经济发展也出现良性互动的状态。

（2）互补性　由于循环经济活动中经济行为主体可能会面临技术外部性、不完全市场竞争等条件，经济主体不愿采取单边的率先行动。单个企业甚至单个产业链的循环经济都会陷入低水平均衡陷阱。区域内企业众多，当一个连接存在断点，就会有邻近的其他企业加入，产生互补性，并跳出低水平均衡陷阱。

（3）外部经济性　当区域内企业循环经济进入持续发展状态时，将在生态经济效益的示范效应、资源节约和环境友好型知识外溢效应以及循环经济产业关联效应等方面形成巨大的外部经济性，这些效应在信息技术和虚拟网络的支持下产生涓滴效应，从而在更大区域、更广范围和更深层次上促进循环经济的发展。

（4）扩散效应　这种效应通过带动效应、吸纳效应和衍生效应表现出来。区域内存在几个核心企业，它们实力雄厚，技术先进，发展循环经济的经验、知识丰富，在发展循环经济方面能够带领网络成员走向更深层次的合作。吸纳效应表现为对网络外和区域外企业的吸引力，这种吸引力来自两个方面：一方面是核心企业能够供应网外企业需要的副产品，并且在交易环节和利用技术方面具有更低的成本；另一方面是网络自身良好的合作环境和物质循环利用的高效率对有循环经济发展需求的网外企业有吸引力，从而形成一系列的配套产业和服务产业。

本章习题

1. 请简要回顾循环经济模式的探索过程，说明当前乃至未来我国发展循环经济的意义。

2. 请举出一个循环经济产品的现实例子，思考循环经济产品应该如何定价，以及影响定价的因素有哪些？

3. 简要论述资源或环境容量价格对循环经济利润的影响？

4. 查阅资料，列举循环不经济、循环不节约、循环不环保等三种不合理政策设计的例子，尝试提出纠正的建议。

5. 简要说明循环经济市场化的主要障碍是什么，尝试查阅我国克服这些障碍的重要举措。

第5章 循环经济的本质与实现手段

5.1 耗竭性自然资源的高效利用

5.1.1 相关概念

不同的自然资源各有特点，对社会经济生活的影响不同，有必要对它们进行区分。按耗竭性可以将自然资源分为耗竭性自然资源和非耗竭性自然资源。

5.1.1.1 耗竭性自然资源

耗竭性自然资源是指经过漫长的地质过程形成的，随着人类的开发利用，其绝对数量和质量有明显减少和下降现象的资源，是不可再生资源，与我们通常意义上的矿产资源比较相近。按能否重复使用，耗竭性自然资源又可以进一步划分为可回收资源和不可回收资源。

可回收资源是指资源产品的效用丧失后，大部分物质还能够回收利用的耗竭性资源，主要包括金属等矿产资源。可回收的耗竭性资源最终仍会耗竭，速度取决于需求、资源产品耐用性和回收程度。资源的可回收利用程度是由经济条件所决定的，只有当回收利用资源的成本低于新开采的资源时，回收利用才成为可能。我国部分资源的回收利用率与世界平均水平的对比见表5-1。

表5-1　我国部分资源的回收利用率与世界平均水平的对比

回收利用率	废钢利用率占粗钢产量	再生铜产量占铜产量	再生铝产量占铝产量	轮胎翻新量占新胎产量
中国	26%	22%	21%	4%
世界平均水平	43%	37%	40%	10%

不可回收资源是指在使用过程中不可逆，并且在使用之后不能恢复原状的耗竭性资源，主要包括煤、石油、天然气等能源资源。减缓不可回收的耗竭性资源耗竭速率的重要措施是提高资源利用率，而且提高资源利用率可以减少废弃物的产生。

5.1.1.2 非耗竭性自然资源

非耗竭性自然资源是指通过天然作用或人工活动能再生更新，且能为人类反复利用的自然资源。例如，太阳能、森林、鱼类、农作物等。

有些非耗竭性自然资源的持续性和流量受人类利用方式的影响（土地、森林等），另一些非耗竭性自然资源的存量和持续性则不受人类影响（太阳能）。

资源的可储存性为在不同时间范围内配置资源提供了可能，储藏耗竭性自然资源是为了延长它们的经济生命，储存非耗竭性自然资源则是为了保证不同时期的供求平衡。

5.1.2　我国耗竭性自然资源的特点

我国耗竭性自然资源储量与其他国家相比总量丰富，品种较齐全。在已查明储量的矿产资源中包括石油、天然气、煤、铀、地热等能源矿产，铁、铝、铅、锌、锰、铜等金属矿产，磷、硫、石墨、钾盐等非金属矿产，地下水、矿泉水等水气矿产。在现有探明储量的矿产资源中，绝大部分都属于耗竭性自然资源。

5.1.2.1　资源品种齐全，但分布不均

我国疆域广阔，陆地面积约 960 万平方千米；东西跨经度 60 多度，长约 5000 千米；南北跨纬度近 50 度，长约 5500 千米；陆上疆界 22000 多千米，因而具有良好的地质成矿条件。世界上已知的 171 种主要矿产在我国均有发现，已探明储量的矿产多达 157 种，已发现矿床、矿点 20 多万处，可以说我国是世界上矿产品种齐全的少数几个国家之一。但在地域分布上，南北表现出不同的特点：能源矿产 80% 左右分布在北方，黑色冶金矿产主要蕴藏在北方东部地区；化工矿产硫和磷 80% 以上分布于南方，有色金属 70% 以上分布于南方。

5.1.2.2　资源储备量不足，人均拥有量低

我国矿产资源种类较齐全，总量较丰富。若以单位国土面积拥有的矿产资源价值计算，我国的矿产资源水平是世界平均水平的 1.54 倍，是世界上矿产资源丰度较高的国家之一。但是由于我国人口数量庞大，人均占有资源量仅为世界人均占有资源量的 58%。有些重要矿产资源人均占有量大大低于世界人均占有量，如人均拥有石油资源量仅为世界人均量的 35.4%，人均拥有铁矿资源量仅为世界人均量的 34.8%。

5.1.2.3　矿产资源优劣特征较为明显

同世界其他国家相比，我国矿产资源的优劣特征比较明显。以储量计，占世界 15% 以上的优势矿产有 22 种；较丰富的矿产有 10 种；前景虽好，但储量不足的有 7 种；探明储量明显不足的有 5 种。按矿产质量计，基本特征是贫矿多，富矿少，且部分矿产有害成分较多。据统计，我国 86% 的铁矿、70% 的铜矿、磷矿、铝土矿以及 50% 的锰矿为贫矿；且能源矿产结构不佳，石油和天然气所占比重仅为 2.3%。

5.1.3　耗竭性自然资源的高效利用

5.1.3.1　耗竭性自然资源高效利用内涵

提高资源循环利用水平，实现耗竭性自然资源高效利用，既是加速资源开发领域高质量发展的重要途径，也是推进生态文明建设的重要内容之一。耗竭性自然资源高效利用是指通过科学的采矿工艺和先进的选矿方法，同时开采出共生、伴生的矿产资源与开采利用的主要

矿种，并对其分别提取加以利用，实现矿产资源消耗与损失的最小化。作为一项加强经济与生态友好型社会建设的技术，有利于节约与保护耗竭性自然资源，增强资源利用效率，降低资源开采成本，减少"三废"污染的产生，从而推进和谐美丽中国的建设步伐。

耗竭性自然资源高效利用的应用范畴主要为两个方面：①综合勘探、开采、利用共生和伴生矿产资源；②综合治理矿产资源利用过程中产生的"三废"（废水、废气和固体废弃物），特别是二次矿（尾矿、废渣）。

5.1.3.2　我国耗竭性自然资源高效利用现状

（1）技术创新和技术政策引起重视　近年来，我国建立了国标、行标、地标、团标和管理要求等五类矿业技术管理标准体系，标准内容涉及勘探、采矿、选矿、综合利用和矿山安全等多个方面，为资源开发利用水平提升提供了技术保障。同时，建立了矿产资源节约与综合利用先进实用技术遴选推广制度，以及矿产资源节约利用鼓励、限制和淘汰技术目录制度，已连续发布推广7批360项先进适用技术，覆盖油气、煤炭、有色金属等11个领域。各地积极推荐技术参加先进适用技术推广目录遴选，配合开展先进适用技术推广评估和目录更新工作，提高先进技术转化率和普及率，逐步淘汰落后产能。

（2）集约化水平持续提升　从规模和数量上优化矿产资源规划管理，实施最低开采规模准入制度，明确新建煤、铁和建材类矿山规模要求。随着资源环境政策收紧，2018年全国大中型矿山占比和单个矿山平均产量分别为18%和16.5万t，较2011年分别提高114.3%和96.4%，矿业集约化水平显著提高。同时，科学设定矿山数量，在保障社会需求和矿业权人合法权益的前提下，规范整合"小、散、差"矿山，大幅调整矿山总量。

（3）"三率"水平得到提高　2012年以来，我国铅、锌、锡、钨等有色金属矿产采矿回采率普遍超过90%，铁矿等黑色金属矿产露天采矿回采率维持在95%以上；选矿回收率处于较高水平，如大部分有色金属和铁矿选矿回收率为75%以上，煤炭洗选水平提升最为明显，2018年煤炭入洗率较2012年提高了15.8%。

（4）废石尾矿等固体废弃物利用方式多样化　2018年，全国综合利用尾矿总量约为3.4亿t，综合利用率约为27.7%，比2017年提高5.6个百分点。目前，我国废石尾矿利用方式多元化，附加值不断增加，综合利用的方式主要有地下开采采空区的充填、修筑公路、路面材料、建筑材料等。

5.1.3.3　我国耗竭性自然资源高效利用存在问题

（1）缺乏先进的技术支持　矿山企业技术力量存在较为明显的差异性，部分矿山规模小、底子薄，主要需求适用性技术；部分矿山技术强、规模大，主要需求定向顶尖技术支持。目前，我国只有少数大型国有企业引进了较为先进的开采工艺，但为数较多的国企与私企的开发工艺仍然远远落后于发达国家。此外，我国一些大型选冶装备已经不能满足当前资源开发的需求，自动化水平落后、生产效率低、不能充分利用尾矿及残渣，这些严重阻碍了我国矿产资源高效利用的发展。

（2）资源综合利用率低　在改革开放的浪潮中，一大批中小型矿产开采企业迅速崛起。虽然当时这些企业为我国的能源需求提供了保障，推动了我国经济的发展，但是这些企业的开采技术落后，对综合资源利用技术的资金投入较低，缺乏生态与经济共赢的战略意识和管理规划，造成其采富弃贫，对共生、伴生资源以及尾矿的综合利用率较低，不仅开采的成品质量不高，而且开采总量较低。

（3）乱挖乱采现象严重　我国矿产资源存在大型矿少，中小型矿多的特点。一些小型企业在经济利益的驱使下，不顾规模经济与生态保护，对中小型矿产进行盲目开发、肆意开采，甚至违规开采。并且，对共生和伴生资源的重视度与利用率极低，不仅造成矿产资源的极大浪费，也降低了矿产资源利用的经济效益。

（4）相关法律、政策相对滞后　我国的矿产资源相关法律法规规定了探矿权人对于综合勘查、综合开采、综合利用的义务，并制定了鼓励政策和相关配套保障措施。但是，我国矿产资源高效利用的法律相应配套体系还很不健全，存在着很多立法空白和不完善之处。我国有关政府部门对矿产资源高效利用的政策扶持力度不大，虽然实施了一些减免税收的优惠政策，但资金支持、技术支持等方面仍然有待加强。

5.1.3.4　耗竭性自然资源高效利用对策

（1）引进先进的技术，提高开采生态效益　科技的发展与开采技术的进步是提高矿产资源利用水平的根本所在。矿产开发企业应该充分意识到落后技术带来的资源浪费与环境污染，立足企业长期发展的目标，注重引进国内外先进的矿产资源开发技术，全面提升选、采、冶的技术力量，加强对贫矿、伴生及共生矿、尾矿的利用，形成节约高效、环境友好、矿地和谐的绿色矿业发展模式。

（2）联合中小型企业，发挥绿色开采经济效益　各中小矿产企业应加强技术沟通与合作交流，联合企业各自的独特优势，共同引进一些大型开采设备和先进的技术人才，协作开发矿产资源，加强对贫矿和中小矿的利用，发挥绿色开采的经济效益，建立统一开放、协同合作、利益共享的资源开采企业联盟，形成矿产资源开发企业竞争与合作并举的发展新格局。

（3）完善相关立法，加强政府扶持力度　建立健全法律制度、加强政策支持是落实我国资源高效利用战略的重要保障。优化财税、技术、资源等政策改革，引导矿山企业通过产品深加工、新产品开发，增加产品应用范围和市场需求，以产品多样化策略抵御市场风险。加强对各类矿产资源开采企业的政策扶持，拓宽融资渠道，提供技术和资金支持，全面推动竞争有序、富有活力的现代矿业市场体系建设。

5.2　能源利用效率提升与结构优化

5.2.1　能源和自然资源的概念辨析

能源和自然资源的概念外延是交叉关系，即有一些自然资源不属于能源，如，铁矿石、铝土等；而有一些自然资源本身也属于能源，如煤、石油、天然气等；另外有一些能源就不属于自然资源，如核电、水电、火电等。

自然资源必须直接来源于自然界，具有自然属性；而能源则不同，它既可以直接来源于自然界，也可以间接来源于自然界，既具有自然属性又具有经济属性。

5.2.2 当前我国面临的能源利用效率困境

5.2.2.1 能源消费结构有待进一步完善

我国能源禀赋条件决定了煤炭仍将是我国发展所依赖的主要能源。我国是能源消费大国，煤在我国能源消耗总量中约占70%，比世界平均水平高出30%。新能源在技术经济性等方面的竞争优势不明显，占全国能源消费总量的比重较小，受不合理的能源消费结构和发展方式粗放的影响，我国能源浪费现象严重，能源利用率较低。据统计，我国矿产资源总回收利用率仅为30%，而发达国家高达50%，全国可回收而没有回收利用的再生资源价值达350亿~400亿元，每年约有200亿~300亿元的再生资源流失浪费，高能耗、高排放、低效率的发展方式导致总能耗不断上升。

5.2.2.2 能源使用的环境问题突出

经济快速增长伴随着能源消耗的不断加大，付出了环境被污染的代价。目前我国环境污染问题日益严峻，常规污染物如氮氧化物、二氧化硫和烟尘等仍是主要问题，这些污染物主要是由于化石能源的使用，尤其是煤的直接燃烧所引起的。煤烟型污染仍是我国大气污染的重要特征，巨大的气体排放量和环境污染问题使我国面临巨大的环保压力。

5.2.2.3 体制机制仍然不完备

受各地区能源资源禀赋、产业结构和经济发展阶段的差异，全国尚未形成统一的能源要素市场，市场的地区分割现象依然存在。能源价格形成机制不合理，市场作用调节能源结构的机制尚不完善，尚未形成健康有序的能源市场。地区之间的经济竞争，地方政府出于保增长、扩大招商引资等目的，可能会扭曲环境政策和能源政策在辖区内的实施，放松对高能耗产业的管制。同时，由于环境具有显著的公共品性质，地方政府在环境治理中可能会出现"搭便车"现象，降低了地方环境规制对能源效率提升的约束力。

5.2.2.4 关键创新技术落后

一直以来，我国采用"以市场换技术"的技术发展战略，其主要目标就是通过开放国内市场，引进外商的直接投资，引导外资企业进行技术转移，把获得的国外先进技术通过消化吸收，形成我国独立的自主研发能力，最终提高我国新能源技术水平。然而，从多年的经验来看，该战略对我国新能源发展的促进作用并不理想。研发队伍规模大、整体水平低、创新能力不足，使得研究成果零碎且系统化、工程化和产业化水平低，是我国能源科技的基本特点。我国能源科技自主创新概念少、独立见解少、实验设备和测试手段落后、新实验方法少、缺乏实验大平台。

5.2.3 提高能源利用率与结构优化的主要措施

5.2.3.1 从供给端建设多元清洁的能源供应体系

（1）优先发展非化石能源 从源头上利用非化石能源是促进绿色低碳转型的主要途径，

大力推进低碳能源替代传统能源、可再生能源替代化石能源。大力促进太阳能和风能等新能源的多元开发利用，尤其是利用光伏技术，推动光伏产业与农业、养殖、治沙等产业的综合发展，形成多样化的光伏发电模式。与此同时在全国开展太阳能热发电产业化，不断扩宽扩展太阳能在各个不同领域的利用方式，开展光热供暖试点；全面协调推进风电开发，积极开发中东部分散风能资源，稳妥发展海上风电，有序推进风电开发利用和大型风电基地建设；推进水电绿色发展，在保护生态环境的前提下有序开发流域大型水电建设，小水电绿色发展，与此同时实施河流生态恢复，造就水电开发与利民利益共享的局面；安全有序发展核电，完善多层次核能、核安全法规标准体系，加强核应急预案和法制、体制、机制建设，形成有效应对核事故的国家核应急能力体系；因地制宜发展生物质能、地热能和海洋能，采用符合环保标准的先进技术发展城镇生活垃圾焚烧发电，推动生物质能发电向热电联产转型升级，积极推进生物天然气产业化发展和农村沼气转型升级。

（2）清洁高效开发利用化石能源　在供给侧结构改革的背景下，完善煤炭产能置换政策，加快淘汰落后产能，有序释放优质产能，推进大型煤炭基地绿色化开采和改造，发展煤炭洗选加工，发展矿区循环经济，加强矿区生态环境治理，建成一批绿色矿山，资源综合利用水平全面提升；提升石油勘探开发与加工水平。加强国内勘探开发，深化体制机制改革、促进科技研发和新技术应用，加大低品位资源勘探开发力度，推进原油增储上产；推进煤电布局优化和技术升级，积极稳妥化解煤电过剩产能。建立并完善煤电规划建设风险预警机制，严控煤电规划建设合理布局适度发展天然气发电，鼓励在电力负荷中心建设天然气调峰电站，提升电力系统安全保障水平。

5.2.3.2　从消费端推进能源消费转型升级

（1）实行能耗双控制度　实行能源消费总量和强度双控制度，按区域设置能源消费总量以及强度控制目标，并且将此纳入责任评价考核，同时把节能指标纳入生态文明、绿色发展等效绩评价指标体系，推动用能单位加强节能管理。

（2）建立健全相关节能法律法规和低碳激励政策　构建全方位多层次宽领域的节能法律法规，强化标准引领约束作用，通过实施企业所得税、增值税优惠政策鼓励企业研究开发节能技术。利用先进清洁设备，控制出口高耗能、污染重的产品，同时利用绿色信贷、绿色债券等金融产品，发挥金融体系在节能方面的作用。大力推行合同能源管理，鼓励节能技术和经营模式创新，发展综合能源服务。加强电力需求侧管理，推行电力需求侧响应的市场化机制，引导节约、有序、合理用电。

（3）优化产业结构，实现低碳转型升级　构建市场导向的绿色技术创新体系，促进绿色技术研发、转化与推广。推广国家重点节能低碳技术、工业节能技术装备、交通运输行业重点节能低碳技术等。积极优化产业结构，大力发展低能耗的先进制造业、高新技术产业、现代服务业，推动传统产业智能化、清洁化改造。推动工业绿色循环低碳转型升级，全面实施绿色制造，建立健全节能监察执法和节能诊断服务机制，开展能效对标达标。提升新建建筑节能标准，深化既有建筑节能改造，优化建筑用能结构。

5.2.3.3　市场化机制改革

市场化机制改革主要体现在三个方面：

1）充分发挥市场在资源配置中的决定性作用　深化能源价格体制和能源产业的市场化改革，形成以市场为主导的能源价格定价机制，让能源价格充分、合理地反映能源要素的市场供需。

2）打破区域能源要素市场的分割　构建全国统一的能源市场，使市场及时、有效地反映不同能源禀赋、能源需求、能源效率的差异，推动能源资源要素自由流动、有效配置。进一步推进产权制度改革，提高对外开放水平，使能源资源要素流向效率最高、效益最好的地区。

3）推进能源市场的竞争　鼓励多种经济成分进入能源领域，特别是加快煤炭、石油和电力等行业引入竞争机制，积极引导民营经济主体参与竞争。

5.2.4　国内外能源利用效率与结构优化案例

5.2.4.1　德国可再生能力利用现状

德国的能源消费在全球排名第五，仅次于美国、中国、俄罗斯和日本，但其自身资源匮乏，对能源进口依赖程度较高。近年来，德国将能源政策重点放在节约传统能源、提高能效以及发展新能源三个方面，以此摆脱对能源进口和传统能源的过度依赖，实现能源生产和消费的可持续发展。在对生物质能技术的开发应用中，在德国应用比较普遍的是生物质生物转化技术中的厌氧发酵产沼气技术。在德国，沼气技术广泛应用于私人农庄、畜禽养殖场和污水垃圾处理厂等，普遍采用"混合厌氧发酵、沼气发电上网、余热回收利用、沼渣沼液施肥、全程自动化控制"的技术模式，通过该模式的实施，实现发酵原料的全方位综合利用，并通过电、热以及沼渣沼液的外售给工程运行带来额外收益，最终实现市场化运行，其中有两类模式具有代表性：

模式一：上网发电型沼气工程——Bioenergie Kleinhau GmbH 公司沼气工程。主要采用青贮玉米和粪便通过 CSTR 湿法发酵或者车库式干法发酵技术、中温发酵、热电联供系统（CHP）发电，目前广泛应用于农庄和畜禽养殖场，是德国数量最多的一类沼气工程。该沼气工程建于 2011 年，总投资 300 万欧元，由 3 个沼气发酵罐串联组成，采用连续式厌氧发酵工艺，原料主要是青贮玉米和马粪，各占 50% 左右，该工程生产的沼气，75% 用于并网发电，25% 作为热能供给市政厅和周边农场，按照当前运行状态，该工程的投资回收期在 10 年左右，每年可实现利润 5 万欧元。整体上，该公司的沼气工程代表了德国此类上网发电型沼气工程的一个缩影，由于自动化水平较高，公司日常运营仅有两个人，一个人负责管理，另一个人负责日常生产和设备维护工作，而工程运行状况的日常诊断和调节同时由另一家公司提供不定期服务，物联网远程智能化管理技术和社会化的专业技术服务大大降低了公司的运行成本，同时能够更有效便捷地保证工程持续稳定运行，使公司从可再生能源领域获利。

模式二：种养结合生态能源型沼气工程——Bauerngesellschaft 公司沼气工程。该公司是由 34 家合作社组成的，员工总数为 30 人，主要业务是种植业、养殖业和可再生能源产业，主要种植玉米和油菜，养殖猪、奶牛和肉牛，并建有总容积 6000m³ 的沼气工程，形成了以沼气为纽带的种养循环农业模式。该沼气一期工程建于 2006 年，二期建于 2007 年，沼气工程采用 CSTR 工艺，主要原料为猪粪、牛粪和秸秆，比例为 2∶8 左右，30% 原料是由公司合作社成员提供的，另有 70% 原料通过租用土地种植青贮玉米供给。该工程每年上网发电可实现销售额 340.85 万欧元，发电余热 10% 用于维持发酵温度，其余用于沼渣烘干，沼渣作为有机肥自用和对外销售。经过 10 余年连续运转，该公司形成了种养结合的经营方式，同时该模式也是德国可再生能源资源法案下进一步支持的重点。此类沼气工程主要应用到养殖场，一般规模相对较小，原料多是自给自足，有少部分原料是来自于其他的养殖场。从 2017 年德国可再生能源发展路径和思路来看，通过发展以沼气为纽带的种养循环模式推动气候变化减缓、环境保护和清洁能源供给是德国沼气工程发展的未来发展趋势。

5.2.4.2 我国可再生能力利用现状[一]

在过去 10 多年的迅猛发展中，中国光伏产业的全产业链已完全实现自主知识产权，是中国在未来实现能源革命的重要源动力之一。在"双碳"目标的引领和指导下，中国的光伏产业在技术研发、生产制造、产业规模，以及降低绿色溢价（就电力而言，绿色溢价是指从非排放源中获得所有电力的额外成本，非排放源包括风能、太阳能、核能，以及装备有碳捕获设施的燃煤电厂和燃气电厂等）等方面均取得了举世瞩目的成绩。

光伏发电主要包括集中式光伏发电和分布式光伏发电两类。集中式光伏发电一般为大型地面光伏电站，其特点是将所发电能直接传输至主干电网，并由主干电网统一调配；分布式光伏发电主要指小型分散式光伏电站，其应用形式主要为屋顶分布式光伏发电。集中式光伏电站的投资大、建设周期长、占地面积大；而分布式光伏电站的投资小、建设周期短、政策支持力度大且选址自由等，这些因素都使分布式光伏发电在近些年得到了大力发展。由于集中式光伏发电对场址条件的要求高，在我国通常都建设在人烟稀少且光照资源丰富的西北地区，与用电需求大的长三角、珠三角地区距离遥远，输电过程中造成巨大的电能运输损耗，而分布式光伏发电则有效解决了电能长途运输的损耗问题；此外，分布式光伏发电还可将光伏发电组件作为建筑施工材料与建筑物表面相结合，从而可以节约光伏发电系统的占地面积。

考虑到我国的光伏发电资源和负荷中心的地理分布存在矛盾，为进一步解决光伏消纳并减少"弃光"等问题，我国各级行政单位及地方政府在 2014 年后陆续出台了鼓励和支持分布式光伏发电发展的法规政策及配套补贴管理办法。2014 年成为分水岭，从这一年开始，分布式光伏发电的发展趋势开始超越集中式光伏发电的发展趋势。

5.2.4.3 经验借鉴

（1）立足于本国国情发展可再生能源 德国 60% 的土地用于发展畜牧业，20% 的土地用于种植玉米、油菜等能源作物，其余发展粮食等农作物。畜禽粪便与青贮是沼气发电产能的主要方式，既解决了当地供暖供电能量需求的问题，也解决了畜禽粪便无害化处理，为有机农业发展提供原料，同时实现了生态环保乡村。我国是农业大国，为了实现十九大提出的乡

㊀ 资料来源：李明东，李婧雯. "双碳"目标下中国分布式光伏发电的发展现状况和展望 [J]. 太阳能，2023（5）：5-10.

村振兴战略，需解决两个问题：①农村的生活垃圾无害化处理；②农业生产垃圾的无害化处理。这两个问题关系到农村农民环境清洁卫生和农业生态安全。因此，根据农村人均耕地资源、畜牧业发展状况等发展不同规模的沼气，首先解决当地生产生活的需求，其次进一步为城市输送能源，可以作为我国乡村振兴及可再生能源发展的一条途径。鉴于德国农村实施一批能源小镇、能源小村项目，发展农村分布式光伏、太阳能热、风电、生物质、沼气等可再生能源，自给自足集中供电、解决北方清洁供暖，多余的电可出售给电网，增加农民收入，不仅能够减少农林废弃物的污染，同时适应农村产业和人居分散的特征，节约输配电成本，还能与农林牧渔业相结合，发展生态循环农业，促进三产融合，产生协同效应，改善民生，促进农民增收，助力乡村振兴。

（2）创新发展可再生能源技术　德国相关科研机构研发了基于氢燃料的能源技术，实现光能和风能转变为化学能的储存，并将其运用于交通运输。为了充分利用各种形式的废弃物，研发了基于不同发酵材料的沼气工程，例如，固态粪便与秸秆混合发酵，液体粪便与秸秆的混合发酵，生活污水处理的污泥沼气工程等。德国利用政策引导，利用市场促进技术提升与进步，通过科技研发，积极储备技术，解决可再生能源发展过程中出现的问题，确保近期和中长期能源战略的实现。目前我国可再生能源科技经费有一定的投入，但是还没有前瞻性和突破性成果，没有科技研发储备，科技成果到应用路径不完善。可借鉴德国在可再生能源科技研发投入的方式，引进消化和吸收德国先进的技术与装备，建立与我国国情相适应的可再生能源科研体系。

（3）借鉴德国沼气发电上网的成功经验发展我国生物天然气　建议根据各地农业生产实际情况，如畜禽养殖粪污和秸秆资源量来确定生物天然气工程的发酵规模，不对发酵规模和产气量做硬性规定。同时，建立和鼓励原料多元化和原料保障体系。建议鼓励以畜禽粪污、农作物秸秆、农业加工、林业和生活垃圾等有机废弃物作为发酵原料，区域供应中心周边20km 范围内有足够数量可以获取且价格稳定的有机废弃物，其中半径 10km 以内的核心区要保障原料需求的80% 以上。配套相应的原料收集、存储和运输场地设施，配备相关运输车辆，保障原料供给。

5.3　可再生资源开发利用

5.3.1　可再生资源概述

可再生资源是指在社会生产和生活消费过程中产生的，已经失去原有全部或部分使用价值，经过回收和再加工处理，使其重新获得使用价值的各种废弃物。根据来源的不同可以将其分为两类：一类是进口可用作原料的固体废物，即进口废物，主要包括废纸、废塑料、废有色金属、废钢铁、废五金、废炼渣、废纺织原料、废船八大类；另一类是国内可再生资源，主要分为废钢铁、废有色金属、废塑料、废轮胎、废纸、废弃电器电子产品、报废汽车、废旧纺织品、废玻璃、废电池十大类。自 2021 年 1 月 1 日起，我国禁止以任何方式进口固体废物。

再生资源虽然本质上是固体废物，但是具有较强的资源属性，对其回收利用不但可以缓解资源问题，还能够解决环境问题。同时在回收利用工程中增加就业岗位，扩大就业量，在一定程度上对于促进国民经济持续健康发展具有重要意义。再生资源行业作为循环经济的重要组成部分，是改善生态环境质量，实现绿色低碳发展的重要途径，是实现"富强、民主、文明、和谐"美丽社会愿景的强有力保障。

5.3.2 再生资源利用现状及发展趋势

5.3.2.1 再生资源利用现状

（1）政策助力再生资源回收产业规模化发展 2001 年—2009 年国务院先后颁布《报废汽车回收管理办法》《废弃电器电子产品回收处理管理条例》，逐渐建立起比较完善的法律法规和标准体系。近年来，在绿色发展理念的引领下，再生资源行业的发展得到越来越多的重视。2018 年 9 月，国务院办公厅转发国家发展和改革委员会、住房和城乡建设部《生活垃圾分类制度实施方案》，要求在 2020 年年底基本建立垃圾分类相关法律法规和标准体系，形成可复制、可推广的生活垃圾分类模式。2019 年 3 月对《废弃电器电子产品回收处理管理条例》进行了修订。此外，商务部同国家发展和改革委员会等五部门联合印发《再生资源回收体系建设中长期规划（2015—2020）》，为加快建立城乡一体化的再生资源回收体系指明了方向。而在"十四五"开局之年，国家发展和改革委员会印发的《"十四五"循环经济发展规划》明确指出，通过完善废旧物资回收网络、提升再生资源加工利用水平、构建废旧物资循环利用体系，为建设资源循环型社会奠定基础。

截至 2019 年年底，废钢铁、废有色金属、废塑料、废轮胎、废纸、废弃电器电子产品、报废机动车、废旧纺织品、废玻璃、废电池十大品种的回收总量约为 3.54 亿 t，同比增长 10.2%。再回收支援体系不断完善，目前已形成回收网点约 15.96 万个，分拣中心 1837 个，集散市场 266 个，分拣集聚区 63 个，回收网络已初具雏形。

（2）再生资源行业标准化建设取得阶段性进展 截至 2019 年年底，我国再生资源回收利用领域现行的国家标准 164 项、在研的国家标准计划 38 项、现行的行业标准 139 项、发布团体标准 70 项，已形成国标与行标相结合，强制性与推荐性相协调，覆盖废钢铁、废有色金属、废塑料、废纸、废旧纺织品、废弃电器电子产品等多个再生资源品种，涵盖回收和利用领域的标准体系，基本满足了产业发展对标准化工作的需求，有效促进了资源循环利用产业规模化、规范化发展，并将继续推动产业调整升级、转变经济增长方式、提升国际竞争力。

（3）运营模式追寻时代趋势

1）基于"两网融合"的创新模式。随着生活垃圾分类制度的提出，各地再生资源企业积极响应中央号召，开展生活垃圾的分类回收。可根据实际情况因地制宜形成各具特色的运营模式，再生资源回收网与生活垃圾清运网相互衔接的雏形已经形成。

2）基于"互联网+"回收的创新模式。我国再生资源行业借助移动互联网创建了一批"互联网+"回收平台，例如，爱回收、易回收、92 回收等，大数据的实时性、全面性以及便捷性已实现了线上和线下相融合，利用手机应用软件、微信小程序以及网站就能实时进行线上投放，减少回收环节，降低回收成本。

3）借助"供应链＋"规范行业税务监管流程。例如，北京的"绿账本"、山东胶州的"新再生网"通过信息化手段加强再生资源采购、运输、销售等全链条的证据搜集，还原回收企业交易的真实性和票据资金流向，协助税务管理部门对企业经营业务进行监管确认，进而解决回收发票进项抵扣和成本认定问题，避免潜在的税务违规风险。

5.3.2.2 再生资源面临的主要问题

"小、散、乱"现象依然存在。由于再生资源回收行业的准入门槛低，在整个行业当中，无组织、无管理的小作坊占比大，没有固定的经营场所，在回收堆放的过程中容易对周边的空气、水资源造成不同程度的污染，即使是正规的国内再生资源利用企业也存在规模小、污染防治水平参差不齐的情况，没有规范的处置能力，污染防治设施不符合规定，游走在监管之外等情况时有发生。总体来说，受规模、设施、环保投入的限制，其污染防治水平较低，容易对环境造成二次危害。分拣水平落后、回收利用率低、再生资源种类多、来源广、回收路径复杂，流转到下一阶段后下游企业仍然需要花较多的成本进行预处理，导致再生资源回收利用的成本增加，效率降低。

5.3.2.3 再生资源的发展趋势

（1）借助垃圾分类的历史机遇构建新型回收体系 垃圾分类政策的顶层设计和广泛实施将对国内再生资源回收利用行业未来的体系机构、经营主体、经营模式产生深远的影响。在各地政府垃圾分类收集体系规划陆续出台后，原有的以个体经营为主、分散无序的再生资源回收体系将被有组织、有规划、有标准、有大企业介入的新型可回收体系替代，再生资源回收将不再是单纯的市场化运作，而是政府参与的带有半公共服务属性的环境服务行业。新型回收体系要求与垃圾分类相衔接，更加注重废纸、废塑料和废金属等全品类全链条协同运营和协同处置。新型回收体系是基于"交投点、中转站、分拣中心"的三级体系，即分别为用于可回收物交投、暂存的便民交投点，收集、整理、暂存、中转的新型中转站，集专业遴选、分类和打包等功能于一体的绿色分拣中心。

（2）实现回收全程信息化管理 对于中转站、分拣中心运营企业，建设企业数字化信息管理中心，实时收集进出的再生资源种类、数量、上下游客户名称和运输车辆信息，实现数据统计、分析、监控和对进站收集车辆进行智能化调度管理等功能。并将该信息管理中心与区域再生资源信息管理平台实现联网，实时共享企业经营数据，在提升企业管理水平的同时，为税务部门提供真实可靠的运营数据，为企业合规获得进项发票提供支撑。

（3）布局农村再生资源收运体系 结合国家实施乡村振兴战略的历史机遇，积极参与包括农村环境保洁、生活垃圾分类回收和处理以及再生资源回收利用等在内的农村废弃物资源回收利用，由现在的商品买卖型向环境服务型转变。争取在"十四五"期间，在农村回收网络布局中，深入推进"两网融合"，按照"一镇一站和一村一点"的网络布局，健全农村再生资源收运体系，形成"户粗分、村收集、镇转运和县（市、区）处理"的回收处理体系。

（4）推动园区化经营和"圈区化"管理 从中国再生资源回收利用协会对部分"城市矿

产"示范基地和资源循环利用基地的调研统计数据中可以看出，再生资源产业园区在拉动产业规模、提升产业层次和引领行业升级方面成效显著，是再生资源行业发展的方向，也是再生资源产业化的重要载体。国家层面应继续从再生资源再利用基地、城市废弃物资源化利用和无害处置基地两个方面，推行试点和示范工程，指导地方政府推动园区建设，并将基地纳入地方政府产业规划中，对入园企业给予财税等相关优惠政策。鼓励重点企业建设现代化再生资源产业园，按照现有标准，引导规模经营骨干企业自建或联建布局合理、产业聚集、土地集约、生态环保、结构优化和管理规范的产业园，实现再生资源回收集中化、规模化和产业化，形成大型综合性和专业性聚集区。

（5）开展新品种再生资源回收利用示范

1）提升快递包装废弃物再利用质量，鼓励快递企业、各类环卫企业和回收企业联合开展"快递业＋回收业"定向合作试点，鼓励企业对包装箱和包装袋进行循环利用，提高循环利用率。

2）推动太阳能光伏组件、动力蓄电池和节能灯等新品种废弃物的回收利用，探索研究高值化利用新技术。

3）推进废旧纺织品资源化利用，以生活垃圾分类为契机，建立包括固定回收箱、智能回收箱和"互联网＋回收"等多种方式的回收渠道，推动军警制服、职业工装和校服等废旧制服的回收和高值化利用。

5.3.3　国内外再生资源利用案例

5.3.3.1　日本再生资源利用案例

日本作为一个岛国，国土面积小，资源短缺，减少不必要的浪费以实现循环经济具有内在驱动力。从 20 世纪 70 年代开始，日本着手进行循环经济模式的研究，取得了不少成就。日本是世界上汽车保有量较多的国家之一，废旧车辆回收量庞大，其中近 90% 由销售公司进行回收，余下的小部分由维修厂回收处理，2000 年后汽车保有量在 7500 万辆左右，每年的报废车约有 500 万辆左右。为避免非法丢弃或出售报废车，政府明确报废车处理时应该遵守的规范，应对破碎残渣、氟利昂类和安全气囊等进行无害化处理。2002 年 7 月，日本的《废旧机动车回收再利用法》经国会审议通过，自 2005 年 1 月 1 日起实施。

日本报废汽车机制运作良好，除了归功于法律的规范操作外，还得益于报废汽车回收拆解再利用产业结构的优化及先进的技术体系做支撑。目前日本国内的拆解公司大约有 5000 家，其中 80% 是每月拆解台数在 50 台以下的小型企业群体，东日本回收资源有限公司的月处理量为 700～1000 辆。日本报废车处理产生的物流，多以回收再利用的方式，将其再次送回生产环节中，资源回收再利用率高达 80% 以上，其中作为二手零配件的再使用率为 20%～30%，作为原料的资源再利用率为 50%～55%，破碎残渣填埋率占 20%～25%。

对东日本回收资源有限公司参观考察发现，他们严格按照报废汽车处理流程"报废汽车所有人→收购公司→拆解公司→破碎公司→最终加工处理公司"进行管理，并明确了各相关方的责任和资源回收再利用费用。同时，企业运用电子目录系统，对全部车辆进行编号，追踪汽车回收处理整个流程的运作。总体而言，日本废旧车的回收再利用是最大限度地把报废的汽车中有价值的零件拆卸下来，送到各个地方进行再利用，将车体和不能拆除的部件集中压扁送去金属处理中心，从而完成了由废弃物变为再生资源的过程。

5.3.3.2 我国再生资源利用案例

城镇和农村作为发展分布式可再生能源的重点领域，其特征和条件并非截然不同，在分布式可再生能源开发和利用模式上也存在很多相同或相似之处。如生物质能利用既可以在农村开展，也可以在靠近农村的城镇周边开展。但综合考虑人口密度、生产生活方式、分布式可再生能源资源禀赋、管网建设水平等差异，两者在分布式可再生能源开发规模和利用模式上存在较大差异，具有较强的典型性和代表性。应重点关注分布式可再生能源在农村地区的利用模式及其经济、社会、生态和环境综合效益。如与农业生产生活相结合的生物质分布式可再生能源综合利用项目等，是否具有形成可复制、可推广、可评估、可考核的价值，都与利用模式研究密切相关。

利用模式即用户利用分布式可再生能源的方式，一种简单的方式是按照用能类型（电冷热气的一种或多种用能需求）和应用场景（社区、酒店、医院等）对分布式可再生能源利用模式进行划分，但这些划分方式难以体现与分布式可再生能源资源、技术和系统的关联特征。考虑分布式可再生能源概念中具有生产和利用一体化的特点，按照其资源（风、光、生物质等）和技术类型（新能源技术、热电联产等）进行划分，但无法区分多种资源和技术混合的分布式可再生能源系统。此外，可以按照单一或混合供能系统、微电网等组织形式进行划分，但不同形式之间彼此交叉涵盖的资源、技术宽泛，因此，较难与应用场景建立关联关系。

（1）以风光供能为主的模式　以风光等分布式可再生能源发电为主，配合储能或其他可调可控电源，组成分布式可再生能源系统，如屋顶户用分布式光储系统、海岛风光柴储微电网等。该类系统以分布式可再生能源作为主要的供能单元，通过储能或其他可调可控单元实现系统特性的互补和调节，降低分布式可再生能源对管网的依赖，提升管网友好性和用户供能可靠性。

（2）以生物质供能为主的模式　以农作物秸秆、人畜粪便、生活垃圾等生物质能资源综合利用为主，构成生物制气、发电、供热等多种用途相结合的分布式可再生能源系统。该系统以生物质发电或制气技术为主，一般具有相对稳定的输出，尤其是通过生物制气和提纯净化技术生产的生物天然气，与常规天然气成分、热值基本一致，颇具应用前景。

5.3.4 国外经验借鉴

5.3.4.1 政府参与——立法带动

任何政策要想长久高效合理的推行，必须有法律来约束。而日本循环经济的立法具有层级性、阶段递进性以及权责明晰等特点。层级性体现在第一层为基本法律，主要为再生资源的可回收利用进行总括性的介绍；第二层是综合性法律，主要用于明确管理、监管和行业企业的责任；第三层是专项层面，针对不同的行业特点有针对性地进行规定约束，以此做到全覆盖多方位且有法可依。阶段递进性主要体现在立法的构成是循序渐进的，针对不同时期的经济特点以及发展规划，由浅入深，由全到细地设定和颁布，与时俱进；第四层是权责明晰。日本实施废弃物回收再利用处理收费制度和环境税制度，将环境外部性成本内部化。此外，根据不同废弃物种类采取不同责任主体的收费制度，生活垃圾和废弃物家用电器基于消费者责任，由消费者承担回收再利用费用，而报废汽车基于生产者责任，主要由汽车厂商承担回收再利用费用。借鉴日本的做法，我国可以通过企业生产者实行责任延伸制，从设计制造的源头上提高拆解效率，促进再生循环。

5.3.4.2　企业主导——技术支持

企业自主制订计划、转变生产经营理念和方式从而推动产业界 3R 目标的达成。日本重视科技工艺研究，强化对再生资源产业发展的技术支撑。对再生资源回收利用的关键技术给予充足的资金支持，通过产、学、研结合，对再生资源从理论研究、技术创新到市场推广进行综合研究，促进了循环经济的飞速发展。

5.3.4.3　社会民众——广泛参与

通过立法、教育和官方宣传等途径增强群众环保意识和废物再回收利用意识。日本多元化民间团体，通过多种渠道唤醒国民环保意识，为循环经济的发展做出了显著的贡献。从 2003 年起，日本名叫"绿鸟"的民间团体坚持开展街道清扫活动，该活动甚至推广到了巴黎、新加坡等国家。日本民众具有很强的环境保护意识，能够自觉按照规定事先对垃圾进行严格的分类，并根据具体的投放时间地点进行投放，如果违反规定，垃圾将需要自行取回，严重违纪者将按《废弃物处理法》的规定，接受相应处罚。

5.4　清洁生产

5.4.1　清洁生产的定义与主要内容

清洁生产在不同的发展阶段或者不同的国家有不同的定义，例如"废物减量化""无废工艺""污染预防"等。但其基本内涵是一致的，即对产品和产品的生产过程、产品及服务采取预防污染的策略来减少污染物的产生。

5.4.1.1　联合国环境规划署工业与经济司的定义

联合国环境规划署工业与经济司综合各种说法，采用"清洁生产"这一术语来表征从原料、生产工艺到产品使用全过程的广义的污染防治途径，给出了以下定义：清洁生产是一种新的创造性的思想，该思想将整体预防的环境战略持续应用于生产过程、产品和服务中，以增加生态效率和减少人类及环境的风险。对生产过程：要求节约原材料与能源，淘汰有毒原材料，减降废弃物的数量与毒性。对产品：要求减少从原材料提炼到产品最终处置的全生命周期的不利影响。对服务：要求将环境因素纳入设计与所提供的服务中。

5.4.1.2 美国环保局的定义

在美国，清洁生产又称为污染预防或废物最小量化。废物最小量化是美国清洁生产的初期表述，现已用污染预防一词所代替。美国对污染预防的定义为，在可能的最大限度内减少生产厂地所产生的废物量，包括通过源削减、提高能源效率、在生产中重复使用投入的原料以及降低水消耗量来合理利用资源。

源削减是指在进行再生利用、处理和处置以前，减少流入或释放到环境中的任何有害物质、污染物或污染成分的数量；减少与这些有害物质、污染物或组分相关的公共健康与环境的危害。常用的两种源削减方法是改变产品和改进工艺，其内容包括：设备与技术更新、工艺与流程更新、产品的重组与设计更新、原材料的替代以及促进生产的科学管理、维护、培训或仓储控制。

5.4.1.3 《中华人民共和国清洁生产促进法》中的定义

不断采取改进设计、使用清洁的能源和原料、采用先进的工艺技术与设备、改善管理、综合利用等措施，从源头削减污染，提高资源利用效率，减少或者避免生产、服务和产品使用过程中污染物的产生和排放，以减轻或者消除对人类健康和环境的危害。

从上述定义可以看出，清洁生产是一种通过产品设计、能源消耗、原材料选择、工艺改革、生产过程管理和物料内部循环利用等环节，使企业生产最终产生的污染物最小化的工业生产流程。清洁生产从本质上来说，就是对生产过程与产品采取整体预防的环境策略，减少或者消除它们对人类及环境的可能危害，同时充分满足人类需要，使社会经济效益最大化的一种生产模式。

清洁生产的主要内容可以归纳为"三清一控制"四个方面。

（1）清洁的原料和能源　产品生产中使用能被充分利用而极少产生废物和污染的原材料、能源。尽量少用、不用有毒有害的原材料；采用高纯、无毒或低毒的原材料；加速以节能为重点的技术进步和改造，提高常规能源利用率；加速开发水能资源，优先发展水力发电；积极、稳妥地发展核能发电；开发利用太阳能、风能、地热能、海洋能和生物能等再生新能源。

（2）清洁的生产过程　①尽量少用、不用有毒有害的原料以及稀缺原料。②保证中间产品的无毒、无害。③减少或消除生产过程中的各种危险因素。④采用少废、无废的生产工艺和高效生产设备。⑤进行厂内外物料的再循环。⑥利用优化操作和控制实现科学量化管理。

（3）清洁的产品　产品应具有合理的使用功能和使用寿命。产品本身在使用过程中以及使用后不含危害人体健康和生态环境的成分，在产品失去使用功能后应易于回收和复用且再生产品报废后应易于处理并降解合理包装产品。

（4）贯穿于清洁生产中的全过程控制　清洁生产的实现要求两个控制，产品的生命周期全过程控制和生产组织的全过程控制。产品的生命周期全过程控制，也称生产原料或物料转化的全过程控制，它是指从原材料加工、提炼到产品产出、产品使用直到报废处置的各个环节采取的必要措施，实现产品整个生命周期资源和能源消耗的最小化。生产组织的全过程控制，也就是工业生产的全过程控制，它是指从产品的开发、规划、设计、建设到运营管理，所采取的防治污染发生的必要措施。

5.4.2　清洁生产与循环经济

清洁生产和循环经济都是在可持续发展战略理论研究和实践不断深化的基础上发展起来的，清洁生产是循环经济的基石，循环经济是清洁生产的扩展。在理念上，它们有共同的时代背景和理论基础；在实践中，它们有共同的实施途径，应相互结合。

5.4.2.1　清洁生产和循环经济的提出基于相同的时代要求

工业革命以来，特别是 20 世纪中叶以来，随着人类生产力的提高，以及世界人口的急剧膨胀，人类活动对生态环境的影响力越来越大，传统的经济增长方式掠夺式地开采各种自然资源，并且无节制地向自然界排放各种污染物，造成全球范围的环境恶化和资源耗竭等问题，人类的生存和发展遭受到严重的威胁。人们逐渐认识到社会经济与环境、资源协调发展的重要性，提出了可持续发展的战略思想，提出在环境和资源承载力能够承受的范围内发展社会经济。为了协调经济发展和环境、资源之间的矛盾，清洁生产和循环经济应运而生。

5.4.2.2　清洁生产和循环经济均以工业生态学作为理论基础

工业生态学以生态学的理论和观点考察工业代谢过程，即从原材料采掘、原材料生产、产品制造、产品使用以及产品用后处理的物质转化全过程，研究工业活动和生态环境的相互关系，调整和改进当前工业生态链结构的原则和方法，建立新的物质闭路循环，使工业生态系统与生物圈兼容并持久生存下去。工业生态学为经济生态的一体化提供了思路和工具，清洁生产和循环经济同属于工业生态学大框中的主要组成部分，均以工业生态学作为理论指导。

5.4.2.3　清洁生产和循环经济有共同的目标和实现途径

清洁生产和循环经济两者都强调源头控制，清洁生产通过从源头减少废弃物的产生进而削减污染，而循环经济中的减量化原则，也是要通过减少进入生产和消费环节的物质量从源头预防污染的产生。清洁生产和循环经济都注重经济效益的提高，注重经济效益和环境效益的协调统一。从实现途径来看，清洁生产和循环经济也有很多相通之处。清洁生产的实现途径可以归纳为两大类，即源削减和再循环，包括减少资源和能源的消耗，重复使用原料、中间产品和产品，对物料和产品进行再循环；尽可能利用可再生资源，采用对环境无害的替代技术等。而循环经济实施的"减量化、再利用、再循环"指导原则也源于此。

5.4.2.4　清洁生产和循环经济的实施层次差异

清洁生产和循环经济最大的区别是在实施的层面上。在企业层面实施清洁生产就是小循环的循环经济，一个产品、一台装置、一条生产线都可采用清洁生产的方案；在园区、行业或城市的层面上，同样可以实施清洁生产。而广义的循环经济是需要相当大的范围和区域的。

推行循环经济由于覆盖的范围较大，涉及的因素较多，一般见效的周期较长。

总之，清洁生产和循环经济之间存在着不可分割的内在联系。清洁生产和循环经济都是在实现人类社会经济可持续发展的愿望下发展起来的，清洁生产在组织层次上是将环保延伸到组织的一切有关领域，而循环经济是将环保扩大到国民经济的一切领域。就实际运作而言，在推行循环经济的过程中，需要解决一系列技术问题，清洁生产为此提供了必要的技术基础。清洁生产是循环经济的微观基础，是循环经济的本质和前提，是实现循环经济的最佳方式和基本途径，而循环经济是清洁生产的最终发展目标，是实现可持续发展战略的必然选择和保证。

5.4.3 清洁生产审核与实践

目前，各个国家都在研究如何推进本国的清洁生产进程。而实施清洁生产的主要战略工具包括清洁生产审核、清洁生产技术、产品生命周期评价、生态设计及环境管理体系等，其中清洁生产审核是较为成熟且应用最广的一种方法。

清洁生产审核是企业实施清洁生产的基础。在实行污染预防分析和评估的过程中，通过制定并实施减少能源、水和原材料的消耗，消除或减少生产过程中有毒物质的使用，减少各种废弃物排放及其毒性的方案，来实现消除或削减污染，提高经济效益。清洁生产审核可以简单地理解成清洁生产的方法论。清洁生产审核旨在通过各种科学手段，系统化、规范化地分析出废物产生的原因和污染的来源，以得到更多的适用于企业的清洁生产方案。根据所得到的清洁生产方案不断更新升级企业的技术，努力将生产过程产生的污染降为零。通过企业不断地进行清洁生产审核，使清洁生产能够更好地为人类服务，更少地危害人类健康。

5.4.3.1 清洁生产审核基本思路

清洁生产审核遵循"Where-Why-How"（简称3W）原则，用一句话来介绍即判明废弃物的产生部位，分析废弃物的产生原因，提出方案减少或消除废弃物。清洁生产审核的基本思路如图5-1所示。

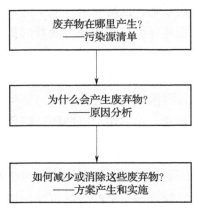

图5-1　清洁生产审核的基本思路

1. 废弃物在哪里产生（Where）

通过现场调查和物料平衡找出废弃物的产生部门并确定产生量，或发现影响企业生产效率的"瓶颈"环节与工艺。

2. 为什么会产生废弃物（Why）

具体分析产品生产过程的每一个环节，深入了解并分析产生这些废弃物或影响企业生产效率"瓶颈"的因素。

3. 如何减少或消除这些废弃物（How）

针对每个废弃物产生的原因，设计不同的清洁生产方案，包括无低费方案和中高费方案，方案的数量不定，通过实施所设计的清洁生产方案来消除废物，从而达到减少废物排放的目的。

清洁生产审核思路只能够提出要分析污染物产生的原因和提出预防或减少污染产生的方案，为此需要分析生产过程中污染物产生的主要途径与重点部位，这是清洁生产与末端治理的重要区别之一。企业生产与服务过程具有共性，一个生产和服务过程可以总结为八个阶段，即原辅材料与能源、技术工艺、设备、过程控制、管理和员工六个方面的输入，得出产品和废弃物两个方面的输出。不得不产生的废弃物，要优先采用回收和循环使用措施，剩余部分向外界环境排放。生产过程框架如图 5-2 所示。

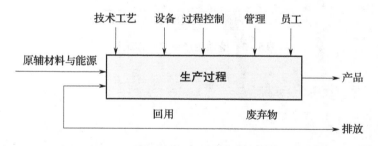

图 5-2　生产过程框架

清洁生产审核的一个重要内容就是通过提高能源、资源利用效率，减少废弃物的产生量，实现环境与经济的"双赢"。当然，这八个方面的划分并不是独立的，它们之间存在着相互交叉、重叠与渗透的关系。

5.4.3.2　清洁生产审核的程序

基于我国清洁生产审核示范项目的经验，并根据国外有关废弃物最小化评价和废弃物排放审核方法与实施的经验，国家清洁生产中心规范了我国的清洁生产审核程序，包括七个阶段和三十五个步骤。清洁生产审核工作流程如图 5-3 所示。

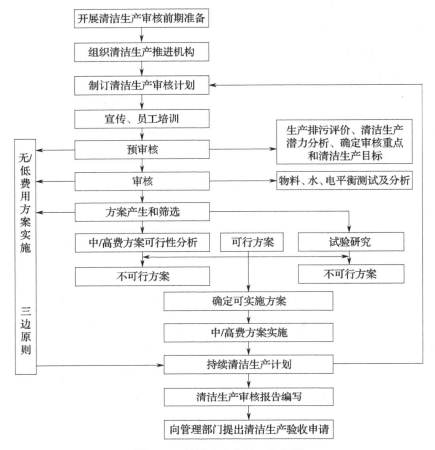

图 5-3　清洁生产审核工作流程

5.4.3.3　清洁生产审核组织与实施

1. 筹划与组织

筹划与组织阶段的工作目的是通过宣传教育使组织的领导和职工对清洁生产有一个初步的、比较正确的认识，消除思想上和观念上的障碍，了解组织清洁生产审核的内容、要求及工作程序。该阶段是进行清洁生产审核的第一步，包括宣传动员和培训、获得企业领导的支持、建立清洁生产审核队伍、制订清洁生产审核计划等工作内容。筹划与组织阶段的工作内容和工作程序如图 5-4 所示。

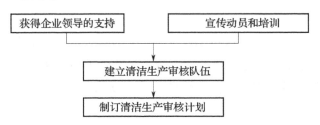

图 5-4　筹划与组织阶段的工作内容和工作程序

2. 预评估

预评估是清洁生产审核的初始阶段，是发现问题和解决问题的起点。在对企业基本情况进行全面调查了解的基础上，从清洁生产审核的八个方面着手，通过定性和定量分析，寻找企业活动、服务和产品中最明显的废物和废物流失点，能耗和物耗最多的环节和数量，原料的输入和产出，物料管理状况，生产量、成品率、损失率，管线、仪表、设备的维护与清洗等，从而确定审核重点，并根据审核重点设置清洁生产目标，同时对发现的问题找出对策，实施明显、简单易行、经济合理的废物削减方案，该阶段工作程序如图 5－5 所示。

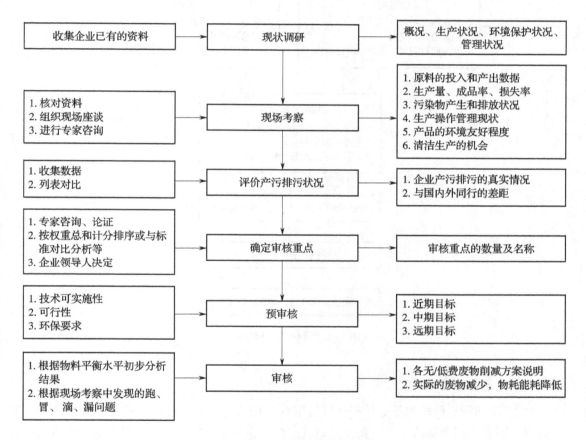

图 5－5　预评估阶段工作程序

3. 评估

评估阶段是指对企业审核重点的原材料、生产过程以及废物的产生进行评估。评估是通过对审核重点的物料平衡、水平衡及能量衡算，分析物料和能量流失的环节，找出污染物产生的原因。查找材料储存、生产运行与管理和过程控制等方面存在的问题，以及与国内外先进水平的差距，以确定清洁生产方案。评估阶段审核程序如图 5－6 所示。评估与预评估的区别在于，预评估阶段需要了解企业所有生产过程，而评估阶段则重点关注预评估阶段确定的审核重点。

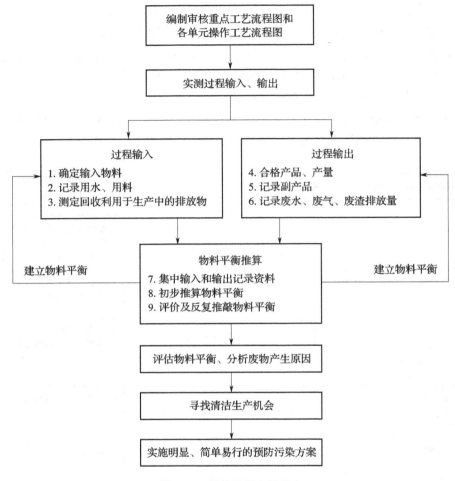

图 5-6 评估阶段审核程序

4. 方案产生和筛选

方案产生和筛选阶段的任务是根据审核重点的物料平衡和废物产生的原因分析结果，制定污染物控制中/高费清洁生产方案，并对其进行初步筛选，确定出三个以上最有可能实施的方案，供下一阶段进行可行性分析。方案的产生和筛选工作程序如图 5-7 所示。

5. 可行性分析

可行性分析阶段对筛选出来的污染预防备选方案进行综合分析，包括环境评估、技术评估和经济评估，可行性分析阶段工作程序如图 5-8 所示。通过对方案的分析比较，选择技术上可行又获得经济和环境最佳效益的方案供投资方进行科学决策，得到最后实施的污染预防方案。

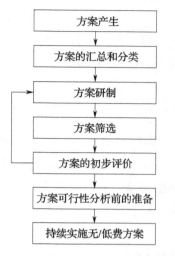

图 5-7　方案的产生和筛选工作程序

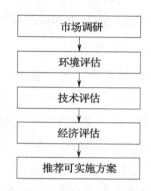

图 5-8　可行性分析阶段工作程序

6. 方案实施

方案实施阶段是指对所提出的可行清洁生产方案（中/高费方案）的实施过程，它深化和巩固了清洁生产的成果，实现了技术进步，使组织获得了比较显著的经济效益和环境效益。方案实施阶段工作程序如图 5-9 所示。

7. 持续清洁生产

企业生产过程中清洁生产的机会很多，企业在完成了针对审核重点的清洁生产审核工作后，原来未被确定为审核重点的备选方案将重新成为审核重点，新一轮的清洁生产审核又将重新开始，使企业将清洁生产变成自觉行动。在持续的清洁生产过程中，还应对原有的审核小组进行调整、补充和再培训，提高其工作水平，以适应持续清洁生产的要求。持续清洁生产阶段工作程序如图 5-10 所示。

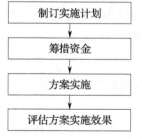
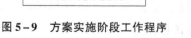

图 5-9　方案实施阶段工作程序

图 5-10　持续清洁生产阶段工作程序

5.4.4　清洁生产评价内容

根据清洁生产原理，企业为达到清洁生产的目的，可提出多个清洁生产技术方案，在决策前，必须对各个方案进行科学、客观的评价，筛选出既有明显经济效益，又有显著环境效益的可行性方案，这个过程称为清洁生产评价。

清洁生产评价是通过对企业的生产从原材料的选取、生产过程到产品服务的全过程进行综合评价，判断出企业清洁生产总体水平以及主要环节的清洁生产水平，并针对清洁生产水平较低的环节提出相应的对策和整改措施。

5.4.4.1 清洁生产评价内容

(1) 清洁原材料评价　主要包括评价原材料的毒性及有害性、评价原材料在包装、储运、进料和处理过程中是否安全可靠，有无潜在的浪费、暴露、挥发、流失等污染风险问题；对大众化原料，进一步分析原料纯度、成分与减污的关系；对毒害性大、潜在污染严重的原材料提出更清洁的替代方案或清洁生产措施。

(2) 清洁工艺评价

1) 指明拟选生产工艺与国家产业发展有关政策的关系。

2) 指明拟选生产工艺的特殊性，如是否简捷、连续、稳定、高效，设备是否易于配套，自动化管理程度高低等。

3) 筛选可比生产工艺方案，通过对物耗、能耗、水耗、回收率、产污比等指标的分析，评价拟选生产工艺的先进性和合理性。

4) 通过评价，对生产工艺中尚存在的问题提出改进意见，对主要评价单元（如车间、工段、工序）的生产过程进行剖析，采用化学方程式的流程图评价包括废物在内的物流状况和特征，找出清洁生产机会，以及进行闭路循环或回收利用技术措施的可行性，提出资源综合利用措施及废物在生产过程中减量化的方案。

(3) 设备配置评价

1) 评价主要生产设备的来源、质量和匹配性能、密闭性能、自动化管理性能。

2) 分析拟定配置方案的弹性和原料转化的关系。

3) 从节能、节水、环保等角度，评价设备的空间布置合理性。

(4) 清洁产品评价　通过对产品性能、形态和稳定性的分析，评价产品在包装、运输储藏以及使用过程中是否安全可靠，评述产品在其生命周期中潜在的污染行为。

1) 二次污染和积累污染评价：①分析废弃物在处理处置过程中的形态变化和二次污染影响问题；②明确废物的最终转化形态和毒害性；③分析废物的最终处置方式对环境的积累污染影响。

2) 清洁生产管理评价：①对生产操作规范性、设备维护、物料和水量计量办法进行评述；②对原料和产品泄漏、溢出、次品处理、设备检修等造成的无组织排放提出监控措施；③对建立企业岗位环保责任制和审核制度提出要求。

3) 推行清洁生产效益和效果评价：①通过对比分析，说明清洁生产在节水、节能、降耗、减污、增效方面可能产生的效益，特别分析清洁生产对预防污染、减轻末端治理压力的可能贡献；②通过类比分析，提出拟建工程清洁生产应达到的基本目标。

5.4.4.2　清洁生产评价指标体系

1．清洁生产评价基本原则

（1）系统整合原则　评价必须具备系统的观念，必须强调生产全过程的整合和目标的统一。系统分析是正确评价生产和管理结构是否合理、设施的功能是否有效、污染控制目标和措施是否协调的基础。

（2）生产过程废弃物最小化原则　生产过程每一个相对集中的具有物质和能量转化功能的生产单元，都可以看作一个清洁生产评价对象。每个单元以产出废弃物最小化为原则，对生产过程中的操作行为、工艺先进性、设备有效性、技术合理性进行评价，提出清洁生产方案。

（3）强化对污染物的源头和中间控制的原则　评价过程中，调整原材料利用方式或寻求废物可分离、可回收的技术方案。力争从源头或在生产过程中减少污染物的产出，以减少末端治理难度。

（4）相对性和阶段性原则　清洁生产评价中树立的目标和参照的标准应把握一定的适用范围和条件；评价中提出的清洁生产措施应本着因地制宜，适时、适度、低费、高效的原则推荐实施，对不确定方面或暂时不宜实行的方案应按照目标化管理的要求，提出分阶段实施的持续清洁生产对策和建议。

2．清洁生产指标选取原则

（1）从产品生命周期全过程考虑　产品生命周期全过程是清洁生产指标选取时需要考虑的一个最重要方面，产品生命周期的评价指标应包括原材料、生产过程和产品的各个主要环节，尤其对生产过程，既要考虑对资源的使用，又要考虑污染物的产生，全面反映产品生命周期全过程对环境的影响。产品生命周期评价技术框架如图 5-11 所示。

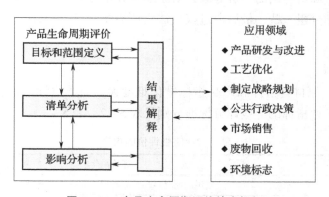

图 5-11　产品生命周期评价技术框架

（2）体现污染预防思想　清洁生产指标的范围不需要覆盖环境、社会、经济的各个方面，只需要反映出建设项目实施过程中所使用的资源量及产生的废弃物总量，包括使用能源、水或其他资源的情况。通过对这些指标的评价，能够反映出建设项目通过节约和更有效的资源利用来达到保护自然资源的目的。

（3）量化原则　指标数据要易获取且具有较好的可定量性，其计算和测量方法简便，指标数据还应相互独立，不应存在相互包含和交叉关系及大同小异的现象，以便评价结果更加客观和直观，实现理论科学性和现实可行性的合理统一。

（4）满足政策法规要求并符合行业发展趋势　清洁生产指标应符合产业政策和行业发展趋势要求，并应根据行业特点，考虑各种产品和生产过程来选取指标。

5.4.4.3　清洁生产评价指标

清洁生产评价指标体系应把握好三个环节的要求，主要应从工艺路线选择、节能降耗和减少污染物产生和排放等方面进行评述，同时还要兼顾环境、经济效益的评价。一般来说，清洁生产评价指标包括以下六类：生产工艺与装备要求、环境管理要求、资源能源利用指标、产品指标、污染物产生指标、废物回收利用指标，如图5-12所示。

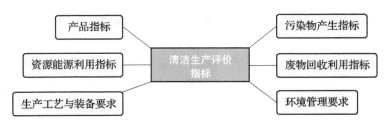

图5-12　清洁生产评价指标

5.4.5　清洁生产的评价方法

对环境影响评价项目进行清洁生产分析，必须针对清洁生产指标确定出既能反映主体情况、又简便易行的评价方法。考虑到清洁生产指标涉及面较广、完全量化难度大等特点，针对不同的评价指标，确定不同的评价等级，对于易量化的指标评价等级可分细一些，不易量化的指标评价等级则分粗一些，最后通过权重法将所有指标综合起来，从而判定建设项目的清洁生产程度。

5.4.5.1　评价等级

（1）定性评价　原材料指标和产品指标量化难度大，属于定性评价，可分为三个等级。定性评价的内容和定性指标的等级评分标准分别见表5-2、表5-3。

表5-2　定性评价的内容

等级	评价内容
高	使用的原材料和产品对环境的有害影响比较小
中	使用的原材料和产品对环境的影响中等
低	使用的原材料和产品对环境的有害影响比较大

表5-3　定性指标的等级评分标准

等级	分值范围	低	中	高
等级分值	[0, 1.0]	[0, 0.30]	(0.30, 0.70]	(0.70, 1.0]

（2）定量评价　资源指标、污染物产生指标和环境经济效益指标，易于量化，属于定量评价，可分为五个等级。定量评价的内容和定量指标的等级评分标准分别见表 5-4、表 5-5。

表 5-4　定量评价的内容

等级	评价内容
清洁	有关指标达到本行业国际先进水平
较清洁	有关指标达到本行业国内先进水平
一般	有关指标达到本行业国内平均水平
较差	有关指标处于本行业国内中下水平
很差	有关指标处于本行业国内较差水平

表 5-5　定量指标的等级评分标准

等级	分值范围	很差	较差	一般	较清洁	清洁
等级分值	[0, 1.0]	[0, 0.20]	(0.20, 0.40]	(0.40, 0.60]	(0.60, 0.80]	(0.80, 1.0]

5.4.5.2　评价方法

（1）指标对比法　用我国已颁布的清洁生产标准或选用国内外同类装置清洁生产指标，对比分析评价项目的清洁生产水平。主要有单项评价指数法、类别评价指数法和综合评价指数法。

1）单项评价指数法。以类比项目相应的单项指标参照值作为评价标准计算得出，计算公式为

$$Q_i = \frac{d_i}{a_i}$$

式中，Q_i 为单项评价指数；d_i 为目标项目某单项指数对象值（设计值）；a_i 为类比项目某项目指标参照值。

2）类别评价指数法。该指数根据所属各单项指数的算术平均计算而得，计算公式为

$$C_i = \frac{\sum Q_i}{n}$$

式中，$i = 1, 2, 3, \cdots, n$；C_i 为类别评价指数；n 为该类别指标下设的单项个数。

3）综合评价指数法。综合描述企业清洁生产的整体状况和水平，克服了个别评价指标对评价结果准确性的掩盖，能够避免确定加权系数的主观影响，计算公式为

$$I_q = \sqrt{\frac{Q_{j,m}^2 + C_{i,a}^2}{2}}$$

式中，I_q 为清洁生产综合评价指数；$j = 1, 2, 3, \cdots, m$；$C_{i,a}$ 为类别评价指数的平均值；$Q_{j,m}$ 为各项评价指数的最大值。

（2）分值评定法　也称百分制评价方法。首先，对各项指标按照等级评分标准分别进行

打分，若有分指标则按照分指标打分，然后分别乘以各自的权重最后累加起来得到总的分数。通过总分值和各项分指标分值，可以判定建设项目整体所达到的清洁生产程度和需要改进的方面。

清洁生产水平总分计算公式为

$$E = \sum A_i W_i$$

式中，E 为评价对象清洁生产水平总分；A_i 为评价对象第 i 种指标的清洁生产等级得分；W_i 为评价对象第 i 种指标的权重。

指标体系权重总和为100，各指标权重代表各指标在整个指标体系中所占的比重，一定程度上反映该指标在产品生产、销售、使用的全生命周期中对环境影响的重要性。

5.4.5.3 评价程序

由于清洁生产评价分析涉及企业的方方面面，影响因素较多，所以在对其进行评价时所采用的评价方法应能处理多层次、多属性的问题，并要保证评价过程的客观性、科学性，尽量减少或避免使评价结果受到人为主观偏好的影响。企业清洁生产评价是一个具有层次结构的复杂系统，可以按照图 5–13 的思路进行具体评价。

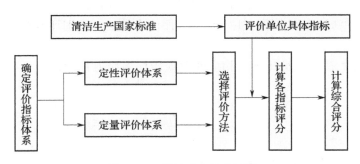

图 5–13　清洁生产评价流程

5.5　绿色消费

5.5.1　绿色消费概述

5.5.1.1　新时代背景下的绿色消费

绿色消费是社会发展到一定程度而出现的，它的兴起在社会发展进程中有着必然性。在现代工业社会发展模式下，社会生产力迅速发展，科学技术飞速进步。一方面，物质财富增长迅速，人们的物质生活水平得到大幅度提高；另一方面，工业发展加剧了对自然资源的消耗和对环境的破坏，引发了严重的环境问题，如温室效应、酸雨、生物多样性减少甚至濒临灭绝、荒漠化、能源和资源短缺、大气污染、水污染和固体废物污染等，这些问题的出现也愈发困扰着人类，让人类为此担忧自身所面临着的生存和发展危机。而 20 世纪30—60年代，世界各国爆发的环境污染事件加剧了这种担忧。比较典型的有美国多诺拉烟雾事件、英国伦敦烟雾事件、比利时马斯河谷烟雾事件、日本水俣病事件、四日市哮喘事件、米糠油事件、骨痛病事件、洛杉矶光化学烟雾事件等，这些震惊世界的污染事件给这些国家造成了巨大的经济损失和严重的人员伤亡，也给人们敲响了警钟。人们开始反思生态环境危机，反思工业革命后人类的种种行为对环境和资源造成的负面影响，努力吸取这些污染事件带来的教训，力图抛弃传统的、粗放的经济发展模式，试图寻找一种新的经济发展方式，绿色消费应运而生。

绿色消费的兴起源于 20 世纪 40 年代的欧洲。当时，欧洲很多国家发生了环境污染事件，这引起了政府和广大学者的注意。1944 年，卡尔·波兰尼（Karl Polanyi）在《大转型》中提出了"生态消费观"，他指出现代西方社会出现生态危机的主要根源就是人类的消费异化。1972 年，吉登斯（Giddens）更进一步指出，可持续发展受人们消费方式的改变要大于受资源环境的改变。此后，绿色消费理念在欧洲大陆盛行开来。20 世纪 80 年代以后，环境资源危机日益严重，这也让西方学者进一步加大了对绿色消费的研究。绿色消费的正式定义最早是由英国学者埃尔金顿（John Elkington）和黑尔斯（Julia Hailes）在《绿色消费者指南》中提出来的，他们从消费对象的角度界定绿色消费，认为绿色消费应避免使用以下六种产品的消费：①危害消费者和他人健康的商品；②因过度包装、超过商品有效期或过短的生命周期而造成不必要消费的商品；③在生产、使用和丢弃时，造成大量资源消耗的商品；④含有对动物残酷或不必要的剥夺而生产的商品；⑤使用出自稀有动物或自然资源的商品；⑥对其他发展中国家有不利影响的商品。《我们的家园——地球》中提到："环境危机问题的核心是消费问题"。联合国环境与发展大会也通过《里约宣言》和《21 世纪议程》，提出"加强了解消费的作用和如何形成更可持续的消费方式"，发出"改变消费方式"的口号，也就是呼吁人们摒弃传统的消费方式，追求新型的绿色消费方式。在政府和广大学者的呼吁下，广大消费者环境意识和健康意识日益增强，全新的理念和方式在整个西方社会流行起来。

关于绿色消费的含义，国内众多学者从不同的角度和侧重点对其进行了定义和阐述。中国消费者协会认为，绿色消费包括三层含义：①倡导消费者在消费时选择未被污染或有助于公众健康的绿色产品；②在消费过程中注重对垃圾的处理，不造成环境污染；③引导消费者转变消费观念，崇尚自然、追求健康，在追求其生活方便、舒适的同时，注重环保，节约资源和能源，实现可持续消费。唐锡阳（1993）把绿色消费概括为 3R 和 3E：减少非必要的浪费（Reduce），修旧利废（Reuse），提倡使用再生原料制成的产品（Recycle）；讲究经济实惠（Economics），讲究生态效益（Ecological），符合平等、人性原则（Equitable）。

绿色消费是生态文明建设框架中的一部分，它反映了生态文明的思想。生态文明是人类文明的一种形式，它以尊重和保护生态环境为主旨，以未来人类的可持续发展为着眼点。这种文明形态强调人与自然环境的相互依存、相互促进、和谐共生，生态文明突出生态的重要性，强调尊重和保护环境，强调人类在改造自然的同时必须尊重和爱护自然，不能随心所欲对自然环境产生破坏，这与我们倡导的绿色消费是一脉相承的。绿色消费的核心在于节约资源、保护环境，它突出了生态文明思想。

5.5.1.2　绿色消费理论

1. 需求层次理论

美国心理学家亚伯拉罕·马斯洛（Abraham Maslow）于 1943 年在他的《人类激励理论》中提出了著名的马斯洛需求层次理论，该需求理论将人类的需求分为五种，从低到高层次逐渐递升，这五个层次依次为生理需求（吃饱、保暖等），安全需求（人身安全、职业安全、生活保障等），社会需求（渴望关怀、爱护、理解等），尊重需求（受到肯定、受到尊重、尊重他人等），自我实现需求（自我理想、价值的实现、为社会做贡献等）。五种需求可以粗略分为两级，其中生理需求、安全需求和社会需求属于相对低级的需求，这些需求可以通过外部条件得以满足；而尊重需求和自我实现需求属于相对高级的需求，它们需要通过内部因素才能得到满足。

在经济不发达、物质供应不足的条件下，人们对于物质产品的消费需求量往往较低，社会能够提供给人们的东西也很有限，人们的消费需求也大部分局限在生理需求上。当然，这时由于经济不发达，工业发展少，科技水平不高，产品的生产能力低下，对能源和资源的需求较低，对大自然的生态环境影响也较小。同时，经济发展水平也影响着人们对自身健康和周围环境的认知，低水平的经济发展让人们无暇顾及自身的生活质量，在他们的意识里，能吃饱、穿暖就是一件很幸福的事。但是，随着社会的发展，工业的进步，经济发展水平越来越高，人们的物质生活也有了很大的改善，大部分人摆脱了贫困，逐渐过上了小康生活甚至富裕的生活。物质生活水平的改善，也让人们对健康安全的产品、优美的自然环境、他人的关怀理解、他人的肯定与尊重以及自我价值的实现等方面的需求越来越强烈，也就是说，经济的发展让人们的消费需求层次越来越高，对生活质量和品质有了更高的追求，人们越来越关注自身的健康和自然环境的保护，越来越有社会责任感，这也是自我实现需求的体现。而与这些需求相呼应的就是绿色消费——这是一种既有利于人类健康发展又有利于环境保护的持续的消费方式，绿色消费自然就成为人们在日常生活中追求的消费方式。

2. 消费伦理和哲学观

许多哲学家都提倡人与自然和谐共处，比如我国古人就崇尚"天人合一"的思想，这种思想也反映在消费方面，它主张必须有度、有禁地索取大自然。国外很多学者对我国的这种哲学思想，也持赞同态度。比如德国著名哲学家阿尔贝特·施伟泽（Albert Sch Weitzer）认为，中国哲学中"天人合一"的思想把人类最高的生态智慧体现出来，并称赞它是最丰富和无所不包的哲学。美国著名的生态哲学家林恩·怀特（Lynn T. White. Jr.）也指出，具有深厚渊源的中国文化中关于"人与自然相互协调"的观念值得所有西方人借鉴。同样在西方哲学史上，从古希腊哲学开始，就有了自然主义这样一个思想传统，它强调人对自然的依赖和人与自然的统一，同极端的人类中心论和功利主义相对抗。到 20 世纪，像马丁·海德格尔（Martin Heidegger）等著名哲学家倡导人与自然合一，人要"诗意地栖居在大地上"。德国古典哲学家伊曼努尔·康德（Immanuel Kant）、格奥尔格·威廉·弗里德里希·黑格尔（G. W. F. Hegel）等，也都肯定了人与自然构成一个统一的有机整体，人的生存是与大自然息息相关的。马克思在继承前人优秀成果的基础上，立足于人的实践活动，一方面强调人对自然的塑造作用，突出了以实践活动为基础的人的现实的主观能动性，另一方面又深入阐述了人对自然的依赖和自然相对于人来说所处的"优先地位"。马克思认为，人的活动越能动，其对自然的依赖就会越深刻，人是自然的一部分，人的所有活动都必须纳入自然当中加以衡量。

以上这些哲学思想本质都是"人与自然是一个有机整体"，提倡人与自然和谐相处。这种思想告诉人们在满足人类自身需要的同时，要考虑大自然的承受能力，要对人类赖以生存的自然界友好并承担起相应的责任，否则，大自然会报复人类。哲学观告诉我们，人类应该改变传统的消费方式，实施一种新的人与自然和谐共处的消费方式，而绿色消费正好符合这种要求，是可持续消费方式的一个重要表现形式和内容。

3. 可持续发展理论

可持续发展的内涵很丰富。①它代表一种共同发展。地球是一个复杂的系统，每个国家或地区都是这个系统中不可分割的子系统。系统的一个重要特征就是其完整性，子系统之间是相互联系、相互影响的，任何一个子系统出现问题都会影响其他子系统的发展，进而影响地球这个系统的发展。因此，可持续发展强调整体发展，即共同发展。②它是一种协调发展。这种协调既包括经济、社会、生态三大系统的整体协调，也包括世界、国家、地区三个空间层面的协调，还包括国家或地区经济与人口、环境、资源、社会以及内部各个阶层之间的协调。③它是一种公平发展，这种公平强调当代人的发展不能以损害后代人的发展能力为代价。④它是一种高效发展。这种高效发展是指人口、经济、社会、环境、资源等协调下的高效率发展，它不同于经济意义上的效率，因为它考虑了自然环境和资源，把它们的损益也包括在内。

4. 生态经济全面需求理论

传统的经济学在研究人类的物质文化需要时只从经济系统内部的物质资料的生产和消费等过程来考虑，没有把人类自身生命的生活和生产过程中对生态环境的需要，也就是人的生态需求考虑进去，有失全面性。生态经济学基于现代经济社会是个生态经济有机体这一基础，从生态经济发展过程来研究人类的社会需要，把人自身的生态需求包括在人类社会经济发展的需求之内，符合经济社会发展的实际情况：生产力的发展使人的需求范围不断扩大，从传统的物质需求转向精神需求，然后再转向生态需求；生产力的发展使人们生活水平得以提升，人们对生活质量也有了更高的要求，人们生活质量提高的重要标志就是满足生态需求。

5.5.2 绿色消费的现状及存在的问题

5.5.2.1 国外绿色消费现状

1. 美国

美国在促进绿色消费发展方面的主要做法是制定相关法律，为绿色消费的发展提供法律保障。1967 年，美国制定了《固体废物处置法》，用于规范处理废弃物。20 世纪 80 年代中期，新泽西州、俄勒冈州等先后制定《促进资源再生循环法》，到 2010 年为止，已有半数以上的州制定了各种不同形式的再生循环法规。1989 年，美国旧金山市制定《综合废弃物管理法令》，要求各行政区在 2000 年以前，实现 50% 废弃物可通过源削减和再循环的方式进行处理，未达到要求的区域管理人员每天对其实施相应的行政罚款。2009 年 6 月，美国众议院通过了《美国清洁能源与安全法案》，该法案制定的目的在于降低美国温室气体排放、减少美国对外国石油的依赖，该法案规定美国的减排目标是到 2020 年，二氧化碳排放量比 2005 年减少 17%，到 2050 年减少 83%。

制订低碳城市行动计划，发展低碳城市。发展低碳城市是抵御气候变化的有力武器，2007 年美国进步中心发布《抓住能源机遇，创建低碳经济》报告，提出创建低碳经济的十步计划。同年，美国参议院提出《低碳经济法案》，表明低碳经济的发展道路有望成为美国未来的重要战略选择。在金融危机带来重组及奥巴马政府策略的影响下，低碳、减排已成为美国大部分州政府的重要发展战略之一。美国低碳发展区域政策主要分为东北、西部、中西三个范围，于 2009 年 1 月启动东北各州的区域温室气体行动，约束的对象为发电能力超过 25MW 的发电企业，这些企业贡献了美国东北各州二氧化碳排放的 95%。行动分为两个阶段，各阶段目标分别为，2009 年—2014 年保持排放量不变，2015 年—2018 年每年排放量减少 2.5%。该行动将根据每个州 2000 年—2002 年的排放水平，给各州分配排放配额。由加州政府牵头提出的西部气候行动项目预计 2012 年开始实施，持续三年。同期，中西部温室气体减排协议也将上马，美国中部的大部分州和加拿大的曼尼托巴都被覆盖在内，主要针对大型工业设施和发电厂。项目目标是 2020 年年排放量减少到 2005 年年排放量的 15%~25%；2050 年年排放量减少到 2005 年年排放量的 60%~80%。目前，美国的低碳城市发展良好。

2. 英国

规划发展低碳城市，积极向低碳经济转型。英国是低碳城市规划和实践的先行者。2001 年，英国政府设立碳信托基金会，与能源节约基金会联合推动了英国的低碳城市项目（LCCP）。首批三个示范城市（布里斯托、利兹、曼彻斯特）在低碳城市项目提供的专家和技术支持下制定了全市范围的低碳城市规划。建筑和交通是城市规划的两个重点领域，在这两个领域内推广可再生能源应用、提高能效和控制能源需求，促进城市总的碳排放降低。其中，伦敦市在英国低碳城市建设方面起到了领跑者的作用。2003 年，伦敦市为了控制市内私人汽车运行量，除了对其收费外，还增加了电动汽车的投放量；2010 年，在市场上投放了 10 万辆电动汽车，计划将伦敦建设成"电动车之都"。2004 年，伦敦颁布《伦敦能源策略》，把气候变化纳入其中。《伦敦能源策略》是关于如何在满足伦敦市民基本能源需要、克服燃油短缺的前提下对本土和全球环境产生有益的影响的方针政策。这也确定了通过发展新的清洁技术实现可持续发展能源的框架。

3. 日本

在低碳、环保潮流的趋势下，日本加入低碳社会建设的队伍中来。由于地理环境处于相对弱势，气候变化对日本的影响要很大，考虑到气候变暖可能给本国农业、渔业、环境以及国民健康带来不良的影响，日本政府积极应对气候变化，提出创建"低碳社会"。日本认为，要想发展"低碳经济"，就必须发展"低碳社会"。2004 年，日本环境省设立的全球环境研究基金成立了"面向 2050 年的日本低碳社会情景"研究计划，对日本 2050 年低碳社会发展的情景和路线图进行了研究，并且在技术创新、制度变革和生活方式转变方面提出了具体的对策。2006 年 5 月，日本经济产业省编制了《新国家能源战略》，通过法律手段全面推动各项节能减排措施的实施。2007 年 5 月，日本经济产业省决定在未来 5 年投入 2090 亿日元用于发展清洁汽车技术，降低燃料的消耗符合碳排放量。2008 年 5 月，日本内阁"综合科学技术会议"公布了"低碳技术计划"，提出了实现低碳社会的技术战略以及环境能源技术创新的促进措施，比如超燃烧系统技术、超时空能源利用技术、低碳型社会构建技术等领域的创新。日本政府还制定了"技术战略图"，动员政府、产业界、学术界的力量调动国家和民间的资源，全方位地开展低碳技术的创新。目前，以富士山为首的城市正在积极发展低碳城市。

4．德国

为了更好地把绿色消费推行开来，德国政府采取了一系列措施，制定了很多法律制度、政策措施来保障绿色消费顺利进行。第一，德国政府建立了多层次法律框架。早在 1972 年，德国就制定了《废弃物处理法》，随后又颁布了《电力输送法》和《可再生能源优先法》，以便为绿色消费发展提供法律保障。第二，德国政府制定了绿色采购政策。自 1979 年起，德国推行环保标志制度，规定国家政府机构优先采购环保标志产品，也规定了绿色采购的原则，包括禁止浪费、产品必须具有耐久性、可回收、可维修、容易处置等条件。第三，为了促进节能环保和新能源消费，采取鼓励措施进行财政补贴。1990 年，德国颁布实施《电力输送法》，其中明确规定电力运营商有义务有偿接纳在其供电范围内生产出来的可再生能源电力，政府就给予电网运营商一定的财政补贴，补贴的金额至少为其从终端用户所获平均收益的 80%。

此外，为了鼓励广大消费者积极参与到绿色消费的实践中来，德国政府也制定了针对消费者的政策。德国实施了抵押金返还政策来推动包装品回收，《包装及包装废弃物管理条例》规定，强制性的抵押金制度只针对一次性饮料包装回收率低于 72% 的产品。以饮料为例，顾客购买的易拉罐包装饮料低于 1.5L 时，需支付 0.25 欧元；当超过 1.5L 时就需支付 0.5 欧元。只要消费者按照条例规定的相应要求返还容器，那么他（她）就能收回之前抵押的押金。这一措施有力地推动了包装品的回收和利用，减少了对环境的污染和破坏。

5.5.2.2　国内绿色消费现状

绿色消费在我国起步较晚，经历了萌芽、起步到快速发展的阶段。1972 年，我国政府派团参加了联合国在斯德哥尔摩召开的"人类环境大会"。大会之后，我国根据实际情况，开始大力发展绿色产业、倡导绿色消费、节约资源、保护环境、促进可持续发展。

近几年来，随着工业经济的进一步发展，各种食品安全事件、环境污染事件不断曝光，促使政府进一步转变经济发展方式，着力发展绿色经济、实施绿色消费，走新型的绿色发展道路，并把发展绿色经济作为我国新一轮经济发展的重要制高点。在"十四五"规划中继续指出支持老工业城市和资源型城市产业转型升级，同时坚持绿色转型，加快实现低碳发展。绿色经济需要绿色消费和绿色产业作支撑，所以要进一步推动绿色消费的发展，大力发展新兴产业，也就是要发展绿色环保产业。同时，国家制定了节能减排目标，到 2020 年我国单位国内生产总值二氧化碳要比 2005 年下降 40%~45%，到 2030 年比 2005 年下降 60%~65%，并将其作为约束性指标纳入国民经济发展中长期规划。2020 年 9 月，习近平主席在第七十五届联合国大会一般性辩论上宣布："中国将提高国家自主贡献力度，采取更加有力的政策和措施，二氧化碳排放力争于 2030 年前达到峰值，努力争取 2060 年前实现碳中和"（"双碳"目标）。根据生态环境部 2021 年发布的数据，2020 年单位国内生产总值二氧化碳排放比 2019 年下降 1%，比 2015 年下降 18.8%，比 2005 年下降 48.4%，超额完成"十三五"下降 18% 的目标。党的二十大报告进一步指出，中国式现代化是人与自然和谐共生的现代化。人与自然是生命共同体，无止境地向自然索取甚至破坏自然必然会遭到大自然的报复。我们坚持可持续发展，坚持节约优先、保护优先、自然恢复为主的方针，像保护眼睛一样保护自然和生态环境，坚定不移走生产发展、生活富裕、生态良好的文明发展道路，实现中华民族永续发展。

5.5.2.3　我国绿色消费实践

1. 制定政府绿色采购政策并付诸实施

政府绿色采购就是政府通过庞大的采购力量，在政府采购中选择的产品和服务符合国家生态和环境标准的行为。2003 年，我国通过《政府采购法》，该法第九条明确规定环境保护是我国政府采购的公共政策目标之一；2004 年年底，我国颁布《节能产品政府采购实施意见》；2006 年 10 月，财政部和国家环境保护总局⊖联合颁布了《实施环境标志产品政府采购实施意见》和《环境标志产品政府采购清单》，并规定，自 2007 年 1 月 1 日起，中央一级预算单位和省级（含计划单列市）预算单位开始实施，全国自 2008 年 1 月 1 日起全面实行。《环境标志产品政府采购清单》列明了环境标志产品实施政府优先采购的范围，共涉及复印机、打印机、轻型汽车、传真机等 14 大类近千种产品。2007 年年初，经财政部和国家环境保护总局调整，政府绿色采购清单从调整前的 81 家增加到调整后的 444 家。

2. 构建绿色 GDP 核算体系

绿色 GDP 是指扣除经济发展对自然和人的损害之后的国内生产总值的净值，是建立在以人为本、统筹协调、可持续发展观念之上的新型国民经济核算体系。2002 年，我国对国民经济核算体系进行修订，在附录表中首次增加了自然资源实物量核算表，这些核算大部分限于实物量，还未涉及价值量，但为进一步发展绿色核算奠定了初步统计基础。此外，国家统计局陆续在海南、黑龙江以及重庆等地开展了森林、水资源等核算试点。

3. 制定环保法律法规，为绿色消费提供法律保障。

市场经济的运行离不开法律的引导和规范。绿色消费是我国社会主义市场经济的重要组成部分，是我国经济的潜在驱动力，其发展也需要法律规章制度的保驾护航。我国相继颁布实施了《环境保护法》《海洋环境保护法》《固体废物污染环境防治法》等专门的环境保护法律以及《环境噪声污染防治条例》等 20 多项环境保护行政法规，地方政府也颁布了许多地方环境保护法规和地方环境标准，形成了具有我国特色的环境保护法律体系。与此同时，政

⊖　2008 年 7 月，国家环境保护总局升格为环境保护部；2018 年 3 月国务院成立生态环境部，不再保留环境保护部。

府积极制定并完善"绿色标志"制度，促进了绿色市场营销在各行业的实施。

4. 制定相应的绿色税收政策

绿色税收又称环境税收，是指对投资于防治污染或环境保护的纳税人给予税收减免，或对污染行业和污染物的使用进行征税。它不仅包括为环保而特定征收的各种税，也包括为环保而采取的各种减免税措施。为促进能源和资源的节约与利用，对原油和天然气及煤炭征收资源税并将部分油田原油和天然气的资源税单位税额提高到最高标准；我国政府适当提高了部分有色金属矿产品的资源税税额标准，并相应调整了有色金属、铁矿石的资源税优惠政策；为鼓励节约、集约用地，自 2007 年起，政府提高了城镇土地使用税税额标准，将之提高到 2 倍，自 2008 年起，对占用耕地建房和从事其他非农业建设的行为实施税收调节，将其适用的耕地占用税税额标准提高到 4 倍；为鼓励节能减排，2009 年起，将购置 1.6L 及以下排量乘用车，暂减按 5% 税率征税；为了限制高污染、高能耗产品的出口，我国政府先后多次取消或降低了部分能耗型产品出口退（免）税。同时，自 2009 年起，中央财政对新能源汽车推广应用予以补贴，2009 年—2020 年，我国新能源汽车销量增长了 260 倍，补贴累计投入约 1478 亿元。在新能源汽车补贴退坡后，依然享受购置税减免优惠政策。根据财政部等部门发布的公告显示，2023 年仍延续新能源汽车免征车辆购置税政策。

5.5.2.4　绿色消费实践中存在的问题

绿色消费是一种全新的消费方式，它的出现需要人们摒弃传统的消费方式。近年来，虽然在政府及有关部门的大力倡导和推动下，我国的绿色消费发展迅速，绿色消费群体也越来越大，但是，由于起步较晚，在绿色消费实践中仍存在不少问题，阻碍了我国绿色消费的进一步发展。

1. 绿色意识淡薄

绿色消费需要广大消费者具有较高的环保意识、生态意识、绿色意识以及强烈的社会责任感做支撑。虽然近年来，我国公众的生态环保意识较之以前有了很大的提高，越来越多的消费者表现出了绿色消费行为：购买绿色食品和绿色家电、进行绿色装修、生态旅游等。但是，从总体上来说，人们的这种绿色环保及购买意识还比较淡薄。

2022 年某调查问卷的结果显示，目前大部分人在绿色消费领域的践行程度在"多数做到"的阶段，尤其在绿色购买环节，选择"多数做到"与"完全做到"的人数超过一半。绿色消费的闲置回收环节践行程度较差，大众的践行程度均处于"半数做到"与"多数做到"的阶段。从这一调查状况来看，国人总体的绿色消费意识尚处于萌芽阶段。远远达不到实行绿色消费的要求，人们还没有完全认清这一全新的消费方式，没有真正深入地了解绿色消费的理念和它带给人们的好处和利益，所以在自身意识和观念上还没有完全接受和认可绿色消费，这也就成为制约我国绿色消费发展的一个重要因素。

2. 保障体系不完善

绿色消费的推行和发展需要相应的制度和政策作保障，但目前相应的政策和制度还不够完善。①政府没有建立完善的绿色产品的市场准入制度，使得绿色产品很难进入市场。②没有规范的绿色产品市场秩序，导致很多假冒伪劣绿色产品出现在市场上。③相关绿色产品质量检验标准建设不健全。目前，政府还没有比较具体和完善的制度来确定绿色产品的标准以及绿色产品在生产过程中的各项生产指标的标准。④有关绿色消费方面的绿色政策体系建立不完善。保障体系不完善也是限制我国绿色消费发展的因素之一。

3. 绿色产品供给不足

（1）企业没有足够的动力去开发和提供绿色产品　企业提供绿色产品是实现绿色消费的前提，但目前，企业在绿色产品供应方面还没有表示出相应的积极性，绿色产品的开发难度较大，成本较高，加之风险较大，获利也不确定，企业不知道自己开发出来的绿色产品能否受到消费者的青睐，减弱了企业生产绿色产品的动力。

（2）企业的绿色技术比较落后，绿色产品没有形成规模

（3）企业缺乏对绿色产品的市场调研，绿色营销体系建设较滞后　它们没有对绿色产品进行深入细致的调研，没有调查目前绿色产品的市场份额是多少，市场需求情况如何，以及消费者对绿色产品的购买欲望和能力情况又是怎样。

（4）绿色产品的流通渠道不健全，导致绿色产品的供给不足　到目前为止，全国还没有建立从批发到零售的完善的绿色流通网络体系，在市场上很少见到甚至根本没有绿色产品的专营商店、绿色产品连锁店之类的专门提供绿色产品的市场，这样也就影响绿色产品的供给。

4. 购买能力限制

（1）绿色产品的价格比较昂贵　虽然从长远来看，在科技和生产力发展到一定程度后，绿色产品的规模化生产会提升企业的竞争力，降低企业的生产成本，最终绿色产品较之普通产品会形成价格优势，但就目前来说，生产绿色产品的成本要高于普通产品。

（2）人们的收入水平有限　虽然我国经济发展比较迅速，人们的收入水平较之以前有了大幅度的提高，物质生活也更加丰富。但是，总体来说，我国经济发展起步较晚，目前的整体收入水平不高，大部分消费者的收入水平处于较低或中等阶段，有很多人甚至还处在贫困阶段，尤其是那些经济不发达地区，比如西部地区、偏远山区等，加上收入分配不均，贫富差距大，使人们的购买能力受到限制。

5.5.3　实现绿色消费的保障体系

5.5.3.1　绿色消费环境构建

2018 年，国务院发布《关于全面加强生态环境保护坚决打好污染防治攻坚战的意见》，提出要引导公众绿色生活，推广环境标志产品、有机产品等绿色产品。中国环境标志是我国在绿色消费与绿色生产领域，最有代表性，也是最成功、最权威的绿色生态产品认证制度，是 1993 年原国家环境保护总局按照国际规则建立起来的，其绿色的"十环"标志，寓意着全民联合起来，共同保护人类赖以生存的环境。中国环境标志秉持生命周期全过程管理理念，以产品为载体，向上连接着生产者，向下连接着消费者。通过在产品设计、原材料采购、生产过程、包装运输、使用和废弃等各环节提出绿色标准和要求，以认证为手段向市场提供绿色产品供给；同时，通过向消费者释放绿色产品信息，促进消费者绿色选择，并倒逼生产绿色转型。每一个中国环境标志标签，都是一面生态环境保护的旗帜。经过多年的实践，中国

环境标志对可持续生产和消费起到了重要的引领作用和示范作用。

5.5.3.2　绿色消费技术保障

中国环境标志将产品生命周期过程中的污染减排和节能降耗作为主要关注点，并通过标准的持续提升，有力地促进了污染物减排和资源能源节约，减少了温室气体排放，实现了较好的环境绩效。据不完全统计，2019 年中国环境标志产品减少 VOCs（挥发性有机物）排放213.9 万 t，二氧化碳 653.75 万 t，总磷 5297t；减少难降解的塑料包装 5026.6t，塑料原料消耗 0.95 万 t；节能 194.03 亿 kW·h，节水 2.53 亿 t，节省纸浆 149.04 万 t。我国自 2011 年起实施环境标志绿色印刷，推动了印刷行业的绿色发展。该行业 VOCs（挥发性有机物）排放量每年减少 15%，设备能耗降低 15%；全国 13 亿册中小学教科书全部实现了绿色印刷。

从 2005 年起，中国环境标志与澳大利亚签署了第一个环境标志双边合作协议，开启了中国环境标志国际化征程。目前中国环境标志已与德国、日本、韩国、北欧、美国、俄罗斯等13 个国家和地区签署了双边合作协议，推动了中国环境标志国际互认，提高了我国产品的国际竞争力，减少了国际绿色贸易壁垒。

5.5.3.3　绿色消费制度保障

把绿色消费作为推动生态环境治理体系现代化的重要措施，建立绿色消费社会治理体系和机制，开辟生态环境治理的新途径。构建政府为主导、企业为主体、社会组织和公众共同参与的绿色消费社会治理体系，明晰在推动绿色消费中政府相关部门的职能定位、社会组织的职能作用，鼓励企业承担更多环境社会责任，同时建立面向社会公众的绿色消费激励和惩戒制度。顺应社会绿色消费升级的趋势，健全绿色生态产品和服务的标准体系和绿色标识认证体系。以生态环境质量改善和碳达峰、碳中和目标为导向，围绕与居民生活和消费密切相关的衣、食、住、行、用等环节，加大绿色生态产品和服务的标准研发与认证，扩大绿色生态产品和服务的供给，满足人民日益增长的美好生活需要和居民绿色消费需求。完善和强化推动绿色消费的市场和经济激励政策，引导绿色生态产品的供给和居民消费的绿色选择。研究财税、信贷、金融、价格及市场信用等方面的绿色消费激励政策，探索建立"十四五"政府绿色采购目标指标，提升绿色生态产品的竞争力，让生产者和消费者从绿色发展中获得实惠。加强绿色消费的宣传引领和示范作用，引导绿色消费成为社会时尚。将绿色消费理念融入各类教育培训、创建活动、考核指标中，加强对政府、社会组织、企业和公众绿色消费的能力建设。建立全国绿色消费信息公开平台，加强宣传和示范推广。

本章习题

1. 我国耗竭性自然资源的高效利用存在哪些问题？
2. 可再生资源和可再生能源分别包括哪些种类？两者的区别有哪些？
3. 清洁生产审核的思路和主要程序是什么？
4. 清洁生产的评价指标有哪些？
5. 实现绿色消费的保障体系有哪些？

第6章 产业循环化发展

6.1 农业循环经济

　　农业是支持人类生存的最基本活动，是社会安定、国家自立的基础，也是社会经济发展的重要组成部分和优先领域。改革开放以来，我国农业得到了长足的发展，仅依靠世界7%的耕地面积养活了世界22%的人口，为世界稳定和可持续发展做出了巨大贡献。但我国农业沿用粗放型经营模式，过于依赖物质资料的消耗，具有高消耗、高排放、高污染的弊端，在当前资源和环境的双重约束之下，农业增长的潜能已趋于极限，因此这种农业发展方式必须得到改变。循环经济理念的提出，为我国农业健康发展提供了新的道路选择。农业循环经济体系的构建能有效缓解我国农业发展与资源、环境之间的矛盾关系，对农业的可持续发展具有重要意义。

6.1.1 农业可持续发展理论

　　1972年，联合国在斯德哥尔摩召开了人类历史上第一次"人类环境大会"，通过了著名的《人类环境宣言》，揭开了谋求人与自然协调，保持环境清洁和维持地球生态平衡新思想的序幕。最初对农业可持续发展的研究，因所属学科不同，认识角度不一，因此提出的概念和内涵有不同的说法。农学家多从农业，特别是粮食产出的角度考虑，认为农业可持续发展就是粮食产量的持续稳定增加；环境学家认为农业可持续发展是与生态环境的协调发展，是实现对资源的永续利用；经济学家则关注农业短期经济效益与长期效益的统一；社会学家更多地关心农业传统文化和技术的保存与发展等。

　　随着研究的不断深入，大众对于农业可持续发展的定义不断清晰和统一，主要集中在两个方面。①保护人类及其后代能够在地球上继续生存与发展；②保持资源的供需平衡和环境的良性循环。1988年，联合国粮农组织（FAO）理事会通过了对农业可持续发展的定义，即"可持续发展农业是通过利用与保护自然资源的基础方式（包括实行技术变革和机制变革），以确保当代人类及其后代对农产品的需求能够被满足。这种可持续发展能够保护土地资源、水资源和动植物遗传资源，且不会导致环境退化，在技术采用上要适当，在经济上要可行，而且能被社会所接受"。按照可持续发展的原理与准则，农业可持续发展实质上是谋求农业生态系统中各要素及其相关各系统之间、系统与外部环境之间的有序化与整体性持续运作的过程，其核心是农业系统能否保持良性循环和生产力的可持续性。因而农业系统理论、生态经济学理论、系统控制理论、循环经济理论、人地关系理论、资源环境价值理论、环境承载力理论等客观上为农业可持续发展提供了重要的理论依据。

6.1.1.1　农业系统理论

系统论由生物学家贝塔朗菲（Ludwig Von Bertalanffy）创立，该理论认为客观世界都是由大小不同的系统组成。例如，农业是由生物、资源、经济和技术四大要素组成的，具有开放性和不稳定性的多层次复合系统。在农业系统中，内部各相关子系统间的协调发展及其系统与外部环境之间通过物质、能量和信息的交流所维持的系统耗散结构功能的不断增强为农业可持续发展提供了内在驱动力，反之，就是阻滞力。农业的实质是通过绿色植物吸收与转化太阳能形成负熵为起点，并以这种负熵在流动过程中不断耗散的方式展开农业生产过程。从整个国民经济系统的角度看，农业是整体区域系统中的唯一负熵提供者，从而为人类生态经济系统耗散结构得以形成与维系奠定了基础，也使自身及其区域社会经济的持续发展成为可能。农业系统的核心是由自然生态系统与社会经济系统耦合而成的农业发展系统。自然生态系统属于农业本体系统，或是基础支撑系统，它是由包括土地、水和气候等在内的自然资源及其各种生物要素组成；社会经济系统属于农业主体系统，或是实施能动系统，受特定的经济目的、技术水平及其行为者（劳动力及其合作组织、集体经营组织等）素质的直接影响。农业本体系统与主体系统共同作用的直接效用决定着农业能否可持续发展。事实上，人类在与自然界相互作用的过程中，由于双方的变化发展速度不同始终面对着"增长型"社会经济系统和"稳定型"自然生态系统的协调与平衡，以及对"活跃型"生态系统的协调与调控的问题。

农业发展系统又是农业系统的主体部分。在市场经济下，区域社会经济发展不可能是孤立的、封闭的系统，低一级区域的农业与农村经济的发展必然受到包括全球、各国家等在内的高一级区域系统（包括生态系统、经济系统、技术系统和法制系统等）的支撑和制约。因此，农业系统可被定义为农场、种植园、区域和国家尺度的农业，或是嵌套生态、经济和人类行为的农业生态系统。可见，农业持续发展不仅仅是一个农户、一个农场的经济活动，而是包括大到全国乃至全球尺度的多层次系统过程。在某种意义上讲，每一个层次的系统都是独特的。因此，农业可持续发展的系统研究应着眼于特定层次的农业系统持续性分析。

6.1.1.2　生态经济理论

美国土壤学家阿尔布雷奇（W. Albreche）于 1971 年首次提出生态农业（Ecological Agriculture）的概念，后由英国农学家伍新顿（M. K. Worthington）于 1981 年进一步完善，并定义生态农业是"生态上能自我维持的，低输入的，经济上有生命力的，在环境、伦理和审美方面可接受的小型农业系统"。它是运用生态系统中的生物共生和物质循环再生原理，采用系统工程的方法，吸收现代科学的成就，因地制宜，合理组织农、林、牧、渔的比例，以实现生态、经济和社会效益统一的农业生产体系。其含义与国际持续农业的内涵基本上是相似的。我国生态农业是在传统"有机农业"背景的基础上借鉴了国外替代农业的各种形式之后提出来的，生态学原理和生态经济学理论为其完善和发展提供了科学依据和坚实的理论基础，强调遵循包括生态学在内的自然规律和经济规律来指导农业。因此我国生态农业实际上是农业可持续发展的一种典型模式。

生态经济理论认为，农业生产是一个开放的生态经济系统，必须处理好系统的投入与产出的关系，把生产、生态与经济三方面目标结合起来，以达到最适投入，高产高效。而农业生态经济系统最集中和最典型地反映了生态与经济的根本性矛盾，因而造成农业在可持续性上的"先天不足"，以及要解决可持续问题的困难程度。依据农业生态经济各子系统之间的相互依赖与影响，人们在以大农业为基础，立足于全部土地资源进行农业生态建设中，理应以协调各子系统的关系，提高系统稳定性和获得系统的最优化为目标。但事实上，经济效益始终作为人们所追求的目标，其他的目标只作一般考虑或被完全忽视。从生态经济理论的角度看，农业发展片面追求产量、产值和经济效益是远远不够的，也是农业可持续发展所不足的。从自然生态环境的角度，系统环境的变化给农业生态经济系统带来巨大的冲击和影响，因而成为农业生产高风险与系统脆弱性的根本原因。在气候变化的大环境下，农业生态经济系统只有从自然、经济和社会等各个方面做出根本性调整，才能适应新的生态环境要求。农业可持续发展理论的基本点应在于遵循"社会—经济—自然"复合生态系统的"整体、协调、循环和再生"原理，以寻求农业发展在经济上既能尽量提高农业生产水平而又有利于维护资源和环境基础的最佳"契合点"。

6.1.1.3 系统控制理论

整个生物圈中没有能完全满足人类要求的生态系统，在当今世界的许多地区，农业仍是不可持续的。这些征兆在全世界的农业地区都有所显现，如土地盐碱化、水土流失、水污染和水资源枯竭以及沙漠化等。自然生态系统一旦被转为农业生态系统，就变成具有控制论意义的限定系统。而农业生态系统中经济与环境矛盾的客观性及其系统结构的复杂性决定了进行农业系统运用调控的必要性。农业在系统性质上含有线性平衡态系统、近平衡态系统和非线性平衡态系统，在实体上包含自然系统、经济系统、社会系统和技术系统等，因此需要农学、地理学、生态学、经济学、社会学等学科的有关理论原理的结合才可能实现其控制。但由于农业系统本身并非完全的可观测系统，因此对其控制只能是局部的，并受到历史条件、科技水平和社会经济等要素的限制。

一个系统能否可持续发展，虽然主要是由系统内部的结构和功能决定的，外部因素只在一定程度上起催化作用，但可持续发展却需要外部力量的帮助，从环境资源利用角度看，一个长期的目标，要求代与代之间公平相处，可持续发展总是需要适度的环境存量的支持。因此，系统控制就成为农业可持续发展的必要条件和重要举措。例如，按照农业可持续发展的目标要求，农业经济发展应与可利用资源总量增长速度相协调，这就要求对资源开发利用的速度与规模加以控制，即在生态阈值内开发利用自然资源，正确处理经济发展、资源利用与环境保护三者间的关系。

6.1.1.4 循环经济理论

20 世纪 60 年代，美国经济学家肯尼思·鲍尔丁提出"宇宙飞船理论"，开创性地提出了生态经济的概念，这即是循环经济思想的萌芽。其核心思想是经济建设与生态保护有机结合，按照物质循环和能量流动的层级原理，协调经济、社会发展与自然、生态保护的关系，强调经济建设必须以生态资本的投入效益为评价标准，实现资源节约、经济发展、人与自然和谐、环境保护四者的协调和统一。

"循环经济"这一术语在我国出现于 20 世纪 90 年代中期，是一种以资源的高效利用和循环利用为核心，以"减量化、再利用、再循环"为原则，以低消耗、低排放、高效率为基本特征，符合可持续发展理念的经济增长模式，是对"大量生产、大量消费、大量废弃"的传统增长模式的根本变革。循环经济的思想符合可持续发展理念指导下的经济增长模式，这对缓解当前我国资源相对短缺且大量消耗的矛盾，对解决我国经济发展的资源瓶颈具有迫切的现实意义。

在各行业发展循环经济的局面下，循环农业则是以生态学、生态技术学、生态经济学等原理为理论基础的一种全新农业发展模式，是资源、人口、环境相互协调发展的农业经济增长新方式。通过建立农业发展与生态环境改善的动态均衡机制，将农业生产与生态环境的各种资源要素作为有机整体加以综合考量的新型农业发展模式，是采用农产品多级循环化、农业资源减量化和农业废弃物资源化的闭合循环的工业型农业生产模式。农业循环经济遵照"农业投入→农业产出→废弃物→资源化→新产品"的反馈式流程组织运行，扩宽农业产业链条，转换经济增长方式，变低效的传统农业经济为资源节约和高效利用的农业循环经济，并发展环境友好型农业生产模式，在经济增长的同时兼顾环境保护和生态环境的改善，是一种可持续的农业发展方式。

6.1.1.5　环境承载力理论

环境承载力理论主要研究的基本科学问题是资源环境的最大负荷。承载力概念的源起可以追溯到 16 世纪。托马斯·罗伯特·马尔萨斯（Thomas Robert Malthus）于 1798 年发表的名著《人口原理》，赋予了承载力概念现代内涵，并对后世社会经济的发展和研究产生了深远影响，这是承载力概念的雏形。环境承载力概念最早出现在 20 世纪初期。亚历山大·普凡德勒（A. Pfandler）于 1902 年提出的"物理观点之世界经济"和 1906 年美国农业部利用承载力概念编制年鉴标志着环境承载力概念的提出。1921 年，欧内斯特·伯吉斯（Ernest Burgess）和罗伯特·帕克（Robert E. Park）在人类生态学中引入承载力的概念，标志着环境承载力理论的重大进步。霍登（Hawden）等于 1922 年以及随后的奥尔多·利奥波德（Aldo Leopold）提出了承载力是区域生态系统能够支撑的最大种群密度变化的范围，这为后世的承载力理论奠定了重要的基础。20 世纪 60 至 70 年代，随着资源耗竭和环境恶化等突出问题，人们逐渐意识到生态系统与人类之间的相互矛盾与依存关系。承载力研究范围迅速扩展到了整个生态系统。承载力研究的本质逐渐转向机制研究，研究理念由静态平衡转到动态变化，进而逐渐深化到可持续发展问题上，《增长的极限》就是环境承载理论著名的代表作。20 世纪 70 至 80 年代，联合国教科文组织（UNESCO）与 FAO 先后开展了承载力定义和量化方法的研究，深化了承载力理论。20 世纪末，随着资源耗竭和环境恶化等问题进一步严重恶化，人地关系（Man-Nature Relation）研究逐渐成为生态学、地理学、环境经济学、资源科学等学科的重要研究内容，环境承载力理论在生态系统服务评估、区域规划、全球可持续发展研究领域得到极大的发展。进入 21 世纪，"环境承载力"理论在我国得到极大的重视，2006 年提出的《全国主体功能区规划》、2013 年十八届三中全会提出的建立资源环境承载能力监测预警机制等都标志着环境承载力理论在我国国家建设中的广泛应用。

6.1.2　农业循环经济的基本内容

6.1.2.1　农业循环经济的内涵

农业循环经济运用可持续发展思想和循环经济理论开展经济活动，按照生态系统内部物种共生、物质循环、能量多层次利用的生物链原理，调整和优化农业生态系统内部结构及产业结构，提高生物能源的利用率和有机废物的再利用和再循环，最大限度地减轻环境污染，使农业生产活动真正纳入农业生态系统循环中去，从而达到生态平衡与经济协调发展。农业循环经济的实质也是农业生态经济，《全国生态农业试点县建设实施指南》中将其内涵确定为在经济环境协调发展的指导下，总结吸收各种农业生产方式的成功经验，按照生态学和经济学的原理，应用系统工程方法建设和发展起来的农业体系。它要求把粮食生产与多种经济作物生产，发展种植业与林、牧、副、渔业，发展大农业与第二、第三产业结合起来，利用传统农业的精华和现代科学技术，通过人工设计生态工程，协调发展与环境之间、资源利用与保护之间的关系，形成生态上与经济上的两个良性循环。

农业循环经济以农业资源的循环利用为特征，以农业资源消耗最小化、农业污染排放最小化与农业废物利用最大化为目标，其结构涉及农业清洁生产、农业产业内部物能互换、农业产业间资源循环利用、消费过程的资源循环利用等几个方面。

（1）农业清洁生产　农产品生产过程中推行清洁生产，全过程防控污染，使污染排放最小化。农业清洁生产是指既可满足农业生产需要，又可合理利用资源并保护环境的实用农业生产技术。农业清洁生产包括清洁的投入、产出和生产过程，清洁的投入是指投入清洁的原料、清洁的能源等，清洁的产出是指产出不危害人体健康和生态环境的清洁农产品，清洁的生产过程是指使用无毒无害化肥。

（2）农业产业内部物能交换　农业产业内部物质能量的相互交换，互利互惠，使废物排放最小化。如种植业的立体种植有各种农作物的轮作、间作与套种，农林间作，林药间作等类型，养殖业的立体养殖有陆地立体圈养，水体立体养殖等很多典型模式。

（3）农业产业间资源循环利用　通过产业间相互交换废物，使废物得以资源化利用。按生态经济学原理，在一定空间里将栽培植物和养殖动物按一定方式配置的生产结构，使之相互间存在互惠互利关系，达到共同增产，改善生态环境，实现良性循环的目的。如种养结合的稻田养鱼，稻田为鱼提供了较好的生长环境，鱼吃杂、害虫，鱼粪肥田，减少了化肥和农药的使用量，控制了农业面源污染，保护了生态环境，增加了经济效益。

（4）消费过程的资源循环利用　这一层次的循环超出了生产本身，扩展到消费领域，包括农产品消费过程中和消费过程后物质能量的循环。这是一种良性的生态农业系统，是将农业循环经济纳入社会整体循环中，一个生产环节的产出是另一个环节的投入，使得各系统中的废物在生产过程中得到再次、多次和循环的利用，从而获得更高的资源利用率。如粮食作物可供人食用，也可饲养家畜，家畜肉还可供人食用，人畜粪便可肥田，或者做肥料。

6.1.2.2　农业循环经济的原则

农业循环经济同样遵守 3R 原则和无害化原则。

（1）减量化原则　减量化原则是指为了达到既定的生产目的或消费目的，而在农业生产全程乃至农产品生命周期中减少稀缺或不可再生资源、物质的投入量和废物的产生量。如种植业通过有机培肥提高地力、农艺及生物措施控制病虫草害、减少化肥农药和动力机械的使用量，既可减少化石能源的投入，又可减少污染物、保护生态环境。可以把农业中的减量化原则归纳为"九节一减"，即节地、节水、节种、节肥、节药、节电、节油、节煤、节粮、减人。

（2）再利用原则　再利用原则是指资源或产品以初始的形式被多次使用。如畜禽养殖冲洗用水可用于灌溉农田，既达到了浇水肥田的效果，又避免了污水随意排放、污染水体环境等，又如在渔业养殖中，利用养殖用水的循环系统，使养殖污水经处理达标后循环使用，达到了零排放的要求。

（3）再循环原则　再循环原则是指对生产或消费产生的废物进行循环利用，使生产出来的物品在完成其使用功后重新变成可以利用的资源，而不是无用的垃圾。如种植业的废物——秸秆，经过青贮氨化处理，成为草食家畜的优质饲料，而家畜的粪便又是作物的优质有机肥。

（4）无害化原则　无害化原则要求将农业生产过程中产生的废物进行无害化处理，这也是发展农业循环经济的最终目标。此外，农业发展循环经济还要坚持因地制宜原则、整体性协调原则、生物共存互利原则、相生相克趋利避害原则、最大绿色覆盖原则、最小土壤流失原则、土地资源用养保结合原则、资源合理流动与最佳配置原则、经济结构合理化原则、生态产业链接原则和社会经济效益与生态环境效益"双赢"原则及综合治理原则等。

6.1.2.3　农业循环经济的模式

（1）立体农业循环模式　利用农业生产体系内部物种之间的互惠互利、相克相生，使废物量排放最小，减少污染，改善生态环境。其基本模式包括立体种植模式（如林—农—药—菌种植等）、立体养殖模式（如禽—鱼—蚌养殖等）和立体种养结合模式（如桑基鱼塘、稻田养鱼、林牧间作等）等。以立体种养结合的林牧间作为例，通过建立林区，在林区内放养鸡鸭等家禽，家禽可以消灭杂草虫害，粪便利于林木生长。这样减少了化肥和农药使用，控制了农业污染，保护了生态环境，增加了经济收入。

（2）废弃物与资源循环模式　将废弃物、农副产品等经过一定的技术处理后，变成有用的资源，再通过种植、养殖、加工等生产过程生产出新的产品，即利用农业废弃物与农业资源之间的循环发展经济。包括畜禽粪便和农作物秸秆，经过加工处理变成资源（肥料、饲料、原料或能源），生活泔水加工成优质肥料，果渣加工成酒精，生产和生活垃圾进行发电，农用塑料薄膜经过回收加工生成新的塑料制品等。其基本模式包括农用废弃物—农业资源—农用产品，农副产品（或废弃物）—农业资源—种植、养殖或加工—新的农产品。

以农作物秸秆利用为例，将农业生产过程中的副产品——农作物秸秆，通过加工处理变成有用的资源加以利用，实现秸秆的肥料化、饲料化、原料化或能源化，减低了废弃物排放，消解了对环境的污染，保护了生态环境，促进了农业的可持续发展。秸秆肥料化主要采用秸秆直接还田、过腹还田或沤制还田等技术，利用秸秆富含有机质，改良土壤结构，增强土壤的蓄水保肥能力，减少化肥、农药等施用量；秸秆饲料化是指利用花生、玉米等农作物秸秆富含较高营养成分通过青贮、微贮及氨化等处理措施，使秸秆便于牲畜消化吸收；秸秆原料化是指利用秸秆作为造纸原料，利用小麦秸秆制取糠醛、纤维素，利用稻壳生产免烧砖、酿烧酒，利用稻草制取膨松纤维素、板材或编织草帘、草苫等；农作物秸秆能源化是指，秸秆进沼气池制造沼气作为能源利用、秸秆气化作为能源利用和秸秆发电等。

（3）能源与资源循环模式　这种模式是以沼气池作为连接纽带，通过生物转换技术，把农业或农村的秸秆、人畜禽粪便等有机废弃物转变为有用资源，然后进行多层次的种植、养殖，利用能源与资源之间的循环发展经济。其基本模式有："三位一体"模式，即沼气池—猪舍（或牛舍、禽舍等）—鱼塘（或果园、日光温室等）；"四位一体"模式，即沼气池—猪舍（或牛舍、禽舍等）—厕所—日光温室（或果园、鱼塘、食用菌等）等。

以"四位一体"模式为例，将农作物的秸秆、人畜粪便等有机物在沼气池厌氧环境中通过沼气微生物分解转化后，产生沼气、沼液、沼渣。沼气除可作能源外，还可以养蚕，可以保鲜、储存农产品。沼液可以浸种，可以做叶面喷洒，为作物提供营养并杀灭某些病虫害，可以做培养液水培蔬菜，可以做果园滴灌，可以喂鱼、猪、鸡等。沼渣可以做肥料，可以做营养基栽种食用菌，也可以养殖蚯蚓等。这样"四位一体"模式以太阳能为动力，以沼气为纽带将沼气池、畜（禽）舍、厕所和日光温室有机组合，实现产气、积肥同步种植、养殖并举，取得能流、物流和社会诸方面的综合效益。其投资少、风险小、效益高，农产品无污染、无公害节水、节肥既降本增效，又能改善环境、保护生态，从而实现农业可持续发展。

（4）产业链循环模式　这种模式以产业为链条，将种植业、养殖业和农产品加工业连为一体，使上游产业的产品或废弃物转变成下游产业的投入资源，通过多层次产业间的物质和能量交换，在同一个产业系统中，提高资源和能源的利用率和农业有机物的再利用和再循环，从而使资源和能源消耗少、转换快，废弃物利用高，减轻环境污染。如甜菜种植业—制糖加工业—酒精制造业，果树种植业—果汁加工业—畜禽养殖业，甘蔗种植业—制糖加工业—酒精制造业—造纸业—热电联产业—环境综合处理等。其基本模式有种植业（养殖业）—加工业—种植业（养殖业），种植业（养殖业）—加工业—加工业。

以上四种模式是比较典型的农业循环经济模式。在现实中，各模式之间可以相互组合，还可以与其他产业结合起来，从而构建更加丰富多彩的农业循环经济模式，如产业链循环模式与沼气池相结合、能源与资源循环模式与观光旅游业结合等。因此，应根据实际情况，考虑自然、经济和技术条件，因地制宜，选择适合当地的农业循环经济模式，大力发展农业循环经济以促进农业可持续发展。

6.1.2.4　农业循环经济的支撑技术

农业循环经济本质上是一种"低投入、高循环、高效率、高技术、产业化"的新型农业，不同于传统农业，相应支撑技术也有所区别，具体看来主要包括以下技术：

（1）资源投入减量技术　这个环节主要考虑资源投入减量化的问题。这方面的技术主要分为两类。一类是根据资源分布的异质性、农业生物对环境资源光、热、水、土、肥等需要的差异以及各种农业生物的相生相克原理，将不同生物种群配置到同一立体空间的不同层次上，使有限的空间和时间容纳更多的生物种类，充分利用单位空间和时间内的光、热、水、土、肥等资源，提高资源利用效率，代表性技术有立体种植、立体养殖、立体复合种养。另一类是，开发利用可再生能源如太阳能、风能、沼气替代不可再生资源如石油等，目前太阳能的利用在我国农村已比较普遍，形式也多种多样，塑料薄膜覆盖、太阳能采暖房、塑料温室等都能充分利用太阳能，延长光合时间，塑料薄膜覆盖可以节水增温，年蒸发量减少一半，节约 1/3 农业用水，提高水的利用率 32%~65%。

（2）生产链条延长技术　主要考虑延长生产链条再利用的问题。在农业生产中，可以通过食物链加环技术来达到物质和能量的多层次利用，提高物质、能量的利用效率。食物链加环技术即利用食物链原理，在农业生态系统中加入新的营养级，从而提高资源利用率、增加系统的经济产品产出，同时防止有害昆虫、动物危害的方法。食物链加环包括三个方面：①生产过程的加环，比如引入、保护和发展天敌，有效抑制害虫的大量繁殖，消减作物害虫、害兽，保护生态环境，防止污染，同时，减少不可再生资源的投入，降低生产成本；②产品消费加环，农业各级产品中，除可以为人类直接消费的产品外，还有相当一部分副产品不能直接为人类利用，而这些副产品本身又是下一级产品的原料，加入新环后就可以使之转化为可以直接利用的产品，如利用树皮、饼粕、秸秆等副产品饲养牛、羊、兔等草食性动物，由它们转化成人类需要的肉、蛋、奶等产品，又如将畜禽养殖冲洗用水用于灌溉农田，既达到浇水肥田的效果，又避免了污水随意排放、污染水体环境等问题；③增加产品加环，目前农产品输出的形式，多是原粮、毛菜、生猪、水果的形式，从输出到消费者的厨房，有很大一部分被损耗，是无效输出，因此引入产品加环，通过产品加工技术使产品变成成品、精品输出，这样就能减少无效输出，减少系统的物质能量输入，降低生产成本，增加农民收益，防止城市污染。

（3）废物资源化技术　这个环节主要考虑废物资源化的问题。农业循环经济发展的基本任务之一就是促进物质在系统中的循环使用，以尽可能少的系统外部输入，增加系统产品的输出，提高经济效益。农业有机废料的综合利用就是最重要的途径之一，通常农业有机废料是指秸秆和牲畜粪便。对于秸秆，秸秆还田是保持土壤有机质的有效措施，但如果秸秆不经处理直接还田，需要很长的时间发酵分解，才能发挥肥效，现在比较成熟的技术是将秸秆糖化或氨化，先把秸秆变成饲料，然后用牲畜的排泄物及秸秆残渣来培养食用菌，如此可使秸秆得到多级利用。对于牲畜粪便，主要有三种用途：①用做饲料，由于禽类消化道较短，饲料未充分吸收就排出体外，其粪便中的营养成分未被消化吸收，粪便通过干燥、膨化等技术处理后，可作为畜、鱼的饲料；②用做肥料，粪便经发酵后就地还田作为肥料使用，随着集约化畜禽养殖的发展，畜禽粪便也日趋集中，一些地区还兴建了畜禽有机肥生产厂；③用做燃料，将畜禽粪便和秸秆等一起进行发酵产生沼气，这是畜禽粪便利用最有效的方法，这种方法不仅能提供清洁能源，解决我国广大农村燃料短缺和大量焚烧秸秆的矛盾，同时，也解决了大型畜牧养殖场的粪便污染问题。

6.1.3　农业循环经济体系构建模式

农业循环经济体系是一个复杂的综合系统，可以选取与其发展密切相关的主要因素，如农业资源禀赋、参与主体、技术和制度，通过建立目标函数来表达各因素间通过耦合、互动、协作达到最终目标的过程。

$$CAE = f(r_a, u, t, s)$$

式中，CAE 代表循环经济农业体系；r_a 代表农业资源禀赋；u 代表参与主体；t 代表技术；s 代表制度。

6.1.3.1 农业循环经济体系

农业循环经济体系的目标是在农业生产过程和农产品生命周期中减少资源、物质投入量和减少废物产生与排放量，加大对废弃物资源的循环利用，提高农业生产系统产出量，实现农业生态、农村社会和农村经济可持续发展的"共赢"局面。

6.1.3.2 参与主体

参与主体是指农业循环经济体系建立过程中的实施主体。可根据各主体的角色定位建立一个由小到大、由点到面、依次递进的维度空间；即农户及消费者层面—生态农业园区层面—区域循环农业层面，三者之间前者是后者的基础，后者是前者的平台。

（1）农户及消费者层面 单个农户在农业生产过程中不仅要注重农产品数量增加和农产品质量提高，而且要尽可能地减少对人体有害及破坏自然环境的化肥、农药等物品的使用；另外，通过农产品的清洁生产，有效配置农业资源，以最大限度地减少对不可再生资源的耗竭性开采与利用，并应用替代性的可再生资源，以期尽可能地减少进入农业生产、农产品消费过程的物质流和能源流；同时，单个消费者应该购买具有最大比例的二次资源制成的农产品，使得农业经济的整个过程（田间—农产品生产—农产品消费—农业再生资源—田间）尽量实现闭合。

（2）生态农业园区层面 按照产业生态理论建立农业产业生态园，是推行循环经济的一种先进模式。这种方式模仿自然生态系统，使资源和能源在这个产业系统中循环使用，上家的废料成为下家的原料和动力，尽可能把各种资源都充分利用起来做到资源共享、各得其利、共同发展。可建立由生态种植业、生态林业、生态渔业、生态牧业及其延伸的生态型农产品加工业、农产品贸易与服务业一体的生态农业园，通过废物交换、循环利用、要素耦合和产业生态链等方式形成呈网状的相互依存、密切联系、协同作用的生态产业体系。各产业部门之间，在质上为相互依存、相互制约的关系，在量上是按一定比例组成的有机体，从而形成一个比较完整闭合的生态产业网络，使资源得到最佳配置、废弃物得到有效利用、环境污染减少到最低水平。

（3）区域循环农业层面 各级政府要发挥引导作用，优先采购经过生态设计或通过环境标志认证的产品，以及经过清洁生产审计或通过 ISO14000 认证的企业的产品。通过政府的绿色采购、消费行为，推动企业和公众在社会意识形态领域中逐步营造区域循环农业的良好氛围。

6.1.3.3 技术支持

用现代先进的科学技术和现代先进的生产手段装备农业，用先进科学方法管理农业，是推行农业循环经济，实现农业可持续发展的保证。充分利用当代最先进的科学技术，包括：①农业清洁生产理念与生态技术体系；②生命周期理论及环评技术；③农业生态管理理念与生态管理技术体系；④农业产业生态链原理与技术体系等。

6.1.3.4　制度设计

（1）政府合理引导　政府通过宏观财政政策鼓励有利于环境保护和资源合理利用的活动。通过政策引导，使得循环利用资源和保护环境有利可图。政府通过提供补助金、低息贷款、税收减免、基础设施建设投资等手段促进农业循环经济体系的建设，特别是在农区修建综合效益较好的沼气池；而对农户使用新型肥料、农药、地膜的价格差，国家也应相应地给予一定数额的补贴，以加大绿色农资在农业生产的普及率，从而保护生态环境和农民的切身利益。

（2）市场有效调节　利用市场机制，充分调动企业的积极性，可建立排污权市场、水权市场等。如排污权市场的建立，可由政府确定环境容量使用的上限，并将允许排放的污染数量总量分配到各个污染源，借此明确排污单位对容量资源的产权（使用权），之后允许污染者在市场上交易排污权，利用市场供求关系实现环境容量资源优化配置。通过市场交易，排污权从治理成本低的污染者流动到治理成本高的污染者，使得社会以最低成本实现污染物减排，环境容量资源实现高效率配置。

（3）法律严格规范　建立有利于农业循环经济体系发展的政策和法律体系。鉴于我国居民，尤其是广大农村居民对生态环境保护知识较为缺乏和意识比较薄弱的状况，当地政府应强化责任意识，并通过立法把发展农业循环经济纳入地方基层政府的职责范围之内，加强对发展农业循环经济重要性的教育、宣传和引导，调节和影响农业投资主体的经营行为，建立自觉节约资源和保护环境的激励机制。

（4）公众积极参与　农业循环经济体系中的公共参与，既包括公众以自身力量去影响、评价、监督政府行为与组织行为，参与社会决策，宣传可持续理念等，也包括公众自身对循环型生活方式的选择与实践。一方面，公众参与是一种动力，由公众参与、监督制定的政策法规具有更强的可操作性，将有力地推动农业循环经济体系的健康运行；另一方面，全民从点滴做起，自觉地约束和规范自身的行为，也将有效地推动农业循环经济体系的发展。

6.2　工业循环经济

6.2.1　工业生态系统概述

6.2.1.1　工业生态系统的演化

针对传统、开放的经济活动及其对自然环境的影响，工业生态学家通过比拟生物新陈代谢过程和生态系统的结构与功能，把整个工业系统作为生态系统发展三个阶段中的一种特殊形式来看待，参照自然生态系统的发展演化过程，将工业生态系统划分为低级、高级和顶级三级生态系统。

在低级生态系统中，工业过程中的物流、能流呈线性，即物质、能量从环境流向工业过程，经简单的加工制造后，最终以废物和废弃产品的形式流出工业过程。低级生态系统的生态经济效率低，其运行方式是开采资源和抛弃废料，这是环境问题的根源。工业革命初期的工业生态系统属于低级生态系统。在高级生态系统中，资源减少，物质变得重要，部分"废物"和废弃的产品能被重新回收利用。

目前的工业系统属于高级生态系统。在高级生态系统中，虽然原料使用效率有所提高，部分"废物"和废弃的产品也被回收利用，但仍需向自然界索取资源和能源，并排放废物，且由于生产规模扩大，对生态环境的影响空前。在顶级生态系统中，物质完全封闭循环，只从自然界输入能源，而不索取资源和排放废物。

顶级生态系统只有在自然界中达到，但工业系统应尽可能地向其发展。工业系统须从自然生态系统中学习以下三点：能源和稀缺资源的消费及废物排放需减量化，工业废物和废弃的产品须向营养物在自然生态系统食物网的不同有机体中循环利用一样在工业过程间循环，工业系统需多样化且有足够弹性以应付外界干扰。

6.2.1.2　工业生态系统结构

自然生态系统的主体是生物，工业生态系统的主体应是工业生产部门。根据生产方式不同，工业部门可分为加工型、制造型、组装型、经营和维修型、销售及贸易型；根据产品开发能力不同，工业部门可分为产品开发型（具备开发及改造产品能力）、产品改装型和生产型。但这两种划分方法都不能很好地体现工业生态系统的能流、物流途径。效仿自然生态系统的结构划分方法，根据工业部门的原料来源不同将工业部门分为原材料获取部门、材料加工部门、产品制造部门、产品使用部门、废弃产品和工业废物的回收和处理部门。这种划分方法能较好地反映出物质和能量在工业系统中的流动方向。

6.2.1.3　工业生态系统功能

工业生态系统与自然生态系统一样，都包含着生产者、消费者、分解者的食物链，以进行物质、能量和信息的储存和交换。在工业系统中，采矿业、能源产业等初级生产者将自然环境中的资源和能源移入系统，这些物质和能量又被制造业这一高级生产者加以利用；工业过程所产生的一系列固体废弃物、废水和废气，被分解者废旧资源再利用，重新进入产业链循环，否则将直接排入环境并带来污染等环境问题。物质流从生产者流向消费者，价值流的方向与之相反，从消费者流向生产者。受运输和贸易等人类行为的影响，系统较为开放，由于工业产品的输出，使原先在系统循环的营养物质离开了系统，为了维持工业生态系统的稳定，需要外部生态系统输入物质和能量。

6.2.2　生态工业园

20 世纪 70 年代以来，卡隆堡工业共生体的出现与所取得的进展，使工业生态学倡导者和政府部门管理者们看到了通过工业生态学实现可持续发展的现实希望。经过不断实践发现，生态工业园区是实现生态工业系统发展的有效模式。

6.2.2.1 生态工业园内涵与特征

生态工业园是依据工业生态学原理而设计建立的工业园区。从本质上讲，生态工业园是一个计划好的原材料和能源交换的工业体系，它寻求能源、原材料使用以及废物的最小化，通过企业间的相互合作，实现绿色技术，建立可持续的经济、技术、生态和社会的关系。生态工业园是一种工业共生体，即工业生态系统。生态工业园参与者之间的合作、联系就是企业间的共生式关联。这种共生式关联组成产业链结合而成的产业系统，就是工业生态系统。生态工业园的最主要特征是其各组成单元间相互利用废物，作为生产原料，最终实现园区内资源利用最大化和环境污染的最小化。

一般认为，生态工业园区的目标是尽量减少废物，将园区内一个工厂或企业产生的副产品作为另一个工厂的投入或原材料，通过废物交换、循环利用及清洁生产等手段，最终实现园区内的污染物"零排放"，达到相互间资源的最优化配置。可见，生态工业园是推行循环经济的一种有效途径。它最大限度地提高资源利用率，从工业生产源头将污染物排放量减至最低，实行资源的综合利用，使废弃物资源化、减量化和无害化，把有害环境的废弃物减少到最低限度，实现区域的清洁生产。

6.2.2.2 生态工业园的质能循环

生态工业园的根本优势在于要求企业进行质能循环的生产合作，以形成生态工业园中至关重要的"产业共生"，使区内及辐射范围内的企业效益与地区、国家的经济运行绩效得到提高，同时使社会生产对生态环境的冲击最小化。

产业共生系统（Industrial Ecosystem 或 Industrial Symbiosis）是生态工业园的核心组成部分。产业共生（系统）是一个社区或一个企业网络，在系统内部通过质能循环技术，互相交换副产品、层递使用能源，从而减少原材料投入，增加能源利用率，减少能源消耗，减少废物处理费用，增加企业经济效益。系统中参与者之间的合作、联系就是企业间的产业共生式关联。由企业间以一系列产业共生式关联组成产业链结合而成的产业系统就是产业共生系统。在这个客观的生产区域——产业共生系统的基础上，加上一些企业、经济以外主观的制度、社会、文化因素，产业共生系统就成为一个完整的生态工业园。

产业共生系统运作机制好似"企业的一部设备的废弃物变成了另外一家企业某部设备的原料"一般。生态工业园中的产业共生系统与传统工业园中产业链集聚的区别在于：传统的产业链是由进行生产交换的上下游厂商构成，生产初级生产资料的厂商往往在产业链的最上端，而生产最终产品的厂商在下端，无论厂商数量多少，产业链一般都是以线性形式存在，有始有终。而在组成产业共生系统的产业链中，企业不仅进行产品交换，更主要进行副产品、废弃物的交换，某家企业的多种副产品可以为多家企业、多种产业所利用，即产业共生系统的产业链是相互交错的，从而形成"共生式"网络结构。这个网络结构无所谓始终，结点间的联系可以是多线的。

而在传统工业园内，除了上下游厂商进行原料与中间产品交易外，企业其他生产性合作较少，而在废弃物处理方面，因大部分企业并无开展废物回收与循环利用的需求与动机，如若开展较大规模的污染物末端处理，则更大程度上被企业视为增加了额外的污染处理费或污染税费，这无疑会增加企业的生产成本。事实上，工业园内很有可能存在另一家企业需要该种废弃物作为原材料投入生产，当它们进行废物交易时，产生的交易成本一般都会比废物处理、污染税费成本与原材料购置成本的总和低得多。从这一角度而言，开展废物回收与循环利用是有利可图的，这正是生态，工业园区的特点与优势所在。因此，在传统工业园内，因企业的线性生产和产业链条并无交汇点，且不存在生产线性合作，使得诸多有经济价值的质能循环利用发展不起来，这是传统工业园相较于生态工业园的劣势所在。

6.2.2.3　生态工业园的四大体系

根据系统科学的理论，大量多样的简单个体聚合在一起，通过相互作用，其整体性能必定超过个体性能之和。显然生态工业园就是大量多样个体的聚合，其整体功能必定超过各个个体的性能之和。那么，生态工业园如何发展才能进一步促进企业之间的互动关系、促进生态工业园与自然环境之间的和谐关系，进而获得生态工业园发展的经济、环境和社会效益呢？基于循环经济理论，生态工业园内的企业要彼此紧密合作，实现各种副产品和废物的交换、能量和水的梯级利用、基础设施的共享以及信息的交换等。也就是说，循环经济要求生态工业园不单实现资源、能源相互间一对一的简单循环，还要实现一个区域总体的资源、能源增值，改善环境品质。因此，生态工业园循环经济发展模式追求产业、基础设施、人居环境和社会消费四大体系的协调和共进。

（1）产业体系的共生　生态工业园中各企业做到"四节一综合"，通过生态设计实现源头减量，通过绿色采购实现生产减量，通过固废、废气资源化和废水再利用实现综合利用、循环利用。产业发展注重"加链补环"，完善、延长产业链，强化产业政策的规范和引导，调整优化产业结构。

（2）基础设施的共享　基础设施的共享是生态工业园的特点之一。通过共享可减少能源和资源的消耗，提高设施的使用效率，避免重复投资。园区内必须建成集约使用公用工程和物流传输体系，改变由各企业自建分散的、小而全的公用配套设施的传统模式，实现生产配套、公用辅助等设施的资源共享。根据区内主体项目对水、电、气等的需求总量统一规划，集中建设工业污水处理厂、工业固体废弃物焚烧炉、热电联供厂、天然气管网等项目，形成集约使用的公用工程供水、供电、供热、供气为一体的公用工程，实行区内能源的统一供给。另外，区内要实现信息系统（包括清洁生产管、理信息系统、环境管理信息系统等）的共享，提高园区在资源能源管理、环境管理等方面的效率。可见，基础设施的建设和共享可以促进园区内物质循环、能量有效利用、环境与生态协调发展。

（3）人居环境的安全　循环经济生态工业园发展模式中必须将生态与经济一体化的规律体现在生态工业园的规划上，根据可持续发展和循环经济理念，园区的发展必须控制在生态环境的许可范围，要考虑大气环境的容量、水环境的容量、噪声环境的容量、生态住宅与生态社区的建设、土地资源和人口的承载力、绿地系统的平衡关系等。通过建立投入保证制度、绿色准入制度、生态环境和基本资源价值评估和巡察制度、有偿使用环境资源制度、发展循环经济的补偿制度、强制性污染排放标准和污染收费制度、固体废弃物及危险废物收集资质制度，保证在园区经济发展的同时确保人居环境的安全。

（4）社会消费的"绿色"推进 循环经济生态工业园发展模式要求园区内政府和企业实施绿色采购制度，社会消费遵循绿色消费模式。由于政府具有的权威性和影响力，政府绿色采购的消费导向不仅会影响企业的经济活动，而且会影响作为普通消费者的社会公众，而社会传统消费取向的改变和绿色消费取向的形成，又会进一步影响生产商、供应商的发展，形成彼此之间的良性互动关系。

6.2.3 生态工业园的循环经济模式

工业园发展可以按照集聚企业的联结方式分为横向集群型园区和纵向集群型园区。横向集群型园区中没有处于领导地位的大型企业，企业之间更多地表现为一种竞争关系，没有形成较为紧密的分工协作，是园区发展的初级阶段；而纵向集群型园区中有一个或几个核心大企业，同时存在着众多中小企业围绕着这些大企业进行分工协作，纵向集群型园区有利于资源的整合和专业化生产，更有效率，是园区发展的高级阶段。因此，生态工业园必定是一个纵向集群型园区。

生态工业园的循环经济模式可以按照园区内各主体之间的依赖关系进行划分，包括自组织单一共生型模式、自组织网络共生型模式和自组织虚拟共生型模式。自组织单一共生型模式，是指所有参与共生的企业受控于一家核心企业或一个集团公司，它们围绕单一核心体形成一个生态共生体，各共生单元一般是中小型企业，一方面它们为核心体服务，另一方面它们利用核心体的副产品作为原料。这种共生模式使得中小企业和核心体之间在原料供应与副产品吸收方面建立广泛的共生关系。自组织单一共生型生态工业园如图6-1所示。

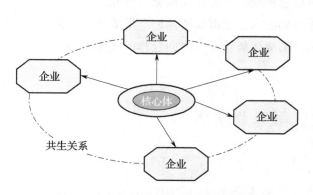

图6-1 自组织单一共生型生态工业园

自组织网络共生型模式又分为两种，一种是简单网络，一种是复杂网络。简单网络共生是单一共生型模式的复制，也就是说存在多个核心企业，相应的中小企业围绕每个核心企业形成共生关系，而核心企业均为独立主体。复杂网络共生是在简单网络共生的基础上，各个核心体之间又形成共生关系，这种共生型模式会随着整个产业集群的扩展，提供更多的共生机会，使得更多的"共生伙伴"加入这一"共生系统"中，这完全是一种自组织的共生集群模式，这种共生模式的稳定性更强。这种共生模式的代表性案例就是丹麦的卡伦堡生态工业园。卡伦堡工业园有五个大企业和十几个小企业，它们之间主要通过废弃物和副产品的互换而形成一个工业共生系统，它以五个核心企业：阿斯内斯（Asnaes）火力发电厂、斯塔托伊尔（Statoil）炼油厂、济普洛克（Gyproc）石膏墙板厂、洛沃洛迪斯克（Novonor Disk）制药公司，以及一家土壤修复公司组成。五个核心企业和其余十几个小企业之间根据企业间的关联度和互补性集群于园区，通过废弃物和能量的置换，形成一个工业园区的共生网络，既节约了各企业的资源，又实现了零污染排放。自组织网络共生型生态工业园如图 6-2 所示。

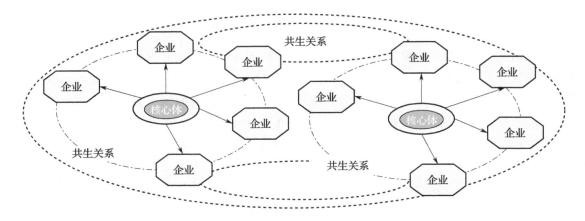

图 6-2　自组织网络共生型生态工业园

自组织虚拟共生型模式，不严格要求其主体在同一区域，可以是一种虚拟型的企业群落，可以包括附近的居住区，或者包括其他的生产或服务的合作伙伴，是一个大的企业网络。网络中的各成员通过园区信息系统，首先在虚拟空间中建立成员间的物能交换，然后再付诸实施，各主体完全是根据市场需求，在市场的调控下形成各种灵活的梯级结构，这种模式在更大的范围内构筑生态链，形成优势互补、协同合作的虚拟组织，因此其适用性更强，但对外部的环境要求更高。

6.3　循环型现代服务业发展

6.3.1　服务业现代化与循环化

6.3.1.1　服务业现代化的基本概念及主要特征

1. 基本概念

关于什么是现代服务业，不同的学者基于研究侧重点差异有不同的理解。部分学者认为现代服务业是传统服务业的对称，与传统服务业相比，它具有高技术性、知识性、新兴性等属性，同时具有高人力资本含量、高附加值和高技术含量等特征。另一部分学者则从现代信息技术和知识经济发展角度提出现代服务业的定义。这部分学者认为现代服务业是指依托电子信息和其他高新技术，以及现代经营方式和组织而发展起来的服务业，既包括新兴服务业，也包括对传统服务业的技术改造和升级，其本质是实现服务业的现代化。

很早就有学者试图对其概念进行定义。王瑞丹（2006）[12]提出，高技术型现代服务业，是指以网络技术、信息通信技术等高新技术为支撑、以服务为表现形态，服务手段更先进、服务内容更新颖、科技含量和附加值更高的新兴服务业。刘志彪（2005）认为现代服务业是那些依靠高新技术和现代管理方法、经营方式及组织形式发展起来的，主要为生产者提供中间投入的知识技术信息密集型服务的部门，如金融服务、商服务、信息技术与网络通信服务、教育培训与卫生保健服务、第三方物流服务，以及一部分被新技术改造过的传统服务等。荣晓华（2006）提出现代服务业又称新兴第三产业，一般包括金融保险业、信息服务业、旅游业、物流业、房地产及社区服务业等，是现代经济的重要组成部分。以上学者对现代服务业的定义不尽相同，但总结起来有如下几个含义：

现代服务业的现代性，即现代服务业是工业化发达阶段的产物，和传统服务业相对，是新兴的服务业。

现代服务业的高新技术性，尽管现代服务业属于服务业的范畴，但它的服务过程和服务活动是依靠现代高新技术，特别是信息通信技术而进行的。

现代服务业的知识密集性，和传统服务业不同，现代服务业主要是利用现代技术手段，提供专业性的服务，具有较高的知识含量，是知识密集的服务业。

现代服务业的动态性，即现代服务业是一个产业发展演进中提出的概念，其内涵随着经济社会的发展而不断丰富。

现代服务业的生产性，作为服务业，既包括为企业等提供的中间服务的生产性服务业，也包括为居民提供的最终服务，但是专业性的生产性服务业无疑在现代服务业中具有重要的地位。

2. 主要特征

现代服务业已经成为当前我国国民经济的重要产业和经济发展的新的增长点。它呈现出以下几方面的特点：

（1）现代服务业的核心是生产性服务业　现代服务业是西方发达国家的生产技术和生产组织结构变化的结果，而当代信息技术和知识经济革命则为其发展提供了有力的推动作用。由于生产性服务根源于生产，服务于生产，因此这种服务业的坚实增长必然意味着生产领域内劳动生产率的不断提高。

（2）现代服务业的关键所在是经济的信息化和知识化　现代服务业发展主要是由经济网络型服务带动，是依托于现代信息技术及其网络的。因此，现代服务业的服务部门资本密集度更高，技术优势更强，也更易形成世界市场的垄断局面，构成其全球范围网络优势。

（3）现代服务业具有主导性和支配性　当代经济中许多生产部门已经成为服务业的附属部分，它们的生产目标将围绕"服务"这一核心展开。比如新兴的会计咨询、法律咨询等中介服务部门。

（4）现代服务业具有能源消耗少、环境污染少等特点　与需要消耗大量土地、能源的制造业和传统服务业相比，现代服务业主要与生产过程、市场交易过程、创新过程信息技术等相结合，不再仅仅依赖于原材料来进行生产服务，因此，它在某种意义上来说是一个"绿色产业"。当然，现代服务业还具有"三高"的特点，即高技术含量和高增值服务；高素质、高智力的人力资源结构；高感情体验、高精神享受的消费服务质量。

6.3.1.2　服务业循环化的基本概念及特征

服务业对环境产生直接或间接的影响：服务业是一、二产业生态链的中间环节，对于整个经济系统的经济模式向循环经济转化起着沟通、协调、支持和促进的作用，服务业若不坚持生态化取向，必然会阻碍其他产业循环经济的发展。目前工业、农业造成的环境问题都已引起政府和公众的高度重视，但是服务业对生态环境造成的影响却往往被人们所忽视，这主要是因为服务业分布和涉及面广，对于环境的影响没有工农业直接和显著，而服务业对于环境的影响和破坏往往是潜在的、长期的和巨大的。服务业在自身发展进程中产生了一系列与生态和环境不协调的现象，对环境的影响可以是直接影响或间接影响。

服务业发展循环经济能促进自身的持续健康发展。服务业发展循环经济有助于解决服务业粗放经营与资源枯竭、环境恶化的矛盾，劳动力低素质与对高品质服务需求的矛盾，产业结构低级化与产业结构优化升级的矛盾，使服务业增长方式真正向集约式转化。

服务业发展循环经济是全面发展循环经济的需求。第一、二产业发展循环经济，客观上要求为第一、二产业服务并促进其发展的服务业也应当发展循环经济，以实现国民经济各产业、部门的协调发展。

服务业发展循环经济是现实的客观需求。对经济发展、生态环境和社会和谐的有机统一是人们向往和不懈追求的目标，绿色服务和绿色产品有助于提高人们的健康水平和生活品质。所以，公众的积极参与配合、绿色消费意识的树立将有助于发展循环经济。同时，人们对服务业内部循环的逐步、深入的认识，为发展循环经济创造了条件。

1. 基本概念

循环型服务业，主要是指第三产业服务产品与设施的设计与开发的经济。在其整个服务周期过程中，都要考虑和进行减少服务主体、服务对象和服务途径的直接与间接环境影响，并通过翔实资料和创造有效途径让服务对象积极参与，从而实现第三产业的可持续发展。

2. 主要特征

循环型服务业是循环经济理念在服务业发展中的应用和体现，可概括为在合理开发、充分利用生态环境资源的基础上、在循环经济模式下，优化服务产品生产、销售至消费的产业链，实现资源循环利用和产业活动对环境损害最小的新型服务业经营模式。循环型服务业之所以是一种新型服务业发展模式主要有以下几个特点：

（1）主张生态效益、经济效益与社会效益相结合　循环型服务业以环境保护和污染预防、实现可持续发展为目标，即在提供服务的过程中，引入循环经济的理论和思想，注重长远利益、可持续发展，考虑到服务主体、服务对象与服务途径对环境的直接和间接影响，考虑局部与整体的关系，统筹协调、合理安排，有利于降低资源消耗、减少环境污染，在实现经济效益和社会效益的同时获得生态效益，从而实现科学发展。

（2）实践循环经济生产模式、追求可持续性发展　循环型服务业，是在循环经济理论、生态经济学理论、可持续发展理论等理论综合指导下进行的可持续生产和经营模式，是循环经济体系的必要组成部分。循环型服务业具有循环经济的一般特征，以资源高效利用和循环利用为核心，以低消耗、低排放、高效率为基本特征。循环型服务业要求，在循环经济模式下优化服务的生产、销售、消费的产业链，通过节约和循环利用资源的方法，提高资源利用效率，从源头预防污染的产生和降低单位产出的污染排放，使服务主体绿色化、服务过程清洁化，实现使服务业产值最高的可持续性发展。

（3）符合绿色发展、循环发展与低碳发展的要求　发展循环型服务业要求将传统的服务业发展战略调整到循环型、低碳型、生态化发展的轨道上来，优化服务业内部结构，提高服务业水平，促使服务业与其他产业融合发展，引导人们树立绿色循环低碳理念、转变消费模式。

6.3.1.3　循环型现代服务业的基本概念及内涵

循环型现代服务业是现代服务业的重要组成部分。之所以称其是现代服务业的重要组成部分，主要是因为其强调环境、资源、生态和可持续发展的问题。解决环境问题的根本出路是实施可持续发展战略，加大经济结构战略性调整力度，切实转变经济增长方式。环保产业是以传统产业为基础的新兴产业，某些领域又是高新技术产业，是结构调整的重点，因此在加快经济建设的同时重视环保产业的发展是非常重要的。环保产业作为弥补现行产业结构的根本产业要素，将传统的"资源环境→传统三次产业→消费→废物"的开环结构转变为"资源环境→传统三次产业→消费→废物→环保产业→再生资源"的封闭循环，从结构上消除环境问题的根源。因此，从强调循环型的角度来说，循环型现代服务业是现代服务业的重要组成部分。

1. 基本概念

循环型现代服务业是指把循环经济理念应用于现代服务业的生产。循环型现代服务业把循环经济原理作为现代服务业发展的重要指导原则，是循环经济理念在现代服务业生产领域的延伸和运用。它在现代服务业的基础上减少资源、物质的投入量和减少废物的产出排放量，按照"资源→产品→再生资源"式运行实现生态的良性循环和现代服务业的可持续性发展。

2. 内涵

循环型现代服务业是一种服务业，是一种与循环发展相结合的可持续发展的现代服务业。它是服务业自身发展和科学技术发展的必然结果，是在经济学、生态学、信息科学和可持续发展理论等学科的综合指导下的服务实践，是一种充满内在活力的服务业生产模式。如何把握好循环型现代服务业的内涵，可以从以下几个方面出发：

1）将传统的服务业发展战略调整到可持续发展的轨道上来，树立建设生态化的、资源节约型、循环型的服务业的思想，整个服务周期过程中都要考虑最优化利用资源，减少直接或间接产生的环境影响。

2）将追求经济效益、社会效益与生态效益结合起来，以追求生态经济效益为产业激励机制和企业竞争的条件。

3）正确确定循环型现代服务业在社会经济系统中的生态位置，建立和谐、可持续的社会经济系统与自然环境系统的关系，实现循环型现代服务业的可持续发展。

6.3.2　循环型现代服务业发展特点

6.3.2.1　循环性

循环型现代服务业将传统的"资源→产品→废弃物"资源利用模式改变为"资源→产品→再生资源"模式，在生产、流通、消费各个环节贯彻"减量化、再利用、资源化"的原则，实现资源利用最大化和废弃物排放最小化，使经济发展呈现出低投入、低消耗、低排放、高效率的特征，并实现生产方式和生活方式对环境友好的目标。

6.3.2.2　节约性

这里的"节约"既包括服务业生产过程中的生产节约，又包括服务业消费过程中的消费节约。生产节约最根本的不是数量上盲目减少，而是指生产资料（包括物力资源和人力资源）合理高效的使用，即用尽量少的资源创造最大的经济效益。消费节约主要是指避免无端的浪费，具体又包括两个方面：①避免不必要的消费，如白天用电灯，一天不关电脑等；②避免未经使用便使"有用物"成为"废物"，如食品的腐烂等。

6.3.2.3　生态性

节约型服务业的基本理论之一是生态经济学，因此，节约型服务业的实质也是一个生态经济系统。生态与经济的协调发展是节约型服务业发展的重要标志。一般而言，经济的发展会带来生态环境恶化，从而导致生产力下降、投资环境恶化等后果，因此，若要实现服务业的可持续发展，必须创造良好的外部生态环境，保持外部生态环境的良性循环，同时在发展循环型现代服务业的同时，发展循环型现代工业和循环型现代农业等，以实现我国国民经济的飞速发展。

6.3.2.4　知识性

知识经济是一种新的社会经济形态，是继农业经济和工业经济以后，以知识为基础的经济。知识经济的实质就是高技术经济、高文化经济、高智力经济。知识经济区别以往的以传统工业为产业支柱、以稀缺自然资源为主要依托的新型经济，其以高技术产业为第一产业支柱，以智力资源为首要依托，是可持续发展的经济。在知识经济中，知识是经济增长的内在的核心因素，会促使经济增长方式发生根本变化。循环型现代服务业的发展需要高新技术、人才以及创新的相互融合。而知识经济最突出的现象是高新技术的广泛应用，人才是知识经济发展的根本，创新是知识经济的灵魂。因此，循环型现代服务业是一种以知识经济为基础发展起来的产业，具有知识性的特征。

6.3.2.5 带动性

循环型现代服务业有较高的产业关联度，这种关联度不仅对服务业各行业有较大的带动效应，而且对其他产业甚至整个国民经济都具有较大的带动效应。如以新兴会展业为例，会展业通过关联效应和扩散效应，可以带动贸易、旅游、金融保险、交通、娱乐、宾馆、餐饮、邮政、电讯、广告等全面发展。会展业对相关产业的带动效应比旅游业的带动效应要高出数倍以上。此外，举办大型会展活动还可以创造大量的就业机会。据测算，每增加 1000m² 的展览面积，可以创造近百个就业机会，如 1985 年日本筑波科学技术世界博览会创造了 45 万个就业机会，1993 年韩国举办的大田世界博览会创造了超过 20 万个就业机会，2000 年德国汉诺威举办的世界博览会提供了 10 万个就业机会。

6.3.3 循环型现代服务业发展模式

循环型现代服务业也同一般性服务业一样，可分为包含商贸流通、旅游休闲、社区服务、体育卫生在内的生产性服务业，以金融保险、信息服务、文化教育、科技服务为主导的知识型服务业，以现代物流、商务会展、中介服务、房地产等为支撑的生产性服务业。据此，从以上三个方面展开循环型现代服务业发展模式的讨论，同时考虑到各地产业发展水平不一致，仅选取典型行业作为循环型现代服务业发展模式的研究重点。传统服务业即生活性服务业层次的研究重点是绿色旅游模式，知识型服务业的研究重点是绿色信息产业的发展模式，生产性服务业的研究重点是绿色物流业的发展模式。

6.3.3.1 生活性服务业发展模式

1. 农业生态旅游模式

农业生产是物质生产过程，它为人们提供必需的生活资料，在旅游迅速发展的今天，它也可以作为有吸引价值的旅游资源。通过农业生产模块与旅游发展模块的链接和循环带动作用，实现物质、能量、资金的循环利用。如北京蟹岛度假村是典型的农业与旅游紧密结合的农业园。该度假村总占地 3300 亩，集种植、养殖、旅游、度假、休闲、生态农业观光为一体。度假村以产销"绿色食品"为最大特色，以餐饮、娱乐、健身为载体，以让客人享受清新自然、远离污染的高品质生活为经营宗旨。这是一个典型的依托大都市的城市郊区休闲农业园。

2. 循环工业旅游模式

工业旅游是一种较新的旅游发展模式，它是一种以工业企业生产为基础，融观赏、考察、学习、参与、购物于一体的一种专项旅游形式。整个工业旅游系统可以看作是由生产系统和旅游系统通过资源、产品联结而成的整体，资源循环利用在两个系统中都得到了体现。如克拉玛依是新中国成立后勘探开发的第一个大油田。1958 年 5 月 29 日，经国务院批准设立克拉玛依市，为新疆维吾尔自治区直辖市。克拉玛依随着油田的诞生而建立，又随着油田建设而发展。从 20 世纪 50 年代创业、60 年代开发、70 年代建设、80 年代发展、90 年代腾飞，经过三代克拉玛依人的艰苦创业，昔日的戈壁荒滩，已经建设成为现代化石油新城。

克拉玛依市以石油建市，地下地上、自然人文无不与石油紧密相关，散发着浓郁的石油文化气息。在大批人文景观中，具有大量石油勘探开发的浓厚积淀，从石油地质、石油钻探、石油开采、石油化工的各个方面展示了丰富的石油文化精品，饱含着石油文化的底蕴。其中不少"首"字、"老"字号，如：克拉玛依一号井、独山子第一口井、第一口锅等，石油地质陈列馆、克拉玛依矿史陈列馆、井控培训中心也是上流的人工景观，连供休闲游乐的公园都冠以"黑油山公园"之称。在全市 44 个景点中，有 16 个蕴含了不同程度的石油文化，约占景点总数的 36%。

3. 资源保护型旅游模式

资源保护型旅游模式是从资源保护和建设的角度出发来实现旅游业的可持续发展。在旅游资源保护方面，首先要强调旅游资源的合理开发，开发必须控制规模，必须有规划指导，不能破坏生态脆弱带，不能过度开发，同时要实现"边开发、边保护、边建设"的目标。对于旅游活动后产生的垃圾废弃物，其中一部分能通过自然降解处理掉，其余的要进行分类回收，进行垃圾资源化处理。我国拥有较多的世界文化遗产，此外拥有大量的国家级文物保护单位、历史文化保护街、文物古迹等，大多数旅游资源属于资源保护型旅游模式，需要重点探索绿色旅游的发展途径，从可持续角度建立绿色、合理的环境管理制度。

6.3.3.2　知识型服务业发展模式

信息传输计算机服务软件业是现代服务业的支柱产业，是较为典型的知识型服务业。

1. 污染过程控制模式

从环境角度看，循环经济要求从资源开采、生产、运输、消费和再利用的全过程控制环境问题。信息业作为一种新兴的产业，在信息生产、传输和消费的过程中不可避免地要产生污染，比如信息传输过程中的磁污染、噪音污染，信息消费过程中的视觉污染，以及信息制造业生产和消费过程中类似其他制造业所产生的污染。发展循环型信息业要求在信息生产传输和消费的闭路系统中全程监控污染并尽量减少污染，最终消灭污染。

2. 信息服务传输减量化模式

根据循环经济的减量化原则，循环信息需要在生产和传输过程中实现投入的最小化，其中一个重要内容就是实现传输媒介的融合。在当前情况下，就是要实现电信、计算机和电视这三种技术、业务、市场、行业、网络、终端乃至行业管制和政策方面的融合。三网融合的一个重要结果就是可以降低信息传输成本。同时，三网融合也将对信息产业结构产生重大影响。

3. 开放模式

知识型服务业的发展不仅要注意其内部的循环，更要注意它与其他产业的信息循环。知识型服务业向其他产业的高渗透性要求其在发展自身时要具有开放性，用信息技术改造和提升传统产业，特别是传统制造业。促进传统产业在研究开发、设计、生产、管理、营销的各个环节采用信息技术、信息系统和信息网络，以改造技术、重组流程、整合资源，使这些传统产业焕发青春。

6.3.3.3　生产性服务业发展模式

生产性服务业相对于生活性服务业，是为生产活动提供各种服务的行业。可积极发展物流业循环经济和创新型租赁服务业。创新型租赁服务业可以使多名顾客共享同一物品，节省资源、减少污染。更重要的是，它可以改变生产者和消费者的产品价值观，从生产和消费"产品"转向生产和消费"服务"，使生产经济转向服务经济。物质流是所有生产企业运行的本质，物质流和能量流是工业体系的基础。实现物质和能量的高效利用以及物质的闭路循环，对现存企业的能量流、物质流以及信息流等进行重新集成，企业间建立良好的物质流动循环利用，是循环经济的内在要求，也是现代化企业的本质特征。

（1）企业绿色物流作业模式　企业绿色物流作业模式是指企业（如物流企业和制造企业）单个的绿色物流作业（如绿色运输、绿色包装、绿色流通加工等）模式。物流系统对环境的影响按照物流的过程可以分为运输、仓储、流通、包装和装卸等五个部分，每个部分通过不同的途径和方式对环境造成差异性的影响。绿色物流就是要以降低对环境的污染、减少资源消耗为宗旨，利用先进的物流技术，规划和实施运输、仓储、流通、包装、装卸加工等物流活动，追求环境与人类和谐发展。

（2）逆向物流作业模式　逆向物流是为了重新获得废弃产品、有缺陷产品或由于其他原因被退回产品的使用价值，或者对最终废弃物进行正确处置，针对原料、产品、产品运输容器、包装材料及相关信息，从它们的最终目的地沿供应链渠道的"反向"流动进行规划、执行与管理的过程。逆向物流模式具体体现在：对在生产领域内经生产消费后产生的废弃物品中可以回收复用的部分物品，通过回收、分类、加工、复用的物流活动将其回收；在流通过程中众多不合格物品的返修、退货以及周转包装容器从需方返回到供方所形成的物品实体流动；在消费过程中对消费者消费后产生的废旧物品的回收利用等。

（3）绿色物流和三产交叉模式　物流与三大产业有交叉的关系，不管是工业，还是农业和服务业都存在着物流。要在三大产业实现循环经济的思想，就必须要考虑物流过程中的绿色化，而物流过程在一定程度上并不能产生新的价值，可以认为它是一个成本中心，在这里花费一定的人力、物力、财力实现物的空间转移和时间推移。在转移和推移的过程中，消耗了资源，也有可能对环境造成影响。因此要求在物流各个子系统的实施过程中都能达到绿色化，如绿色运输、绿色包装、绿色装卸搬运等，这样才能做到真正的绿色化，满足循环经济的要求。

本章习题

1. 农业循环经济主要有哪几种模式？

2. 试论述生态农业园和生态工业园之间的相同点和不同点。

3. 生态工业园是继经济技术开发区、高新技术开发区之后我国的第三代产业园区。它与前两代产业园区的最大区别是什么？

4. 服务业循环化有什么特征？

5. 如何理解循环型现代服务业是服务业的发展趋势？

第7章　区域循环经济体系构建

7.1　园区循环化改造与生态工业园区建设

7.1.1　园区循环化改造

7.1.1.1　园区循环化改造的意义

园区是我国经济发展的重要支撑，在相对集中的区域内承载了大量的加工制造类工业企业，创造了近60%的工业GDP。园区消耗着大量资源和能源，同时污染物排放集中且强度较高。园区的绿色发展是解决当前资源利用效率问题，打好污染防治攻坚战的关键步骤。

近几年来，我国持续推动园区绿色发展，并开展园区循环化改造等相关试点建设，成效显著。党的十九届五中全会审议通过的《中共中央关于制定国民经济和社会发展第十四个五年规划和二〇三五年远景目标的建议》明确提出"全面提高资源利用效率""加快推动绿色低碳发展""发展环保产业，推进重点行业和重要领域绿色化改造""加快构建废旧物资循环利用体系"等目标。其中，绿色化改造将作为"十四五"产业园区全面构建绿色产业体系、形成绿色发展模式、推动高质量发展的主要路径，也是应对气候变化、推进碳达峰和碳中和的重要途径。

7.1.1.2　园区循环化改造概念、内涵及特征

循环化改造（Circular Transformation）是一个具有中国特色的概念，也是一个以实证研究为主要内容的提法。循环化改造概念的提出是与工业园区联系在一起的，是基于工业园区的循环化改造，故又称园区循环化改造。

随着国家发展和改革委员会、财政部的相关文件出台，园区循环化改造成为研究热点。诸多学者从不同研究视角出发，对园区循环化改造进行了概念界定。代表性观点如下：

沈鹏认为，园区的循环化改造是按照循环经济理念对传统的产业园区进行改造和升级，重点在产业结构、基础设施、生产工艺、管理机制等方面进行改造和建设，以达到减少污染排放、提高资源能源利用效率的目的。

杜欢政提出，园区循环化改造以循环经济理念为指导，从国家统筹全局层面考虑，从园区存量资源（含技术和人才资源）的实际情况出发，借助循环经济咨询机构的智力资源，突

破一家一户的企业界限，本着有利于改变发展工业的传统模式的原则，探索拓展工业新型发展道路。

罗恩华将园区循环化改造定义为，根据园区内的物质流动规律，通过园区整体工业共生及基础设施的共享，实现能源的梯级利用，废弃物及副产品的循环利用；通过企业内部的清洁生产从源头减少资源能源消耗数量，从生产过程控制资源转化效率，最终实现节能减排的政策目标。

赖力则提出，园区循环化改造是对园区物流、能流、价值流、信息流和劳动力流等资源的科学配置和优化重组，是一项复杂度高、系统性强、时间跨度大、任务量巨大的浩大工程。其本质内涵是对园区资源配置模式和利用方式的革新，按照生态学原理科学高效配置资源，优化园区物质循环流动引起的经济效率和环境效率，寻求高效、安全的资源循环利用技术经济路径。

国家发展和改革委员会、财政部发布的《关于推进园区循环化改造的意见》（2012）中，亦对园区循环化改造进行了定义，即园区循环化改造就是推进现有的各类园区（包括经济技术开发区、高新技术产业开发区、保税区、出口加工区以及各类专业园区等）按照循环经济减量化、再利用、资源化，减量化优先原则，优化空间布局，调整产业结构，突破循环经济关键链接技术，合理延伸产业链并循环链接，搭建基础设施和公共服务平台，创新组织形式和管理机制，实现园区资源高效、循环利用和废物"零排放"，不断增强园区可持续发展能力。

上述有关园区循环化改造的各类定义，均体现了循环经济理论在传统工业园区改造中的应用。结合以上观点及研究目的，本书认为，园区循环化改造就是以循环经济理念为指导，打通工业园区内部企业之间的物质、能量、信息的流通渠道，实现能量的梯级利用、废弃物及副产品的循环利用，优化整个园区产业共生体系，将传统工业园区打造成绿色低碳的循环型工业园区。

7.1.1.3 园区循环化改造的目标

通常而言，园区循环化改造的基本目标可概括为以下几点：

1. 资源循环利用

园区循环化改造是以生态学和循环经济理论为指导，着力于各生产过程从原料、中间产物、废物到产品的循环利用，通过不同企业、产业的组合与补充，实现物质流、能量流和信息流的相互关联和交换。通过废物交换利用、能量梯级利用、水的分类利用和循环使用等重大工程项目及公共服务平台等基础设施项目的建设，实现企业间物质、流量、信息和技术链接，逐层减量利用，物料闭路循环，以实现园区资源的利用最大化和环境污染最小化。

2. 经济高效运营

经济高效是园区循环化改造具有强大生命力的基本保证。园区循环化改造在招商引资上重点引进高科技含量、高附加值的项目，工艺技术水平、资源能源消耗指标均处于同行业先进水平，污染物产生和排放指标低于同行业的平均水平。通过项目的实施，将全面提高区域资源配置效率，从根本上增强园区的可持续发展能力，促使园区从传统型工业转向生态型工业，经济增长将从资源投入型向知识投入型转变，从简单的外延扩张型向深层次的内涵挖掘型转变，切实提高园区的资源产出率，降低企业运行成本，经济系统将走上高速、高效、低耗的可持续发展道路，在确保经济总量高速增长的同时，经济发展的质量也将会有大幅度的提升。

3. 环境污染减缓

推进园区循环化改造是加强环境保护、改善区域生态环境的重要措施。由于诸多原因，目前部分地区产业园成为污染物集中排放场所，对当地生态环境造成很大压力。推进园区循环化改造，变末端治理为源头减量、全过程控制，实现园区废物"零排放"，可最大限度地减少企业入园后集中生产的环境负荷，改善生态环境质量，降低区域环境风险，并减少园区与周边居民的环境纠纷，促进当地社会和谐稳定。

4. 企业清洁生产

实施清洁生产是为了实现自然资源和能源的最合理化利用。清洁生产要求不断采取改进设计，使用清洁的能源和原料，采用先进的工艺技术与设备，改善管理、综合利用等措施，从源头削减污染，提高资源利用效率，减少乃至消除污染物的产生和排放。园区通过循环化改造，大力实施清洁生产审核、资源循环利用、废水集中处理以及固体废物资源化利用工程，推行低碳的生产和生活方式，将大大减少园区生产、生活过程中污染物的产生及排放，使园区的环境污染得到有力控制和改善。换言之，企业实行清洁生产是实现园区循环化改造的最基本要求。

5. 发展边界有限

循环园区是在一定区域内，按照循环经济理念开展项目设计和布局规划，把企业、生产、消费、社区、行业与行业产生的能流和物流作为一个大系统有机结合起来，形成大范围资源综合利用的生态型园区。通过园区系统内物质相互循环而和谐共生，经过企业间和区域的产品和功能整合，最终形成一个有相对固定的区域界限，又有物质和信息开放性的工业生态系统。与传统的工业园区可以无限扩张相比，循环园区最本质的特征在于企业间的相互作用以及企业与自然环境间的作用可以决定园区的合理发展边界。

作为以资源循环再生为基础的工业园区，循环园区不仅仅包括产品和服务的交流，更重要的是以最优的空间和时间形式，组织在生产和消费过程中产生的副产品的交换，从而使企业与园区付出最小的废物处理成本，并且通过对废物的减量化，促进资源利用效率的提高，改善环境品质。这需要按照市场规律，依据生态学原理和循环经济理论，有机地结合成一个有生命意义的企业组合体系。同时，要想真正实现园区的循环化，还必须有生态工业园区特定的技术做支撑，如物质集成、能量集成、技术集成、设施共享以及生态建设等。

7.1.1.4　园区循环化改造的主要内容

1. 构建园区共享设施平台

（1）建立基础设施共享平台　建立基础设施共享平台，进一步加强园区供排水、道路、电力、通信等硬件基础设施建设，强化协调服务，改善投资环境，提高投资吸引力。

①加强园区供排水系统建设，通过不同类型用水（新鲜水、循环水、中水）的价格差异，充分利用各类水资源，防止园区内企业因水资源短缺而造成的经济损失，通过构建园区污染集中防治基础设施建设及升级改造，提高园区整体副产品及污染物消纳水平。

②增强园区道路交通的便捷性及合理性，通过构建副产品及废弃物运输绿色通道等模式，加强企业之间的对接程度，优化废物交换及运输体系。

③落实国家峰谷差别化电价，实施低谷电价优惠政策，充分发挥价格杠杆作用，维持园区供电的稳定性，引导电力客户优化用电方式，合理错避用电高峰，防止企业因用电时间过于密集而导致的短期电力短缺，有效增强重大设备的耐用水平，并减少因生产不连续而导致不必要的产品报废现象发生。

④建立共性通信系统及循环经济统计信息化系统，保障园区内工作人员资源共享、信息查询。构建创业孵化平台，协助中小型卫星企业成长，促进循环经济技术成果的转化和推广。

（2）建立公共服务保障平台

①行政性公共服务方面，园区应在政府财政资金的协助下，进一步完善服务方式，建立绿色服务通道，提高行政服务效率；进一步简化审批程序，缩短审批时间，降低商务成本；积极推行公共服务项目市场化运作和企业化管理模式，鼓励支持企业参与技术创新、信息网络、现代物流、检测检验、职业技术培训等公共服务平台的建设。

②园区自身管理部门也应加强完善生产性、生活性共享服务方案，加强科技、人才、劳动用工、信息、市场等方面的服务体系建设，逐步建立服务管理的长效机制。例如，构建统一的公共管理服务中心作为相关服务部门的集中办公场所，全程协助适合园区发展的投资者办理入园所需的工商、税务登记、环境影响评价及企业安全评价等相关手续，并为其提供综合商务办公、工商、税务、银行结算、员工餐饮等各项后勤服务等。

③园区应积极引进公共金融服务体系，为银行、担保公司、风险投资公司等金融机构提供集中办公地点和优惠措施，通过银企信息沟通平台，营造有利的信贷条件，加强银行信贷政策和产业政策的对接，增强信贷吸引力和成功率。

④应构建技术咨询系统，对园区企业资源综合利用进行及时有效的技术指导，形成企业与企业之间清洁生产、综合利用循环产业链，达到节约资源和发展循环化改造目标，同时借助该咨询系统，向园区企业提供国内外先进的产业信息、政策动态、市场咨询以及各种会展信息，促使园区企业与外界保持密切联系。

（3）建立信息公开共享平台　园区循环化改造的最终目标是构建集物质流、能量流、信息流为一体的资源配置网络，其中信息流是最独特的一环。信息流可帮助企业进行有效信息共享，减少信息搜集成本，但由于信息公开共享平台属于强外部性的产品，以经济利润最大化为目标的企业，往往难以通过自身条件负担信息平台建构所带来的高成本，需通过政府、园区管理部门以及各类企业共同携手，才能确保信息共享平台的建立即有效运行。

信息平台上应发布企业的生产技术、资源能源流向、废弃物产生种类及数量等信息。通过建立信息数据库等形式，达到信息及时传递，方便入园企业认知政府及园区政策及管理手段、园区工业网络设计、物质流集成设计、各主要行业关键先进技术等信息；方便在园区内企业中查询副产品及废弃物最佳的流动渠道和最佳利用技术，寻求废弃物与原材料的配对关系。数据库信息应作为循环经济绩效与评估机制的重要依据，即作为园区内企业循环经济发展成效综合评价依据，作为政府政策支持的主要参考依据。

2. 完善园区综合管理系统

（1）建立园区资源高效利用管理体系　建立能源综合管理体系，制定能源高效利用标准、重点产业和产品综合能耗定额指标，调控企业内部节能和能源回收利用、企业间能源梯级利用、能源综合利用系统。建立水的循环利用管理体系，完善地表水供应、污水综合处理、中水回用、雨水收集利用等系统，制定园区水资源循环利用标准体系、节水标准体系和合理的水价体系。建立土地资源高效利用管理体系，合理制定年度农用地转用方案，完善征地补偿和被征地农民安置机制；创新土地承包经营权流转机制，支持采取转包、出租、互换、转让或者法律允许的其他方式流转土地承包经营权；制定提高区内土地综合利用效益的标准体系，严格控制低附加值与低技术含量的产业项目建设用地审批，鼓励企业科学规划布局，提高土地综合效益。

（2）建立园区环境监督管理体系　完善的污染防治监管体系，由园区环境管理监测部门和政府环保部门共同组织监测体系。如，环保局下设环境监测站，负责建立园区企业环境可视化监测系统，联通各企业及园区整体排污出口的监测装置，采取定时与不定时监测相结合的方式，获取一手污染数据，再对其进行分析，查明不达标企业不达标的原因，并采取必要的惩罚措施。园区环境管理监测部门需利用就近性优势，配合政府环保部门定期对各部门的治污情况进行严格检查考核，负责园区企业临时监测任务，对没有在规定时间内完成规划要求任务的企业，给予批评及必要的惩罚措施，加强园区内环境监管能力建设。

另外，园区内的各类企业均需就其循环化改造的实施情况，对相关指标进行阶段总结和评估，并对下一阶段的规划任务进行修订和完善。例如，园区各企业需要向园区环境管理监测部门及政府环保部门提交循环化改造的年度工作总结，对本年度所做的主要工作、达标情况及存在问题进行分析总结。园区及政府环保部门也可以针对其具体情况适当调整下年度工作方案，包括重点项目、配套资金及阶段目标等内容。可见，严格的环境监督管理体系可以有效地促进企业的外部成本内部化，进而促使企业寻求通过技术流程的改造和企业间合作等方式进行废弃物的综合利用领域的探索，并引导投资更多转向技术创新的领域，园区共生网络的内在力量将促进园区的可持续性发展。

3. 建立健全产业链条及其管理机制

（1）建链工程　建链是指进一步挖掘未来产业的发展方向，以适合本地发展的新兴产业作为方向，不断拓展产业链条的空间范围。建链工程的理论主要源于生物学中的关键种理论，即按照未来发展需求，挖掘对整个工业生态系统及部分其他工业种群产生关键影响作用的新型工业种群，并将其培育为生态园区产业链的关键节点（链核）的过程。

链核产业能够带动其他产业类型的协同发展，所消耗的资源和能源规模较大，从而产生了较多的废弃物种类及较大规模，对园区整体经济与环境影响显著。需分析园区优势产业及资源的发展途径，平衡产业经济效益、环境效益及资源效率，并以关键产业为主导，以卫星企业为补充，不断引进先进技术装备，统筹考察上游与下游产业链条两个维度的延伸难度与潜力，与现有及未来园区的资源—环境—经济综合效益为评价原则，有选择性地拓展现有产业链条，着重提升潜力较大环节的资源利用水平，同时辅以产品高附加值化发展能力评估，促使产业链整体水平的优化升级。

由此可见，找准重点发展的战略性新兴产业进行建链，有利于加快园区培育和发展战略性新兴产业，以高起点建设现代产业体系，推动园区及周边产业结构的优化升级。同时，世界各国均在加快推动节能环保、新能源等新兴产业发展，传统技术含量较低的产品已不再适合高附加值化发展的需求，建链工程可使园区整体更适合国际竞争新需求、掌握园区进一步高速发展的主动权，并通过其辐射带动能力，加强卫星企业的技术创新及工艺改良水平，提升废弃物再生利用水平。

（2）补链工程　补链是指围绕现有产业链条，对缺失和断裂的环节进行补充，使边角余料和不合格产品都可以物尽其用，提高园区内副产品及废弃物利用水平的过程。补链工程的理论主要源于工业生态学理论，即工业企业所占据的生产位置及其与相关企业之间可相互联系的功能和物质关系。因此，应在物质流分析的基础之上，找寻产业链条中的原生资源与废弃物资源的利用潜力，根据关键种企业产生的副产品及废弃物类型多、数量大的特征，挖掘潜在的生态位企业，引入互补的企业类型，促进废弃物变废为宝，提高产业链的适配性和稳定性。

在进行补链工程时，首先应确定关键种企业，然后根据其副产品及废弃物再生利用需求引入补链企业，成为其原材料。同时，也须注重补链企业内部及企业之间废弃物的循环利用，从而在主导产业链外形成众多集成辅助产业链条的循环化卫星企业集合，最终形成循环链接的产业网状结构。而补链企业也并非完全依附于关键种企业的附属品，循环经济产业网络结构中同样不容忽视补链企业自身发展的诉求，必须正确引导补链企业与关键种企业的和谐共生，协同促进式发展。

补链企业的出现是其与关键种企业协同共生，基础设施共同享用并使生产资料高效运转，最终实现资源—环境—经济综合利润最大化的目标。若无补链企业，关键种企业所提供副产品及废弃物等供给就无法被再利用。因此补链企业与关键种企业应相辅相成、互相依赖，补链企业若围绕关键种企业布局，将充分利用园区资源，实现自身跨越式发展。具体表现在：①从集聚效应的获得层面来看，由于基础设施大多围绕关键种企业布局，为了共享资源，补链企业应围绕关键种企业聚集。②从生产成本的降低层面来看，由于废弃物及副产品的层级利用需求，补链企业围绕关键种企业布局，可降低各类资源的运输成本，进而降低企业生产成本。③从技术及管理经验的共享层面来看，关键种企业充裕的资金可以促使其获得更先进的技术装备与更完善的管理体系，补链企业围绕关键种企业布局，更易获得相关信息壮大自身发展，而补链企业的灵活性也带动关键种企业，增强其综合竞争力。

（3）强链工程　强链是指对园区现有优势产业链条，进一步综合提升其科技化和信息化水平，着力打造有特色、高水平、世界领先的产业集群。

①应加强产业链耦合，完善产业链条，根据食物链理论，对物质流、经济流及环境流进行综合考察，深入挖掘现有产业链条中的资源循环利用与能量梯级利用潜力，增加企业之间

的物质能量交换，加强产业链条之间的协同发展。

②需增加员工培训费用，在注重高级管理及研究人员培养和引入的同时，不能忽略普通员工专业技能的培养，提高员工对废弃物原料开发利用的识别能力和水平，增加其单位生产效率，也需加强园区内相似功能企业的技术交流，公开其副产品及废弃物产生种类及数量特征，减少循环经济运行的交易成本，进一步加强与产业链上相邻企业的协作水平。

③需主动把握时机，促进园区企业向高附加值产业链的升级和转移，走产品品牌化和差别化路线，提升企业层次。

④注重全生命周期生态设计，整合物质流、能量流、信息流等各方因素，优选合理的生产工艺流程，事前设计各种副产品及废弃资源的消纳流向，并根据废弃物排放数量和种类，在投入端设计原料选材时就减少无法利用的废弃物的产生，在生产环节注重清洁生产与边角余料回炉再造，将废弃资源封闭于生产装备中，减少污染源数量，将废弃资源无害化处理或提高其再造利用效率。

7.1.2 生态工业园区

生态工业园区的出现绝不是偶然的，有其历史必然性。自然界中存在着各种形态的自然生态系统，也存在着各种形态的人工生态系统。在生态系统处于动态平衡的情况下，不会出现物质循环与能量流动的障碍，因而对环境的危害很小。以保护生态的思想为理论基础，在工业生产的实践中从事工业实践与研究的人员设想出一种用于工业的人工生态系统——工业生态系统，该系统所涉及的工业也被称为生态工业。相应地，研究工业生态系统的分支学科称为工业生态学。现阶段，工业生态学的研究已经进入实践阶段，生态工业园区是目前工业生态学理论实践的主要形式。

7.1.2.1 生态工业园区的概念及内涵

生态工业园区是工业生态学与工业园区的结合形式，生态工业园区与工业园区在特征上也有着较大的区别。早在 20 世纪 90 年代初，在一些学术论文和研究报告中开始出现了生态工业园区（Eco - Industrial Parks，EIPs）的概念。它是工业生态系统的具体体现，也是工业生态学理论的实践之一。由于工业生态学自身尚不完善，生态工业园区的定义也不统一，国内外有代表性的定义主要有以下五个：

（1）以 Ernest Lowe 为代表的定义 Indigo 发展研究所的 Ernest Lowe 教授（1992）首次提出生态工业园区的概念。Ernest Lowe 认为，生态工业园是指一个由制造业和服务业企业组成的企业生物群落。它通过对包括能源、水和材料这些基本要素在内的环境与资源方面的合作和管理，来实现生态环境与经济的双重优化和协调发展，最终使该企业生物群落寻求一种比每个公司优化个体表现就能实现的个体效益之和还要大得多的群体效益。

（2）以 Cote 和 Hall 为代表的定义 Cote 和 Hall（1995）提出，生态工业园区是保持自然与经济资源，减少生产、材料、能源、保险与治理费用和负债，提高操作效率、质量、工人健康和公众形象，提供来自废物利用及其规模的收益机会的工业系统。

（3）以 Moran 和 Holmes 为代表的定义 Moran 和 Holmes 提出，通过环境与资源管理方面的合作，寻求增强的环境效益和经济效益；通过协作，工业园区寻求一种集体的利益。这种利益大于所有单个公司利益的总和。这样的加工与服务商务社会（群体）即生态工业园区。

（4）以美国总统可持续发展理事会为代表的定义　PCSD（PCSD，1996）召集的专业组提出，生态工业园区是商务（企业）群体。其中，商务企业相互合作，而且与当地的社区合作，以实现有效的资源（信息、材料、水、能源、基础设施和天然生境）共享，产生经济效益和环境质量效益，给企业和所在地社区带来资源、财富。

PCSD专业组还进一步指出，生态工业园区可定义为一种工业系统，它有计划地进行材料和能源交换，寻求能源与原材料使用的最小化、废物最小化，建立可持续的经济、生态和社会关系。

（5）以国内学者为代表的定义　我国学者对生态工业园区的研究亦在不断深入。国内较为一致的观点是，工业生态园区是以工业生态学为理论基础，强调人类的工业活动应当模仿自然生态系统，使工业系统和谐地纳入自然生态系统物资循环和能量循环的大系统之中。

通过对相关研究的梳理不难发现，由于研究的背景与角度不同，以及生态工业园区本身出现的时间相对较短，故国内外对生态工业园区的定义存在一定差异。但无论如何定义，生态工业园区均是将生态环境保护思想、可持续发展思想渗透到工业体系的建立和运行之中，而形成的经济、社会、环境相融合的发展方式或发展形态，力求实现经济效益、环境效益同步最大化。一个基本的结论是，目前国内外对生态工业园区的各种定义在本质上没有大的区别。

综上所述，生态工业园区是建立在一块固定地域上的由制造业企业和服务业企业形成的企业社区。在该企业社区内，各成员单位通过共同管理生态环境和促进经济发展来获取更大的环境效益、经济效益和社会效益；整个企业社区所获得的效益大于单个企业通过个体行为的最优化所能获得的效益之和。生态工业园区的目标是在最小化参与企业环境影响的同时提高其经济绩效。通过对园区内的基础设施和园区企业的绿色设计、清洁生产、污染预防、能源有效使用，以及企业内部和企业间物质、能量等要素的交换与利用，来实现生态工业园区的建成。与此同时，生态工业园区要为附近的社区寻求利益以确保发展的最终结果也是积极的。

7.1.2.2　主要特征

生态工业园区与传统工业园区相比，具有如下特征：

1）具有明确主题，但不仅仅只围绕单一主题而设计、运行，在设计生态工业园区的同时考虑了社会。

2）通过毒物替代、二氧化碳吸引、材料交换和废弃物统一处理等方法来减少园区内企业对环境的影响或生态破坏，但生态工业园区不单纯是环境技术公司或绿色产品公司的集合。

3）通过共生，实现能量效率最大化。

4）通过回用、再生和循环对副产物和废弃物进行可持续利用。

5）与生态工业园区所在的社区以供求关系形成网络，而不是单一的副产物或废弃物交换模式或交换网络。

6）具有环境基础设施，企业、园区和整个社区的环境状况得到持续改善。

7）拥有规范体系，允许具有一定灵活性而且鼓励成员适应整体运行目标。

8）应用减废减污的经济型设备。

9）应用便于能量与物质在密封管线内活动的信息管理系统。

10）准确定位生态工业园区及其成员的市场，同时吸引那些能填补适当位置和开展其他业务环节的企业。

Lowe 和 Warren 指出，生态工业园区最本质的特征在于企业间的相互作用以及企业与自然环境间的作用。对生态工业园区主要的特征描述是系统、合作、互相作用、效率、资源和环境，这些显然是传统工业园区难以同时具备的特征。

7.1.2.3　基本分类

纵观国内外生态工业园区，它们并没有统一的模式，而是因地制宜，各具特色。通常，可以从原始基础、产业结构、区域位置等不同的角度对其进行分类。

1. 基于原始基础的分类，即现有改造型和全新规划型

现有改造型园区是对现已存在的工业企业，通过适当的技术进行改造，在区域内成员间建立起废物和能量的转换关系。美国 Chattanooga 生态工业园区就是在原来以污染严重闻名全美的制造中心的基础上改造的。杜邦公司以尼龙线头回收为核心推行企业零排放，既减少污染又带动环保产业的发展，在老工业园区拓展了新的发展空间。我国的广西贵港生态工业园区由蔗田、制糖、酒精、造纸、热电联产、环境综合治理系统组成，各系统之间通过中间产品和废物的相互交换而相互衔接，形成一个较完整和闭合的生态工业网络。

全新规划型园区是在良好规划和设计的基础上从无到有地进行建设，主要是吸引那些有"绿色制造技术"的企业入园，并创建一些基础设施，使得这些企业之间可以进行废水、废热等的交换。美国 Choctaw 生态工业园区采用交混分解技术将当地大量的废轮胎资源化得到炭黑、塑化剂等产品，进一步衍生出不同的产品链，这些产品链与辅助的废水处理系统一起构成工业生态网。国内的南海国家生态工业示范园区也属这一类型。

2. 基于产业结构的分类，即联合企业型与综合型

联合企业型园区通常以某一大型的联合企业为主体，围绕联合企业所从事的核心行业构造工业生态链和工业生态系统，典型的如美国杜邦模式、广西贵港生态工业园区等。对于冶金、石油、化工、酿酒、食品等不同行业的大业集团，非常适合建设联合企业型的生态工业园区。

综合型园区内存在各种不同的行业，企业间的工业共生关系更为多样化。与联合企业型园区相比，综合型园区需要更多地考虑不同利益主体间的协调和配合，如丹麦的卡伦堡工业园区，以及我国浙江衢州沈家生态工业园区是综合型生态工业园区的典型。

3. 基于区域位置的分类，即实体型与虚拟型

实体型园区的企业在地理位置上聚集于同一区域，可以通过管道设施进行企业间的物质、能量交换。虚拟型园区不严格要求企业在同一地区，由园区内和园区外的企业共同构成一个更大范围的工业共生系统。有些园区是利用现代信息技术，通过园区信息系统，首先在计算

机上建立企业间的物质、能量交换联系，再付诸实施，区内企业既可彼此交换也可与区外发生联系。

虚拟型园区可以省去一般建园所需的昂贵购地费用，避免建立复杂的相互依赖关系和进行困难的工厂选址工作，并具有很大的灵活性。其缺点是可能要承担较贵的运输费用，如美国的 Brownsville 生态工业园区就是虚拟型园区的典型。

7.1.2.4　园区系统与规划设计

生态工业园区与传统的地域综合体有着重要的区别，因为生态工业园区的运作是由根据生态原则的设计来实现的。在追求经济成本和环境成本优势的市场里，仅仅是地域上的邻近已不足以确保现代企业的竞争力。生态工业园区的设计在于形成高效的工作系统。

（1）园区空间组织的设计　从理论上分析，生态工业园区有着很好的"城市邻里关系"（Urban-Neighbour）。这主要指园区内企业、政府和社区间有着紧密、高效的合作和交流关系。因此，为确保生态工业园区的效率，生态工业园区在设计上必须考虑通达性。园区通道包括公路、轻轨、铁路和管道，靠近废物、废水或能量的利用者或供应者。同时，对希望购买或售卖废物的个人和小企业保持良好的通达性。因此，有学者认为生态工业园区理想的规模是100～200 英亩⊖。

（2）园区主体的设计　园区的组织是有着市场供需关系的成员在地域上的邻近，园区成员间是否具备供需关系以及供需规模、供需的稳定性均是影响生态工业园区发展的重要因素。特别是废物、副产品的供需关系会影响到园区的废物再生水平，如果供大于需，即废物的产生量大于相关企业的需求、消纳能力或者是种类上不匹配，废物减量化目标将难以实现。因此，生态工业园区设计的关键是企业、行业的匹配。在区域已有的企业中或者是区域有发展潜力的行业中找出已有或可能的废物流动关系，通过专家分析，筛选出类别、规模、方位上相匹配的设计或改造方案。

（3）其他硬件与软件的设计　建设新型生态工业园区对设计者的挑战在于使园区的设计符合经济学原理，主要包括园址选择、底层设计、基础设施设计、建筑物与通信设计等。

①园址选择。园址选择有三种类型：未开发区域（绿地）、目前正在运作的传统工业园区、被污染地区（"黑土地"）。

②底层设计。生态工业园区底层构造设计包含自然系统、能源、物流的设计。

自然系统。生态工业园区能够适合自然，是对环境影响最小化的一个途径，并能减少企业经营费用。赫尔曼·米勒（Herman Miner）在菲尼克斯（Phoenix）设计植物，以使当地植物再生和湿地的创建为目标，维护风景、净化雨水流出，并且为建筑物提供气候保护。设计植物、美化自然风景、选择材料、基础设施和建筑设备，能够减小一个园区对全球气候变化的影响，以及积累非再生资源。

能源的有效使用是减少成本和降低环境负荷的主要方法。在园区内，企业寻求在各个建筑物、照明和装备设计上拥有更高效率。例如，蒸汽和热水从一个工厂到另一个工厂（能源联供），或者从企业为各家各户蒸汽连接区域供热。在许多地区、园区内，基础设施能够利

⊖　1 英亩 = 4046.86m²。

用再生产资源，诸如风力和太阳能。

在园区内，未被充分利用的废弃物，若它可以在园区内部或在市场上对其他单位销售，就是可以再利用的潜在产品。个别企业或者社区，他们工作在于最大限度地使用所有物料并最低限度使用有毒物料。生态工业园区的基础设施中可以包括使副产品从一个工厂到另一个工厂流转，为外部顾客储存副产品和共同有毒废料的设备。对这些设备的设计即物流的设计。

③基础设施设计。我国生态工业园区的基础设施可以分为生产性基础设施、生产性服务设施和生活性基础设施，一般包括道路、供水、排上下水、供电、通信、排污、网络、地块自然平，即"七通一平"。

④建筑物与通信设计。建筑物设计程序的总要求是使生态工业园区内建筑对环境的影响最小、能源消耗最小，以及回收再利用建筑材料，以实现生态工业园区相关原理并努力达到环境效益标准。实现这些原理的挑战包括：综合建筑管理，园区内建筑对环境冲击最小化，建筑的能源需求最小化，回收再利用建筑材料。

通信设计是指生态工业园区的信息系统，它能促成其内部企业（特别是中小企业）以及园区本身运营的成功。为设计者和咨询者建立一个数据库，通过这个途径对其内部企业提供有效支持。将咨询者纳入社会技术系统，是设计更高效设备和工作系统的一个方法。在综合设备设计上为其内部企业的设计队伍提供工作场所（可以利用当地的工程建筑学校）。通过为创意（主要是有关设计处理的）共享而设立网上公告板、连接各企业的设计队伍。

7.1.2.5　评价指标体系

目前，一般认为生态工业园区的评价分两步：建立评价指标体系并确定评价标准；确定评价指标权重系数并进行指标量化。

（1）建立评价指标体系　生态工业园区评价指标体系，是从理论上和实践上指导生态工业园区建设的重要手段，是对生态工业园区进行验收的重要依据。生态工业园区应具有高效率、高效益、高生态化、低污染的特点。因此，应结合不同区域的园区生产特点，建立一套技术经济评价指标体系和不同的评价值，以此科学地评价生态工业园区建设水平，推进生态工业园区的不断完善和进步。

根据指标选取的科学性、可操作性、有针对性、代表性等原则，生态工业园区的指标体系（表7－1）可初步包括清洁生产指标、生态网络指标、环境质量及生态建设指标、社会经济发展指标以及园区管理与政策指标等几个方面。

（2）确定评价标准　在制定评价标准值时主要参考以下原则：

①凡已有国家标准或国际标准的指标，尽量采用规定的标准值。

②参考国内外运行良好的生态工业园区的现状值确定标准值。

③依据现有的环境与社会、经济协调发展的理论，力求定量化作为标准值。

④尽量与我国现有的相关政策研究的目标值相一致或优于目标值。

⑤对那些目前统计数据不十分完整，但在指标体系中又十分重要的指标，在缺乏有关指标统计数据前，经专家咨询后确定。

表7-1 生态工业园区评价指标体系

目标层	准则层	指标层
生态工业园区建设水平	清洁生产	单位产品耗能/水量、单位产品工业废气/废水产生量、资源回采率、产品清洁系数
	生态网络	聚合度、冗余度
	环境质量及生态建设	三废排放量、三废处理率、垃圾无害化处理率、水土流失治理率、绿化覆盖率、能源梯次利用率、废物循环利用率
	社会经济发展	工业总产值、人均GDP、资金生产率、科技进步贡献率、第三产业比重、人口自然增长率、就业率、科技人才比重
	园区管理与政策	公众对生态工业园区建设总目标的认同程度、资源开发规划合理程度、基础设施建设成效、法规制定及执行满意度、对生态工业园区诸方面变化的监控能力

（3）确定评价指标权重系数 一般来说，影响评价对象的各个指标对生态工业园区建设水平评价的影响程度是不同的。某些指标较为重要，分量需重一些，而另一些指标分量则轻一些，应根据各指标的重要程度赋予其相对应的权重。权重集可以通过主观赋权法、客观赋权法或组合赋权法等方法获得。

（4）进行指标量化 由于指标属性值间具有不可公度性，没有统一的度量标准，不便于分析和比较各指标。因此，在进行综合评价前，应先将评价指标的属性值进行统一量化。各指标属性值量化的方法随评价指标类型的不同而不同，主要分为效益型、成本型和适中型，在综合评价模型中可建立各类指标量化时所选择的隶属函数库。量化后的指标具备可比性，为综合评价创造必要条件。

目前，模糊评价方法、灰色评价方法、基于神经网络的评价方法和基于粗集的评价方法对于处理这类问题较为有效。可以根据具体需要选择其中一种方法进行综合评价，也可将其中几种方法组合起来进行综合评价，以便使评价结果更加科学可信。

在评价指标体系中，有些指标难以定量描述，仅能进行定性的估计和判断。对此可采取专家评议的方法来进行处理，具体处理方式视评价方法而定。例如，在模糊评价方法中，评价者先将定性指标分为若干等级；然后组织专家根据各自专业经验对这些指标进行评价，收回评价表后，统计出各指标的平均评价等级，即为各定性指标相应的量化模糊隶属度具体评价等级。

7.2 循环经济系统构建

7.2.1 循环经济系统的基本要素

循环经济的中心含义是"循环"，强调资源在利用过程中的循环，其目的是在实现经济良性循环与发展的同时保护环境。"循环"的含义不是指经济循环，而是指经济赖以存在的物质基础——资源，在国民经济再生产体系中各个环节的不断循环利用（包括消费与使用），使物质的流动能够循环起来成为环状。资源的循环利用具体表现在自然资源的合理开发，生产过程中的减量化和再利用消费过程中的理性消费废弃物的资源化，从而实现以上环节的反复循环。

系统的结构是指一定数量的子系统或因素按一定的方式排列组合而成的体系。从自然生态系统的代谢功能看，生产者、消费者、分解者三者通过"食物网"紧密相连，构成体系，彼此间只需要很少的能量。本章模拟自然生态系统的结构，建立了区域循环经济系统的结构。

实际上，一个理想的循环经济系统通常包括三类主体：生产者——资源开采者、加工制造者；消费者——资源、产品和服务的消费群体；分解者——废弃物处理者。由于存在反馈式、网络状的动态联系，物质能量流在系统内部不同行为主体间高效有序循环。通过优化区域经济系统各个组成部分之间的关系，达到系统生态环境综合效益的整体优化，最大限度地消解长期以来环境与发展之间的根本对立冲突。循环经济系统各主体之间的关系如图 7-1 所示。

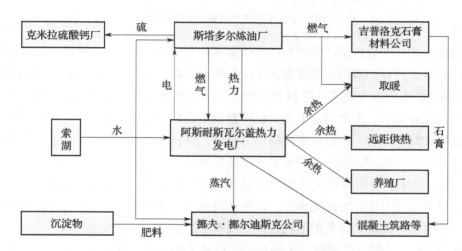

图 7-1 循环经济系统各主体之间的关系

7.2.1.1 生产子系统

生产子系统是一个有机地组合生产过程所需的各种投入要素（如原材料、机器设备、能源、人力、信息等），通过一定的劳动创造，借助一定的手段，改变加工对象物理或化学性能，从而实现价值创造的投入产出系统。其运行要按照有关自然、经济、技术规律的要求，运用决策、计划、组织、控制等职能，优化配置生产过程的各种投入要素，以形成有机的体系，按最经济的方式提供适销对路的产品或劳务。在市场经济体系里，它是一个开放式的系统，从属于企业经营的大系统。

企业的生产系统是为达到企业经营目的和从事产品生产活动而建造的一种人造系统，是区域循环经济系统中最为重要的一个系统。由于生产既是一切活动的源头，又是废弃物的主要来源地，而循环经济要求从源头上抑制废弃物的产生，这就使对生产的每个环节进行控制变得尤为重要。循环经济所要求的生产系统生态化的设计，应贯穿于生产活动的原材料的采购、产品的生产包装、产品的仓储和运输、销售的整套环节当中。生产子系统各个环节示意如图 7-2 所示。

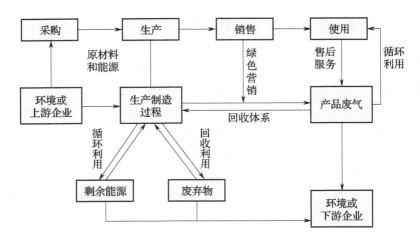

图 7-2 生产子系统各个环节示意

原材料的采购环节。传统的经济生产方式是粗放型的生产方式，原材料的获取主要依靠自然资源的开采，对新的清洁型能源的开发没有提上日程（如太阳能的利用，清洁燃料的研发等）。循环经济生产方式要求在原材料的使用上，从环境中或者上游企业摄取必要的原料和能源，选取无毒无害，生产过程中或者使用寿命结束后最终被处置或再利用过程中对环境产生影响较小的绿色原料，多利用废弃物作为原料，少利用不可恢复能源或者一次性能源。

产品生产环节。循环经济系统所要求的产品是绿色产品，这就有以下几点要求：

1）产品的设计中使用绿色工艺设计，选用先进的绿色生产工艺，淘汰落后技术装置，提高生产自动化程度及控制智能化水平，推进信息技术和制造技术的结合，提高产品质量及非物质化水平，减少能源和材料的消耗、降低成本、缩短生产周期、提高生产效率。

2）产品的生产过程中应用清洁生产技术，以最大限度地利用原料和能源，少产生废物和污染物，减少对环境的影响；不断优化产品结构，不仅满足社会消费的需要，也适应环境需要。

3）产品的包装使用绿色包装。绿色包装是指在产品包装材料的选取上主要考虑使用能够降解的材料，减少白色污染；或是使用可重复使用或可循环利用的包装材料。

4）产品的销售环节主要手段是产品的绿色营销。所谓绿色营销是按照环保与生态原则来选择和确定营销组合的策略，是建立在绿色技术、绿色市场和绿色经济基础上的、对人类的生态关注给予回应的一种经营方式。绿色营销要求利用绿色标志，提高产品的市场竞争能力，打破国际绿色壁垒，引导绿色消费。

5）产品的使用环节。产品的使用环节通过优质的售后服务，延长产品使用寿命，提高原材料使用效率，减少资源能源物料的消耗和废物的产生，建立产品回收体系，履行企业的生产责任，循环利用有用物质。

7.2.1.2 消费子系统

消费子系统是资源、产品和服务的消费群体所组成的系统，是生产子系统的一个承接，是对消费者的环保意识要求极强的一个子系统。对消费子系统的分析要从消费的各个阶段进行。

（1）产品购买阶段 环保技术投入的前期，没有达到规模经济的生产，成本会相应增加，价格就会高于一般产品，这就要求消费者在绿色产品给自己带来的益处和损失之间进行衡量，放弃短期的经济利益而追求绿色产品给他们带来的健康效益和环境效益。

（2）产品的使用阶段 产品的使用要遵循最大化利用原则。延长产品的使用寿命，对已经到达使用寿命的产品，积极寻求其他用途。

（3）产品的废弃阶段 产品废弃时要进行分类，借鉴国外的一些做法，将产品分成可回收、不可回收，再将可回收分为橡胶制品、玻璃制品、木制品、塑料制品等。其中，不可回收产品分为可降解和不可降解两类，便于废弃物的分拣，同时节省大量的劳动力和时间。消费者应从点滴做起，养成良好的习惯。

7.2.1.3 废弃物分解子系统

废弃物分解子系统是废弃物回收、利用、重新进入系统循环的产业化的一种表现。推进循环经济和循环社会的建立，应该改变传统的末端治理的方式，兼顾整个循环经济系统和产品的全生命周期，将"分解"行为贯穿整个循环经济系统。

就生产子系统而言，从微观层面上，应加强废物利用、减少废物的产生和排放，以最低的资源消耗实现最大的经济效益后，对企业产生的不可再利用的废弃物进行回收。在中观层面上，应在企业之间进行合理的布局和匹配，以技术、废物、信息等为要素构建产业链，形成工业企业间的工业生态系统和企业共生网络，上游企业的废弃物资源化，最大限度地实现废物的梯次利用，尽量避免能量流出系统之外。在消费子系统方面，一方面通过提高技术延长产品的生命周期，避免产品过早成为废弃物，另一方面建立有效的垃圾分类机制，便于废物的回收和捡炼。废弃物分解系统的载体就是再生资源产业。

总之，废弃物分解子系统的主要目标包括如下方面：

1）要建立社会化的废物回收系统，避免零散的、无组织的、无序的废物回收对环境的危害和资源的浪费，为废物的再生利用创造条件。

2）要建立社会化的废物拆解利用系统，使一部分尚具使用功能的部件再进入消费领域，延长其产品生命周期，使不具备使用功能的部件通过资源再生进入再生产领域以实现持续利用。

3）要建立社会化的无害化处理处置系统，对无任何使用价值的真正废物进行无害化处理，以避免污染环境。

由此可知，废弃物分解子系统使循环经济子系统区别于一般线性经济系统的主要标志。废弃物分解子系统对发展循环经济，建立循环型社会有重要的意义。甚至可以说，没有废弃物分解子系统的发展，就不可能建立真正意义上的循环经济和循环型社会。因此，在今后推进循环经济和循环型社会建设的过程中，必须将发展废弃物分解子系统的建设作为一项重要的任务。

7.2.2 循环经济系统的结构与功能

系统是由相互联系、相互作用的许多要素结合而成的具有特定功能的统一体。循环经济显然是一个包含了众多相互联系、相互制约的要素，并具有特定功能的系统。系统分析是运用系统的观点对研究对象尤其是复杂系统进行全面、系统性的分析，包括分析系统的要素、结构、目标、特征、功能和环境等。系统分析把研究对象看作一个整体，重视定性分析与定量分析相结合、部分与整体相结合、系统要素与外部环境相结合，要求如实详尽地分析系统内部各子系统之间，以及系统与环境之间的相互作用及其动态变化过程。

系统分析在一些抽象层次较高、复杂程度较高的问题应用中，展示了它的作用。系统分析把现代应用数学、现代科学技术以及其中的系统思想和研究成果应用于管理决策之中。同时还依靠分析人员的直观判断和经验的定性分析，以定性分析为主，辅之以定量分析，遵循"定性—定量—定性"这一循环往复的过程使决策科学化、定量化、精确化。

7.2.2.1 循环经济系统的结构

传统工业经济把经济看作一个孤立的体系，忽略自然生态系统对经济的作用，否认自然生态系统容量的有限性，只考虑经济效益最大化，这种片面的思维理念违反了自然规律。随着社会生产力的提高、经济规模的迅速膨胀，以"高开采、高消耗、高污染、低效益"为特征的传统工业经济导致了资源枯竭、环境破坏和生态退化，动摇人类生存和发展的生态环境与资源基础，从而促使人类重新审视自然生态系统在人类社会经济发展中的地位。

循环经济作为对传统经济的补充和矫正，在传统工业经济的"资源—产品—废弃物"的单向物质流动基础上增加了一条反馈回路，形成"资源—产品—废弃物—再生资源"的循环，从而提高了资源利用率，减少了废弃物的排放。

循环经济系统是由自然循环子系统和经济循环子系统相互耦合而成的自然—经济复合循环系统。系统内各子系统以及系统各要素间，围绕物质资源的循环利用和再生形成物质流、信息流、能量流、价值流、技术流和知识流的网络结构，从而实现资源利用效率的最大化和污染排放的最小化，最终实现经济与生态、人与自然的和谐共生及可持续发展。基于物质流的循环经济系统结构如图 7 - 3 所示。

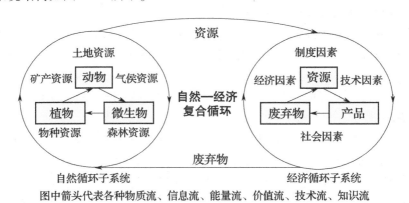

图中箭头代表各种物质流、信息流、能量流、价值流、技术流、知识流

图 7 - 3　基于物质流的循环经济系统结构

（1）自然循环子系统　基于生态系统的自然循环是整个循环经济系统的基础和依托。生态系统通过系统内的各种要素，物种资源、土地资源、气候资源等形成的生态链构成自然循环，连续不断地为社会经济系统提供物质资源。人类只有可持续地利用和维护自然循环，不超越生态系统的阈值，才能保障生态系统的良性循环，才能保证人类持续地共享地球家园的

生态福利。

从组成上看，自然循环子系统由生物和非生物环境两个部分，生产者、消费者和分解者三大功能群体组成。这些要素可划分为物种资源、土地资源、水资源、海洋资源、矿产资源、能源资源、森林资源、草地资源、气候资源和旅游资源等十种类型，这些资源的数量、质量和组合关系共同影响着自然循环子系统的良性循环程度。

自然生态系统在没有受到人类和其他因素严重干扰和破坏时，系统的自组织机制得以充分发挥，系统的结构和功能和谐，从而维持系统的良性循环。但人类大规模的资源开发、粗放的经济增长方式以及不合理的消费行为，导致了耕地面积的锐减、淡水资源日益稀缺、森林资源的破坏、水土流失、植被破坏、气候恶化等一系列生态环境问题，破坏了自然循环子系统的良性循环机制。

（2）经济循环子系统　社会经济系统的循环是循环经济的关键，是人类社会生存发展的必备条件。它通过资源的输入和废弃物的排放与自然系统相联系，来维持自身的生存和发展。系统仿照自然生态系统的运行规律，将人类的生产和消费活动组织成为"资源—产品—废弃物—再生资源"的物质循环流程，以最大限度地提高资源的利用效率和环境效率。人类的经济循环子系统必须有组织地规划和发展，以减轻经济发展对自然资源的压力和对自然循环的干扰，为建立经济与自然之间的和谐关系奠定基础。

影响经济循环子系统的要素除了自然因素外，还包括制度因素、技术因素、经济因素和社会因素。

制度因素是与政府行为、体制有关的观念及行为的集合，它常常表现为国家运用包括行政、法律、经济、市场等机制在内的多种手段进行宏观调控。例如，政府的行政干预、财政支持、产权制度等。

技术因素是影响经济良性循环的关键因素。技术进步可以提高资源利用效率，节约资源、促进资源替代、缓解资源短缺的压力。技术进步还可以促进环境污染的治理，减少"三废"的排放，提高废弃物资源化率，减轻环境压力。

经济因素是指劳动生产率、国民收入水平、城市化水平和工业化水平等。强大的经济基础是实现经济良性循环的物质保障，经济发达地区用于技术投入和资源环境保护的投入较大，产业结构层次较高，并通过从其他地区采购资源、开展加工贸易减轻对资源的压力，从而保证了这些地区经济的低消耗、高产出和少污染，形成良性循环经济。欠发达地区由于资金、技术和人才均不占优势，发展经济往往只能采取加大资源投入的策略，常常忽略资源的综合利用与环境治理，造成环境状况恶化，投资环境变差，影响生产要素的聚集，进一步加深贫困，形成恶性循环。

社会因素主要是指人口的数量和素质状况。庞大的人口数量需要相应的资源环境容量和承载能力，超越生态系统阈值的人口数量将导致生态系统的失衡，经济陷入恶性循环。高素质的人口具有较强的资源环境保护意识，推动生产和消费过程的资源节约和综合利用，从而实现经济的良性循环。

（3）自然—经济复合循环系统　一个理想的循环经济系统就是由生态系统和社会经济系

统相互耦合、有机联系的自然—经济复合循环系统。要达到系统良性循环的目标，首先要保证生态系统的动态平衡，从而为经济系统的持续发展提供可再生资源和良好生态环境。其次，经济系统的输入、输出必须控制在生态系统的生态承载能力范围内，减轻人类活动对自然生态系统的不利影响，使经济系统和谐地融入自然生态系统中。最后，只有使经济子系统中物质循环利用的社会行为与自然生态系统中自然循环的自然行为互为补充，并在整个复合生态系统物质循环的有机联系中实现统一和协调，才能真正实现人与自然、经济与自然、社会与自然的和谐共生与可持续发展。

这里所定义的循环经济系统属于"概念系统"的范畴，概括的是各类循环经济系统的共性。现实中的各类循环经济系统，由于所处的地域和行业不同，其"实体系统"也千差万别。因此，将它看作是从物质实体所组成的"实体系统"中抽象出来的"概念系统"，更有利于从理论上研究循环经济系统的共性及其发展的内在机制。

7.2.2.2 循环经济系统的功能

循环经济系统内部两个子系统之间、系统与外界环境之间，通过物质、信息、价值、能量、技术、知识的流动不断发生交互作用，从而形成系统的主要行为机制，决定系统的结构和功能。只有当系统结构完整、合理且功能完备时，整个系统才能够良性运转。

循环经济本质上是一种生态经济，是人们仿照自然生态系统物质循环和能量流动规律构建的经济系统。因此，循环经济系统的功能与自然生态系统的代谢功能类似，具有"生产、消费和循环转化"三大功能。

生产功能是指资源开采者和加工制造者利用各种生产力要素的组合，产出满足社会需求的各类产品，同时产生相应的废弃物和污染物。生产功能是整个系统最基本的功能，是系统存在的基础和发展的动力。它一方面消耗大量的物质资料，另一方面产生了大量废弃物，给整个系统造成压力。

消费功能是指中间产品和最终产品的广大用户使用和消费各种资源、产品和服务，他们在消费过程中也会产生不同的废弃物。消费是承接着生产和循环转化两大环节，消费功能的正常发挥直接影响着生产和循环转化功能的正常发挥。消费者的环保意识和消费行为对消费功能的正常发挥起着极其重要的作用。

循环转化功能是指废弃物的处理者对生产和消费过程产生的各类废弃物和污染物进行回收处理和再利用，使其重新进入系统循环，以提高资源利用效率，减轻经济发展对资源环境的压力，从而实现社会经济与自然环境的和谐共生。循环转化功能的发挥是循环经济区别于传统工业经济的主要标志，是循环经济建设的重要任务和关键环节。技术进步是增强系统循环转化功能的重要因素。

影响系统整体功能发挥的动力因素源于三个方面：系统内力、政策力和随机力。系统内力是由系统结构和系统活动规律决定的；政策力由人为制定并施加，包括法律、法规、政府的财政、金融等政策；随机力是指外在的不可控制力，尤其是指环境对循环经济系统的影响。

7.2.3　循环经济系统的动力机制

7.2.3.1　循环经济系统的运行机制及调控

（1）循环经济系统的运行机制　所谓机制，原先是指机器的构造方式或工作原理，运用到社会经济活动中是指系统的内在机能和运行方式。循环经济系统的运行机制是制约系统发展和演变的机理，只有明确运行机制才能对循环经济系统进行合理调控。

（2）生态规律的基础作用机制　循环经济的生态循环子系统的各要素在长期进化中所形成的生态关系，不因人类的利用活动而改变。相反，这种生态关系在人类的干预下有时会表现得更为强烈。如果人们按照生态规律来组织生产和生活，那么自然生态系统就能源源不断地为人类提供所需的物质和能量；反之，则会惩罚人类的行为，使人们的经济活动蒙受巨大损失。土地沙漠化、酸雨蔓延、生物多样性减少、全球气候变暖、自然灾害频繁发生等现象，就是对人类违背自然生态规律的惩罚。

（3）社会经济发展的导向机制　生态系统的演进是遵循自然规律、由低级向高级演进的，而作为生态系统和经济系统耦合而成的循环经济系统，其发展演进受制于经济发展的导向。如人口规模和素质的变化、社会公众的监督和协调机制、技术进步、产业结构调整、工业化、城市化进程等，对循环经济系统的演进起着重要的作用。

（4）政府的调控机制　循环经济是实现人与自然、人与人之间利益关系和谐发展的一种经济模式，具有社会属性。但是市场机制在处理资源、环境问题上天然不足，生态机制无法协调系统中的个人行为、社会行为及其形成的人与自然、人与人之间的关系。因此，需要政府的介入并在这些领域发挥作用。政府调控主要体现在宏观战略性的制度安排上，调控机制的重点在于协调人与自然、人与人之间的矛盾，其主要作用是为发展循环经济创造条件，引导循环经济的发展。

（5）市场运行机制　市场的循环是循环经济的平台。我国的经济是社会主义市场经济，决定了发展循环经济必须以市场为基础。近几年，我国虽然在发展循环经济方面做了不少工作，但对实施循环经济的关注点主要集中于规划、法律法规、技术创新、标准或指标的制定与监测等方面，这与以往的节能降耗、清洁生产相比只不过是穿新鞋走老路罢了。究其原因，主要是过于仰仗政府，忽略市场机制，造成"经济"与"循环"相脱节，结果难以获得持续稳定的经济效益。市场主体在市场经济规律作用下，为获得尽可能大的经济效益，仅从自己的经济利益和成本的角度出发，而不考虑对社会和环境的长远影响，导致自然资源面临着枯竭和生态系统面临失衡的灾难性后果。

（6）反馈机制　循环经济系统的自然循环子系统和经济循环子系统之间存在正反馈和负反馈的双向反馈机制。正反馈有助于系统功能的增强，但它不能维持系统的稳定状态。负反馈则通过一系列的自我调节功能，来减轻外界的影响和干扰后，使系统将保持稳定状态。如不合理的生产和消费行为形成消费越多，则正反馈机制越强，而循环经济的绿色生产和绿色消费是对这一正反馈机制的修正，可将消费后的部分废弃物回收、再生和利用，以较少资源的消耗和环境的污染，形成负反馈的循环消费。

循环经济系统在上述机制的共同作用下运行，并通过良好的结构效应和功能发挥实现运行目标。

7.2.3.2 循环经济系统的调控

调控就是对系统的结构和功能进行调节控制，以引导或修正系统的行为。循环经济系统调控的目标就是遵循生态规律和经济规律，采取有效的调控手段和措施，维持系统的良性循环，使其发挥生态、经济、社会的综合效应，最终实现人与自然、经济社会与自然生态的和谐发展。

对循环经济系统的调控，可从经济、资源环境和社会三个层面展开。

（1）对经济子系统的调控 可按照走新型工业化道路的要求，加快产业结构调整、振兴装备制造业、加快高新技术产业化、积极推进信息化、采用高新技术和先进适用技术改造产业和传统工艺、淘汰落后设备、工艺和技术。严格限制高耗能、高耗水、高污染和浪费资源的产业，限制和淘汰能耗高、物耗高、污染重的落后工艺、技术和设备要大力发展节能、降耗、减污的高新技术产业，促进现代服务业的快速健康发展，大力发展生态农业和有机农业。通过调整城乡结构、建立工业园区等手段，促进物资、能量和信息在不同产业、不同区域间的合理流动，形成资源高效利用和环境友好的产业结构、地区结构和城乡结构。

（2）对资源环境子系统的调控 可通过完善资源的有偿使用、综合利用、再生利用和节约使用，建立合理的资源利用机制。同时，调整不合理的环境保护政策，建立环保投入、环境管理、环境建设和生态补偿的长效机制。

（3）对社会子系统的调控 其一，要控制人口的数量和提高公民的素质，同时通过发展教育和舆论宣传，倡导节约型的生活和消费行为，引导社会公众积极参与到资源的循环利用中来。其二，通过提高技术水平开展绿色设计和绿色制造，重构工业生产流程，以提高资源使用效率，减少废弃物的产生。最后，建立信息平台，提供废弃物交换信息，促进废弃物的循环利用。

从制度和程序的角度，可以通过法律机制、政策机制、决策机制、管理机制、监督机制和补偿机制六方面对循环经济系统进行调控。循环经济系统的调控模型如图7-4所示。

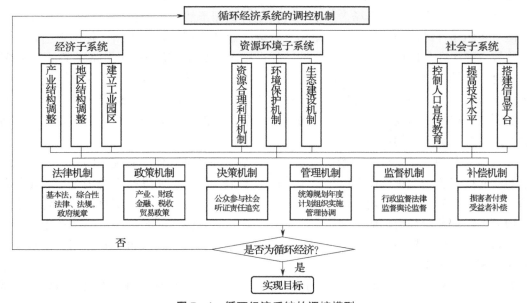

图7-4 循环经济系统的调控模型

7.3　无废城市建设

7.3.1　无废城市的概念和作用

7.3.1.1　无废城市的概念

"无废城市"是指以创新、协调、绿色、开放、共享新发展理念为引领，通过推动形成绿色发展方式和生活方式，持续推进固体废物源头减量和资源化利用，物质消耗大幅度减少，资源能源效率进一步提升，废弃物充分利用、近零排放，将固体废物环境影响降至最低的城市发展模式（国务院办公厅，2018；程会强，2019）。

"无废城市"是一种先进的城市管理与发展理念，要求统筹"资源—产品—废弃物—再生资源"的物质流管理。"无废"并不是没有废弃物产生，也不是所有废弃物都能完全资源化利用，其体现出循环经济的最高境界。即，首先是预防废弃物产生，其次才是降低废弃物管理中的环境风险。通过实现全方位的资源能源可持续管理，持续提升城市固体废弃物的减量化、资源化、无害化水平，需要长期探索与实践。

"无废城市"建设体现一种美好的追求，可视为城市可持续发展更为经济和环保的方案，其远景目标是实现城市固体废物产生量最小、资源化利用充分和最终安全处置。它要求尽可能多地采用废弃材料和可再生能源，促进固体废物综合利用产业规模化、高值化、集约化发展，并将固体废物的环境影响降至最低。

7.3.1.2　无废城市建设的作用

推进"无废城市"建设，是党中央、国务院打好污染防治攻坚战做出的一项重大改革部署，对推动固体废物源头减量、资源化利用和无害化处理，提升城市废弃物管理水平具有直接意义。同时，"无废城市"建设体现出我国城市废弃物管理从单项到多元到集成发展的过程，将助力形成绿色生产、生活和消费方式，推动城市全面绿色转型发展。

第一阶段，单项试点。 国家发展和改革委员会牵头实施的资源综合利用，"双百工程"、农业农村部开展的农作物秸秆综合利用试点、住房和城乡建设部推行的建筑垃圾治理试点等。

第二阶段，多元试点。 国家发展和改革委员会组织开展"城市矿产"示范基地，国家发展和改革委员会与工业和信息化部联合开展大宗固体废弃物综合利用产业基地建设等。

第三阶段，集成试点。 "无废城市"试点是从城市整体发展角度考虑固体废物管理，形成统筹固体废弃物管理与城市转型发展、优化产业结构与培育新兴产业相结合的发展格局。废弃物管理成为城市管理的重要组成部分，资源综合利用基地成为城市发展的重要功能区。"无废城市"建设为深化固体废物管理制度改革，打通部门管理长期分割壁垒，探索建立适合我国国情的固体废物综合管理制度和技术体系提供了实践平台。

"无废城市"建设将系统解决城市固体废物问题，提高生态环境质量。2019 年 1 月 23 日，我国生态环境部发表《开展"无废城市"建设试点提高固体废物资源化利用水平》，该文章称："我国是世界上人口最多的国家，也是产生固体废物量最大的国家。每年新增固体废物 100 亿 t 左右，历史堆存总量高达 600 亿～700 亿 t"。2017 年，全国 202 个大中城市合计，一般工业固体废物产生量为 13.1 亿 t，倾倒丢弃量 9.0 万 t，综合利用量只占利用处置总量 42.5%；工业危险废弃物产生量为 4010.1 万 t，综合利用量只占利用处置总量的 48.6%；生活垃圾产生量为 4.4 万 t，全国 600 多个大中城市中 2/3 存在垃圾围城问题，而且伴随城市规模的扩大日益突出。"无废城市"建设，将从源头预防抓起，提高全社会少产废、多利废的绿色循环低碳发展意识，从生产、消费、管理、处理等各个方面全周期、全系统、全方位地解决城市固体废物顽疾，全面改善提升城市生态环境质量，增进民生福祉。

"无废城市"建设有利于集中形成规模化固体废物处理产业。我国现阶段既存在固体废物产生量大、历史堆存量高等历史问题，同时也面临形成规模化固体废物处理产业的机会。无论是技术创新与推广、装备制造与应用，还是人员管理与培训、模式研究与探索都会出现需求高峰，固体废物利用中的技术和管理问题也为产业提升和规模发展带来重要机遇。预计我国固体废物处理市场规模将从占环保投资总额不到 10%，增至"十三五"的 25% 左右；"十三五"期间，固体废物处理行业投资规模再创新高，成为仅次于废气的第二大环保投资产业。根据生态环境部发布的《2020 年中国生态环境统计公报》，2020 年全国竣工验收的环保建设项目总投资额 3342.5 亿元，其中固体废物建设项目投资 916.8 亿元，占比为 27.4%。

"无废城市"建设有利于深化固体废物管理制度改革，探索建立长效体制机制。长期以来，我国固体废物减量化、资源化和无害化的制度设计和实施的刚性不足，激励与约束机制不完善。党的十八大以来，党中央、国务院把固体废物污染防治摆在生态文明建设的突出位置，持续推进固体废物进口管理制度改革，加快垃圾处理设施建设，推行生活垃圾分类制度，固体废物管理工作迈出坚实步伐。推进"无废城市"建设，是从城市整体层面继续深化固体废物综合管理改革的重要措施，为探索建立分工明确、相互衔接、充分协作的联合工作机制，加快构建固体废物源头产生量最少、资源充分循环利用、非法转移倾倒和排放量趋零的长效体制机制提供了有力抓手。

"无废城市"建设有利于加快城市发展方式转变，推动经济高质量发展。固体废物问题本质是发展方式、生活方式和消费模式问题。城市是现代经济发展的主要载体，是固体废物问题解决方案的重要提供者和执行者。当前，部分地区在城市规划、产业布局、基础设施建设方面，对于固体废物减量、回收、利用与处置问题重视不够、考虑不足，严重影响城市经济社会可持续发展。推进"无废城市"建设，使提升固体废物综合管理水平与推进城市供给侧改革相衔接，与城市建设和管理有机融合，将推动城市加快形成节约资源和保护环境的空间格局、产业结构、工业和农业生产方式、消费模式，提高城市绿色发展水平。

综上所述，"无废城市"建设不仅能解决固体废物本身的资源利用和环境防治问题，而且与城市建设和废物管理有机融合，从生产方式、生活方式、消费模式深层次变革的层面，形成与绿色发展相适应的城市规划、产业结构、空间布局和发展方式，推动城市整体上提高废物管理水平，实现转型升级。

7.3.2 我国无废城市试点

7.3.2.1 试点城市及建设目标

2018 年 12 月 29 日，国务院发布《"无废城市"建设试点工作方案》，自此拉开了"11 +5"

试点序幕。2019 年 9 月，生态环境部会同有关部门组建部际协调小组和专家委员会，建立工作协调机制，共同指导"无废城市"建设试点工作。"无废城市"建设试点部际协调小组各成员单位，组织咨询专家委员会专家在北京召开系列会议，逐一对"11 + 5"个试点城市和地区"无废城市"建设试点方案进行了评审，一致通过。首批 16 个"无废城市"试点见表 7 - 2。

表 7 - 2　首批 16 个"无废城市"试点

城市			地区
广东省深圳市	内蒙古包头市	安徽省铜陵市	北京经济技术开发区
山东省威海市	重庆市（主城区）	浙江省绍兴市	中新天津生态城
海南省三亚市	河南省许昌市	江苏省徐州市	福建省光泽县
辽宁省盘锦市	青海省西宁市	江西省瑞金市	河北雄安新区

首批试点城市和地区的建设目标见表 7 - 3。

表 7 - 3　首批 16 个"无废城市"建设目标

城市和地区	阶段性建设目标
北京经济技术开发区	建立"无废城市"建设综合管理制度和技术体系，形成一批示范模式 "无废城市"建设模式在"亦庄新城"内全面铺开，初步实现园区趋零排放
中新天津生态城	打造国际化交流展示窗口，初步构建生态城固体废物综合管理体系，完成各类固体废物信息化平台整合 实现"无废城市"建设及绿色发展理念全区域覆盖，中新双方建立"无废城市"长效合作机制，生态城居民养成绿色生活和垃圾分类习惯，全面建成生态城固体废物综合管理体系和内外协同体系，实现全区固体废物精细化智慧化管理
雄安新区	2020 年遗存固体废物部分处理，无废试点初步落地 到 2022 年，建筑废物就近消纳，各类固体废物全过程监管体系基本建成 到 2035 年，全域实现废物精细管控，发展成为国内领先的"无废"样板
光泽县	打造"一头两翼一环"的无废产业链，建立县级"无废城市"综合管理制度和技术体系，力争顺利通过生态环境部 2020 年上半年组织的中期评估和 2021 年上半年组织的评估验收
瑞金市	初步形成"无废城市"建设管理制度体系，建立职责清晰、分工协作的固体废物管理体系及考核机制，建立红色景区"无废城市"建设宣传体系，开展生活垃圾分类收集示范，建立"种养平衡、生态循环"的绿色农业发展模式
西宁市	到 2020 年年底，工业固体废物产生强度降低至 0.85t/万元；农业化肥减量 20%；餐厨废弃物资源化处理率达到 95%；农用地膜回收利用率达到 90%
盘锦市	到 2020 年，危险废物综合利用率达到 70%；危险废物经营单位环境污染责任保险覆盖率达到 60%；危废处置企业规范化管理抽查合格率达到 92% 以上；农药包装废弃物产生量实现负增长
徐州市	逐步形成徐州"3 + 3"无废城市建设模式 3 项成熟创新模式："传统资源枯竭型城市全产业链减废模式""农作物秸秆还田及收储用一体多元化利用模式""再造绿水青山提升综合效益的矿山生态修复模式" 3 项新创新模式："工业源危险废物'闭环式'全覆盖监管模式""推进固体废物协同处置壮大新产业，带动高质量绿色发展模式""'以智管废'的智慧平台构建精细化统筹管理模式"

（续）

城市和地区	阶段性建设目标
许昌市	全面推进"无废城市"建设工作，推动绿色生产和生活方式转变，保障城市高质量发展；培育城市新兴产业，形成区域经济新增长点；提升城市品质和社会文明程度，增强居民幸福感和获得感；提高政府现代化管理水平，实现城市多元共治的良好局面
三亚市	到 2020 年，"无废城市"建设综合管理制度和保障机制基本建成，出台公共机构固体废物减量实施细则 5 项以上，基本建成循环经济产业园和固体废物智慧监管平台，实现原生生活垃圾零填埋，生活垃圾回收利用率提高到 25%，组织召开不少于 10 次的"无废"主题国际赛事等活动
绍兴市	有害垃圾收集设施覆盖率达 90% 以上；建成生活垃圾分类处理智能化大数据监管平台；生活垃圾回收利用率达 45% 以上；再生资源回收量增长率达 30% 以上，培育固体废物回收利用处置骨干企业 16 家；医疗卫生机构可回收物资源回收量达 75% 以上
重庆市（主城区）	到 2020 年，重庆市主城区"无废城市"建设试点工作目标全面完成 到 2025 年，"无废城市"初步建成，城市生活垃圾分类收运系统覆盖率达到 100% 到 2035 年，固体废物管理达到中等发达国家水平，形成将固体废物环境影响降至最低的城市发展模式
威海市	到 2020 年，初步形成海陆联动、协同发展的海洋绿色发展新格局和旅游绿色发展新格局；"威海模式"初步形成。新能源和可再生能源装机占比达到 20%；实施清洁生产企业占比达到 25%；农业绿色防控覆盖率达到 30%；试点建立农作物秸秆收储中心（站点）15 个；生活垃圾分类收运系统覆盖率达到 30%；医疗可回收物回收利用率达到 90% 以上 到 2025 年，"无废城市"建设综合管理制度和监管体系全面建立；生活垃圾分类全覆盖 到 2035 年，海洋绿色发展新格局和旅游绿色发展新格局全面形成；实现"精致城市·幸福威海"的建设目标
铜陵市	到 2020 年，工业固体废物产生强度达到 2.07t/万元；完成现有 5 个园区的生态工业园区建设和循环化改造；一般工业固体废物综合利用率达到 87%；矿山尾矿综合利用率达到 82.3%；秸秆综合利用率达到 90%；农业废弃物收储运体系覆盖率达到 85%；生活垃圾分类收运系统覆盖率达到 64.5%；餐厨垃圾回收利用量比 2018 年增长 3.6 倍；工业危险废物综合利用率达到 57%；资源循环利用产业工业增加值占 GDP 的比重达到 4.9%
包头市	到 2020 年年底，初步形成包头市"无废城市"建设综合管理制度和技术体系框架；建成绿色园区 2 个、绿色工厂 8 家，认证绿色产品 10 个；畜禽粪污综合利用率达到 75% 以上；卫生厕所普及率要达到 60% 以上；废旧地膜回收率达到 80% 以上 到 2025 年，可再生能源装机电量占社会用电比重达到 40% 以上，占能源消费总量比重达到 18% 以上
深圳市	到 2020 年年底，固体废物全部实现无害化处置。人均生活垃圾产生量趋零增长，工业固体废物产生强度比 2018 年下降 5%。分类体系覆盖率达到 100%，回收利用率达到 35%。一般工业固体废物综合利用率达到 90%，危险废物资源化利用率达到 65%，房屋拆除废弃物资源化利用率达到 90%。原生生活垃圾趋零填埋 到 2025 年，"无废城市"主要指标达到国际先进水平。工业固体废物产生强度比 2020 年下降 15%。生活垃圾回收利用率达到 38%，一般工业固体废物综合利用率达到 95%，房屋拆除废弃物资源化利用率达到 95%。原生生活垃圾全量焚烧和零填埋 到 2035 年，"无废城市"主要指标领先国际先进水平。生活垃圾回收利用率领先国际先进水平，一般工业固体废物综合利用率达到 98%，房屋拆除废弃物资源化利用率达到 98%

（资料来源：改编自汇总 16 个试点方案"无废城市"建设目标如何定？［EB/OL］［2022 - 06 - 01］. http://www.tanpaifang.com/wufeichengshi/2020032069303_17.html.）

7.3.2.2 试点方案的任务措施

我国"无废城市"试点的实施立足于城市核心问题和薄弱环节，有针对性地设计方案来构建完善城市固体废物管理体系。梳理各试点方案中的任务措施，可以分为工程项目建设、制度体系建设、技术体系建设、市场体系建设和监管体系建设五大类。其中，工程项目建设是对城市固体废物管理的硬件基础设施方面的完善；制度、技术、市场和监管这四类支撑体系的建设构建了引导与保障"无废城市"长期推进的长效机制。

图 7-5、图 7-6 统计了试点城市各类重点工程项目投资统计。可以看出重点工程项目的设置基本上与各试点面临的固体废物管理问题密切相关。例如，从项目涉及的处置对象来看，在铜陵市、包头市这类资源依赖型的工业城市中，一般工业固体废物产生量可占固体废物总量的 90% 以上，还有大量历史遗留固体废物堆存。因此，对工业源固体废物的处置项目建设投资占比最高；而深圳市、三亚市产生的固体废物以生活垃圾、建筑垃圾、餐厨垃圾等生活源固体废物为主，因此对生活源固体废物处置项目的投资占比达 90% 以上。

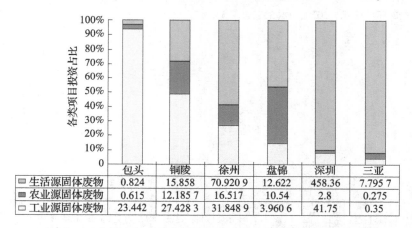

图 7-5　试点城市各类重点工程项目投资统计（按处置对象分类）

（资料来源：郑凯方，温宗国，陈燕. "无废城市"建设推进政策及措施的国别比较研究［J］. 中国环境管理，2020，12（5）：48-57.）

从项目涉及的处置环节来看，工业、农业固体废物处置项目中，对回收利用类项目的投资占比最高。这反映出，对大宗工业固体废物、农业固体废物等进行综合利用是各试点比较重要的减废措施；而针对生活源固体废物末端处置环节的投资较高，这也符合当前试点城市发展迅速，城乡生活垃圾、建筑垃圾、餐厨垃圾等生活源固体废物产生量增多，现有处置设施不足的现状。试点城市各类重点工程项目投资占比如图 7-6 所示。

试点城市长效支撑体系相关任务措施统计如图 7-7 所示。从措施数目上来看，各试点主要通过固体废物处置技术和设备研发构建技术体系，通过培育绿色产业和骨干企业来构建市场体系，通过制定地方的规范性文件、编制规划和专项行动等措施来完善制度体系。相比较而言，各试点在监管体系建设上还比较薄弱，在城市层面缺乏对废旧电子、废弃包装物、园林农贸垃圾等的统计监控措施。因此，"无废城市"建设中需要强化固体废物的追踪溯源和全过程管控，以及运用智慧化信息平台开展精细化管理。

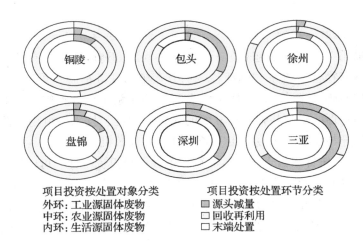

项目投资按处置对象分类 　　项目投资按处置环节分类
外环：工业源固体废物 　　　　■ 源头减量
中环：农业源固体废物 　　　　□ 回收再利用
内环：生活源固体废物 　　　　□ 末端处置

图7-6　试点城市各类重点工程项目投资占比（按处置环节分类）

（资料来源：郑凯方，温宗国，陈燕.“无废城市”建设推进政策及措施的国别比较研究
［J］.中国环境管理，2020，12（5）：48-57.）

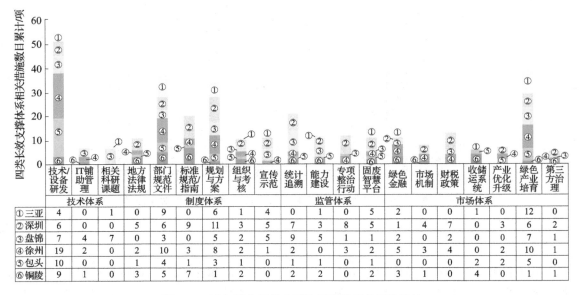

	技术体系			制度体系				监管体系					市场体系						
	技术/设备研发	IT铺助管理	相关科研课题	地方法律法规	部门规范文件	标准规范/指南	规划与方案	组织与考核	宣传示范	统计追溯	能力建设	专项整治行动	固废智慧平台	绿色金融	市场机制	财税政策	收储运系统	产业优化升级	绿色产业培育	第三方治理
① 三亚	4	0	1	0	9	0	6	1	4	0	1	0	5	2	0	0	1	0	12	0
② 深圳	6	0	0	5	6	9	11	3	5	7	3	8	5	1	4	7	0	3	6	2
③ 盘锦	7	4	7	0	3	0	5	2	5	9	5	1	2	2	0	2	0	0	7	1
④ 徐州	19	0	2	2	10	3	8	2	1	2	0	3	2	5	3	4	0	2	10	1
⑤ 包头	10	0	0	1	4	1	3	1	0	1	0	1	0	0	0	0	2	2	5	0
⑥ 铜陵	9	1	0	3	5	7	1	2	0	2	2	0	2	3	1	0	4	0	1	1

图7-7　试点城市长效支撑体系相关任务措施统计

（资料来源：郑凯方，温宗国，陈燕.“无废城市”建设推进政策及措施的国别比较研究［J］.中国环境管理，2020，12（5）：48-57.）

7.3.3　新时期“无废城市”建设的新要求

面对国内外新形势，国家提出将“无废城市”建设试点工作与推动经济高质量发展有机统一，不断提高固体废物治理能力，扎实做好试点城市（含农村）固体废物资源化利用的落地，全面达到考核指标，使人民群众真正有获得感，这对“无废城市”试点建设提出了新的更高要求。

7.3.3.1　法律法规新要求

为保护和改善生态环境，更好防治固体废物污染环境，我国于 2020 年 4 月对自 1996 年开始施行的《中华人民共和国固体废物污染环境防治法》（简称《固废法》）进行第二次修订，并于 9 月开始正式施行新《固废法》。在新《固废法》中，特别强调省、自治区、直辖市之间可以协商建立跨行政区域固体废物污染环境的联防联控机制，统筹规划制定、设施建设、固体废物转移等工作。同时，新《固废法》对工业固体废物、生活垃圾、建筑垃圾、农业固体废物和危险废物等各类固体废物分门别类进行了详细规定，做到对各类固体废物全覆盖。

为切实做好危险废物环境管理工作，国家于 2019 年专门出台《关于提升危险废物环境监管能力、利用处置能力和环境风险防控能力的指导意见》，聚焦重点地区和重点行业，围绕打好污染防治攻坚战，着力提升危险废物"三个能力"。具体来看，该意见要求 2020 年年底前，长三角地区（包括上海市、江苏省、浙江省）及"无废城市"建设试点城市率先实现；2022 年年底前，珠三角、京津冀和长江经济带及其他地区提前实现。强调要做好各类危险废物的监管，建立省域内能力总体匹配、省域间协同合作、特殊类别全国统筹的危险废物处置体系。从中不难发现，新的法律法规根据当前和今后我国固体废物面临的实际情况，要求做到各类固体废物全覆盖，省内、省域间和区域间协同配合，为固体废物处置指明了新的发展方向。

7.3.3.2　区域发展战略新要求

党的十九大报告明确提出，要实施区域协调发展战略，要以城市群为主体构建大中小城市和小城镇协调发展的城镇格局，要以较少的国土空间聚集较多的人口和要素，形成较大产出，有效提升空间资源利用效率。近年来，国家也先后出台《京津冀协同发展规划纲要》《成渝城市群发展规划》《中原城市群发展规划》《关于建立更加有效的区域协调发展新机制的意见》《粤港澳大湾区发展规划纲要》《长江三角洲区域一体化发展规划纲要》等一系列规划纲要和意见，为区域发展奠定了坚实基础。

但是不可否认的是，城市群人口和产业集聚，资源消耗与污染排放量大，区域发展与资源环境的矛盾凸显，越来越多城市群区域进入复杂的结构性、压缩性、复合性、区域性环境污染阶段，城市群发展面临着严重的资源环境约束。因此，推进资源全面节约和循环利用、保护生态环境成为我国城市群规划与发展的重要目标。然而，区域内存在固体废物处理处置设施建设分散，多源固体废物产排量与设施处置能力空间不平衡、种类不匹配，跨区域转移和协作处置困难，各地设施处理能力与再生资源市场难以统筹优化等各种问题。区域发展战略和布局既为固体废物的区域协调处理指明了方向，也提出更高的要求。

7.3.3.3　省域发展新要求

在全国有关市级、县级和区级层面的"无废城市"建设搞得如火如荼之际，吉林省和浙江省等地方深刻认识到"无废城市"建设的重大意义，先后出台了《吉林省"无废城市"建设工作方案（征求意见稿）》和《浙江省全域"无废城市"建设工作方案》，决定在全省（省域）开展"无废城市"建设工作。省域层面的"无废城市"建设，将生态文明建设摆在突出重要位置进行谋划部署，在试点城市建设的基础上，将全域"无废城市"建设作为提升生态环境质量的重要突破口，并与高质量发展结合起来。利用省内城市间资源可调配的优势，积极探索省内跨区域固体废物协调机制，高效率解决固体废物问题。同时，充分利用大数据和人工智能等新一代信息技术，着力构建固体废物治理"一张网"，着力打造固体废物监管"一条链"。这既为"无废城市"和智慧城市融合发展提供了机遇，也对"无废城市"试点建设提出了新要求。

7.3.4 "十四五"试点城市的发展方向

"十四五"期间是"无废城市"建设试点探索期，要形成一批具有典型带头示范作用的"无废城市"综合管理制度和建设模式，"无废"理念初步形成。为此，要把握好发展方向。可以从广度、深度和融合度三个方面进行把握理解。

7.3.4.1 广度

首先，在城市、省域和跨区域不同层面次第铺开"无废城市"建设。在首批"11+5"个城市和地区试点建设的基础上，选择出具有代表性和特色的城市和地区作为后续"无废城市"试点，并将此作为工作的重中之重。在试点城市的基础上逐步推广，开展省域试点研究。结合省份的意愿和基础，选择典型省份梳理省域层面固体废物处理中存在的问题，分析不同省域的障碍与优势，总结典型省域"无废城市"建设模式。结合我国区域发展战略和优势，以京津冀、长三角、成渝、粤港澳大湾区等城市群为典型区域，梳理固体废物产排现状、固体废物管理工作成效及存在问题，围绕"无废城市"建设目标，探索协同推进跨区域"无废城市"建设的典型路径和模式。

其次，在试点工作中全面探索各种类别固体废物的处理路径和模式。首批"11+5"个城市和地区试点对有些类别的固体废物处理模式做了有益的探索，但由于固体废物种类繁多，还没有覆盖到所有类别，后续试点中要逐步进行全覆盖。

最后，探索废水、废气和固体废物协同处理的路径和模式。全力打好"蓝天、碧水、净土"三大保卫战，在此基础上坚持治废、治气和治水一起抓，构建"大无废"格局。

7.3.4.2 深度

首先，积极开展"无废城市"试点工作的成效评估和成果凝练，在重点领域形成可复制和可推广的模式和路径。首批"11+5"个城市和地区取得诸多较好的经验和特色做法，但我国地域广阔，各地差别较大，需要深入开展工作将试点城市取得的成果因地制宜进行推广。同时，因为试点时间较短，首批试点城市和地区的模式和做法也值得进一步深入探索。

其次，深挖同种类别固体废物的处理模式和路径。同种类别的固体废物有不同的处理模式，即使某种处理模式在试点城市取得成功，但不一定完全适合其他城市。因此，在后续试点工作中，要积极探索和比较不同模式的优劣势，真正探索出适合不同场景下的处理模式。

最后，进一步积极探索"无废细胞"的建设。"无废城市"建设是一个系统工程，在搭建好顶层设计和总体方案后，"无废细胞"建设工作就意义重大。部分首批试点城市和地区已经对此做了很多有益的探索，取得了较好的效果，在后续工作中还需进一步挖掘更多的

"无废细胞"，使得"无废"理念深入大众生活的方方面面。

7.3.4.3 融合度

当前，随着大数据、"互联网＋"和人工智能等新一代信息技术飞速发展，各地积极开展智慧城市试点，拟通过科学运筹城市的物理空间、人类社会空间和网络信息空间，巧妙汇聚城市市民、企业和政府智慧，深化调度城市综合资源，优化发展城市经济、建设和管理，持续提高城市发展与市民生活水平，更好地服务市民的当前与未来。

在后续的"无废城市"试点建设中，要充分利用新一代信息技术，主动与智慧城市建设相融合，将与固体废物分类、收集、转运、处理、资源化、收费等相关的部门、企业和社区相连接，构建固体废物智能化和精细化监管平台，使固体废物的大数据管理成为"城市大脑"的组成部分。同时，城市作为一个整体，在规划和发展中还应兼顾考虑各个方面，将低碳城市试点和海绵城市试点等理念也融合进来，"希望落到一个城市中是一键式的，都是有利于节能减排、社会治理和提高公民素质的"。

7.3.5 推进"无废城市"建设的主要途径

1.《"十四五"时期"无废城市"建设工作方案》

"十四五"时期既是在全社会初步形成"无废"理念的试点探索期，也是"无废城市"试点模式在全国范围内推广的过渡时期，出台引领全社会探索和践行"无废"理念的实施方案至关重要。《"十四五"时期"无废城市"建设工作方案》充分与国家"十四五"规划、区域发展战略和地方规划相融合，明确将"十四五"时期定位为试点探索期，提出推动 100个左右地级及以上城市开展"无废城市"建设，到 2025 年，"无废城市"固体废物产生强度较快下降，综合利用水平显著提升，无害化处置能力有效保障，减污降碳协同增效作用充分发挥，基本实现固体废物管理信息"一张网"，"无废"理念得到广泛认同，固体废物治理体系和治理能力得到明显提升等战略目标，明确"无废城市"建设的总体任务，创新体制和机制协调各界各部门形成合力，部署工程科技攻关项目等。

2. 建立国家级"无废城市"试点交流平台

目前，国家相关部委之间已经成立了部际协调小组，同时还成立建设试点专家委员会和对口帮扶组，这对部门之间的协调和从上到下的指导起到了积极作用。但"无废城市"之间的交流还不充分，这进一步加大了试点推进的难度。随着首批试点城市新模式和新做法的总结和推广，以及后续越来越多试点城市的不断加入，迫切需要建立一个国家级的试点城市间交流平台，及时交流先进技术和管理经验，甚至进行产业对接和模式推广，进一步提高"无废城市"建设的效率。

7.3.6 "无废城市"建设的保障措施

"无废城市"建设的实现是一项系统工程，涉及企业清洁生产、产业绿色发展、绿色社区生活等领域，需要政府机构、社会组织与社区公众的广泛参与和协同共治，形成"政府宏观主导—社会组织配合—公众积极参与"多元主体协同参与的"无废城市"治理创新模式。

我国有建设"无废城市"的现实需求和内在动力。

1. 建立"无废城市"建设的相关法规与规章体系

在取得低碳经济和循环经济实践的基础上，立足于"大环保"的时代背景，基于生态城市建设与低碳城市发展经验，强化"无废城市"顶层设计引领。同时，借鉴欧盟、日本与新加坡"无废城市"建设的立法经验与方案，加快制定我国"无废城市"建设的有关法律法规，完善"无废城市"建设领域民事与行政公益诉讼制度等，对"无废城市"建设法律法规加以规范，做到有法可依、有章可循，发挥政府宏观指导作用。

2. 制定"无废城市"建设的相关补贴与优惠政策

基于"无废城市"建设目标与要求，国务院及其财政、税务主管部门应该及时制定相对应的"无废城市"建设税收优惠制度的"具体办法"，并建立"无废城市"建设项目补助金、相关贷款以及税收等优惠制度。同时，强化废弃物资源综合利用与认定管理，对"无废企业"的资源循环利用等环保技术开发与研究工作给予一定的补助，对能源合理化使用的"无废企业"给予补助，对废弃物减量化与再生循环处理设备的生产和购置的环保设备服务企业给予一定的贷款优惠与税收优惠。此外，还可对经营废弃物再生循环与回收利用的第三方专业环保服务公司给予一定的贷款优惠与税收优惠，落实废弃物资源综合回收与利用优惠政策。

3. 加强"无废城市"建设的公共宣传与教育培训

在全社会视域内传播"无废城市"建设理念，提高广大社会公众对"无废城市"的认知水平，加大社会公众的自觉参与度，规范与引领全社会公众自组织参与"无废城市"建设。在各级党校与社会主义学院教育与培训过程中，设置"无废城市"相关课程，培养各层级领导干部与国有企事业管理人员的废弃物资源化利用意识，进而提高中高层管理者的综合决策能力。将"无废城市"建设理念纳入各级学校基础教育与环境专题教育计划，定期举办关于提高"无废城市"建设理论与实践的培训班。在城市社区定期开展"无废城市"建设宣传活动，鼓励每个家庭在日常生活中自觉使用无害化、可回收、可分类的环境产品，减少浪费与过度消费。

4. 提升"无废城市"建设的监督水平与监管质量

基于"无废城市"建设的责任清单，确定"无废城市"建设的监督权力责任范围，明确各相关管理单位的监督要求。各部门要依法行使行政监督权力，对城市"废弃物"的收集、分类、回收与综合处理工作实施全过程监督。基于"智慧城市"建设基础平台，建立高效的"无废城市"大数据监督管理平台，实施动态管理。通过构建城市"互联网＋废弃物"智能管理系统，城市所有与"废弃物"分类、收集、处理、资源化、收费等相关的政府部门、社会企业和居民社区等接口互联互通，并将其纳入智慧城市建设体系，以及实时监控"无废城市"的废弃物交换与处理的相关数据及图像信息，帮助相关企业与城市管理者、决策者及时、高效、准确地掌握废弃物的流向和所处状态，提高"无废城市"建设监督效率与监管质量，有序开展废弃物的产生与处置单位规范化治理工作。

5. 完善"无废城市"建设的科学与技术支撑体系

设立国家省市科技支撑计划，加强固体废物资源化循环利用科技产业与技术支撑能力建设，提高资源化利用水平。强化"无废城市"的产业支撑，因地制宜制定"一城一策"的"无废城市"建设工作实施方案，推动城市各产业的低碳、绿色、循环升级。推动"无废城市产业园区"规划与建设，激发市场主体活力，培育环保产业发展新模式。强调"无废城市"的技术支撑，加快"无废城市"建设在废弃物回收利用技术、关键和共性重点综合利用技术以及清洁生产等前沿技术的研发与集成创新。

6. 加强"无废城市"建设的国际合作与经验交流

加强与国际社会在"无废城市"建设领域的经验交流与技术合作，以"无废城市"跨国组织联盟为合作载体，学习与借鉴他们的成功经验与成熟模式。在全球范围内开展城市与城市之间废弃物治理技术的交流与合作，推动国外先进废弃物管理创新技术向我国的转移与转化。全面落实"河长制"，分流域、分区域地开展监督，明确绩效评估机制、养护经费来源、各相关部门职责分工，做到守土有责。依法公开水污染防治相关信息，主动接受公众和社会监督，将公众参与和监督作为长效监管机制的重要组成部分，形成全民行动格局。

本章习题

1. 园区循环化改造的意义、概念、内涵及特征是什么？
2. 园区循环化改造的主要内容及其目标是什么？
3. 生态工业园区的特征是什么？有哪些分类？如何科学地评价生态工业园区？
4. 循环经济系统包括哪些要素？其内部结构与各自的功能是什么？
5. "无废城市"的建设途径有哪些？结合自己的认知与经历，思考下我国未来的"无废城市"发展方向是什么？该如何推动"无废城市"的建设？

第8章 循环型社会构建

"十四五"时期我国进入新发展阶段，如何在新阶段实现可持续发展，一直是社会各界讨论的热点。从"自然资源—产品—环境废物"开放的线性经济运行模式，向"资源—产品—资源"闭环流动的循环经济运行模式的转变，不仅是一次技术经济活动的范式革命，也是一次全面性的社会变革。发展循环经济，离不开相应的社会环境条件作为基础，建立循环型社会是实现循环经济的前提和保障。尤其是在生态文明建设受到高度重视的背景下，借鉴成功经验，积极探索更有效的循环型社会建设路径很有必要。

8.1 循环型社会的制度保障

8.1.1 循环型社会的特征

循环型社会是以 3R（即减量化、再利用和再循环）为取向的生产方式、消费方式和社会生活方式，包括现代生态价值观和绿色消费的理念，是有别于传统发展模式的新型发展模式。循环型社会是一个尊重地球与环境、对地球友好的社会，是对生产与消费模式的再塑造，蕴含了新的发展观、价值观、生态观、绿色发展理念及管理方法。

（1）循环型社会是环境友好型社会 经济运行模式与社会、自然环境条件密切相关。循环经济与传统经济最大的区别就是把经济系统看作生态系统的一个子系统。因此，循环经济最重要的特征就是按照生态规律来确定人类活动的方式。基本的要求就是要遵循生态学规律，合理利用自然资源和环境容量，在物质不断循环利用的基础上发展经济，将经济系统和谐地纳入自然生态系统的物质循环过程中，实现经济活动的生态化。

（2）循环型社会是人与自然、人与人之间全面和谐的社会 从本质上讲，环境问题虽然是人与自然的和谐问题，但其实质上还是人与人之间社会关系的和谐问题。发展循环经济，建立循环型社会，促进人与自然的协调发展，首先要解决社会中存在的阻碍和影响环境问题解决的社会深层次矛盾，要统筹兼顾政策、法规、制度规范的制定和实施，综合考虑社会各个方面的利益，通过协调人类社会的和谐来取得人与自然的和谐，是循环型社会的显著特征。

（3）循环型社会是公众广泛参与的社会 循环型社会的形成和发展，不仅需要政府自上而下的推动和引导，更重要的是需要在全社会自下而上形成自然资源和生态环境的保护意识，真正形成"发展循环经济、建设资源节约型社会"的广泛共识，并把这种意识与共识付诸到日常的行为。一方面通过对公众进行环境教育，宣传循环型社会的基本理念和行为方式；另一方面，建立和完善能促进公众平等参与环境、经济和社会问题决策的制度和程序，使公众能够通过各种自觉的环境行动，把自己所享有的环境权利和应承担的社会责任有机地统一起来。

（4）循环型社会需要建立相应的社会经济技术体系　为了实现从传统经济运行模式向循环经济运行模式的转变，循环型社会需要建立一个以促进物质减量化、再利用、再循环为目标的、由众多功能单元组成的，具有合理的层次和结构、功能完善的社会经济技术体系。这个社会经济技术体系是循环经济的物质技术保障，也是循环型社会的重要物质基础。输入端的减量化，表现在产品逐渐非物质化或者环境友好型的物质替代，降低生产和消费过程中投入的物质量，提高生产的物质利用效率和改变传统消费模式与产品结构；再利用是提倡产品及零部件的多次、多级重复利用；再循环是从输出端通过再生利用的方式实现废弃资源的资源化，最终建立循环型社会的物质循环体系。

（5）循环型社会需要建立一种新的价值体系和行为方式　为了适应可持续发展、建立循环型社会的要求，需要对传统的价值观进行重新审视，并建立追求人与自然以及人与人之间和谐为目标的新型价值体系，以指导人们的日常行为方式。循环型社会的价值观具有多重的意蕴，贯穿社会经济生活的各个层面，它既包括新的环境价值体系，又包括对人类社会自身新型的价值体系。在这种新型价值观的指导下，生产者以提供绿色产品为生产理念，实行绿色生产模式；消费者改变传统的生活消费模式，主动选择绿色产品，注重消费过程中对环境的友好性，自觉履行废弃物分类回收处理的责任与义务，最终形成人与自然和谐发展的价值观，建立环境友好的生活方式。

（6）循环型社会需要建立一种新的环境伦理观　循环型社会的伦理观，既区别于"人类中心主义"的伦理观，又区别于"生态中心主义"的伦理观，是一种"以人为本"的伦理观。"人类中心主义"片面地强调了人类的需要而忽视了人类作为自然有机整体的一个组成部分与环境之间的依存关系。"生态中心主义"片面强调生态环境对人的本源意义，一味地强调人对自然的关爱和保护。循环型社会的构建原则是平衡经济发展与生态环境保护的矛盾，在人类实现经济发展和满足基本生活能力的同时，重视对自然的保护，保障可持续发展的实施。

8.1.2　循环型社会与制度创新

发展循环经济、构建循环型社会，是人类对难以为继的传统发展模式反思后的创新，既是一种经济模式，也是一种新的社会经济运行机制。这种新的经济运行机制，必须重新构建一种新的制度框架，对人与自然的关系和人类社会生产关系进行新的制度安排。并且这种新的制度框架的核心是要将生态环境作为一种生产要素进行新的规制管理，纳入市场运行机制之中。这必将重新调整社会利益分配关系，重新构造企业生产机制与成本形成机制，最终形成新的人与自然的关系。制度创新对促进循环型社会发展具有重要的意义。

（1）生产要素发挥作用需要制度创新　按照新制度经济学的看法，制度是经济增长的内生变量，制度至关重要，土地、劳动和资本这些要素，有了制度才得以发挥功能。循环经要求将生态环境作为一种生产要素纳入市场运行机制之中参与定价和分配，从而改变生产的社会成本与私人获利的不对称性，使外部成本内部化。外部成本内部化必然涉及不同人群或团体之间利益关系的调整，需要协调好微观个体利益与社会公共利益之间的关系、眼前利益与长远利益之间的关系、局部利益与全局利益之间的关系。而要协调好这些利益关系，必须要有相应的制度保障，通过制度能够在一定程度上协调和平衡人与人之间的各种利益关系，把人们的各种利益矛盾和冲突控制在各方可接受的范围内。

（2）企业和消费者行为的转变需要制度推动　发达国家循环经济的实践表明，要实现从传统经济到循环经济的转变，就必须进行相应的制度变革，要依靠制度建设来规范政府、企业、公众等循环经济主体的行为，实现经济、社会和环境的协调、持续发展。但目前国内的循环经济实践大多是自上而下推进的，即政府主导在先，企业和公众参与在后。而循环经济作为一种普遍的生产、消费乃至社会经济发展模式，仅靠政府的作用是不够的，必须充分发挥企业和公众等微观经济主体的积极性，使循环经济行为成为一种自觉。而经济主体的行为则取决于各种不同的制度安排，制度的重要特征就是通过各种正式或非正式的"规则"，对个人实施奖励或制裁，从而对人的行为产生一定的激励或约束作用。因此，要实现从传统经济到循环经济的转变，就必须对经济运行制度进行必要的创新。

（3）国际循环经济发展大趋势要求制度创新　随着绿色发展成为全球共识，当前各种国际标准、环保要求日益延伸到国际贸易、国际投资乃至国际政治等诸多领域。循环经济已经成为影响一国经济未来发展潜力的重要因素，走循环经济之路已经成为综合国力竞争和争夺全球发展制高点的一场新竞赛。谁最先获得成功，谁就有可能成为未来经济的主导者。在新的国内外经济环境下，建立健全完善的循环经济制度已经成为经济可持续发展的必然选择。

8.2　废弃物循环利用体系的构建

构建废弃物循环利用体系是实施全面节约战略、保障国家资源安全、积极稳妥推进碳达峰碳中和、加快发展方式绿色转型的重要举措，同时也是建设循环型社会的重要路径。

近年来，我国大力发展循环经济，加强资源综合利用，废弃物循环利用工作取得积极进展，再生材料已成为重要的生产原料。但与此同时，随着我国工业化、城镇化进程的不断推进，生产生活废弃物呈现规模扩大、来源复杂、利用难度增加等趋势，而废弃物循环利用路径仍有堵点、政策机制存在短板、利用水平仍有提升空间，加快构建废弃物循环利用体系的重要性和紧迫性更加凸显。

8.2.1　我国废弃物循环利用潜力巨大

我国目前处于工业化中后期和城镇化较快发展阶段，钢铁、有色金属等重点行业资源能源消费仍将持续增长。这也意味着随着经济社会发展，一定时期相关资源性产品产生量和社会蓄积量都将持续增加。2020年，我国十种常用有色金属冶炼产品产量超过6000万t，占全球比重稳定在50%以上。以钢铁为例，2020年我国粗钢产量达到10.65亿t，占全球粗钢总产量比重为56.7%。我国2020年钢铁蓄积总量已经达到了100亿t，人均7.1t钢（欧美蓄积量达峰为人均 8 ~ 10t 钢）。据有关研究测算，到 2025 年，我国钢铁蓄积量将达到 120 亿 t，废钢资源年产出量将达到 2.7 亿 ~3 亿 t。2030 年，我国钢铁蓄积量将达到 132 亿 t，废钢资源年产出量将达到 3.2 亿 ~3.5 亿 t。届时，废钢资源将成为未来钢铁生产的重要原料，各类废旧资源将成为名副其实的 "城市矿产"，有助于降低国内对铁矿石的依赖。

同时，由于消费升级带动的汽车、家电、电子产品等消费品更新迭代速度不断加快，对这些废弃产品进行妥善处置、循环利用，也成为当前循环经济发展的重要举措。据统计，我国每年主要电器产品报废量超过 2 亿台，年均增长 20%；我国每年手机的废弃量可达到 4 亿部以上。这些废旧产品设备中蕴藏着大量可循环利用的钢铁、有色金属、贵金属、塑料、橡胶等资源。据估算，一辆报废的小型汽车经精细化拆解后，可分解出约 36kg 橡胶、70kg 塑料、740kg 废铁、100kg 铝；1t 废旧手机可提炼出 400g 黄金、2300g 银；一台普通电冰箱可回收 9kg 塑料、38.6kg 铁、1.4kg 铜。对这些资源进行有效回收循环利用，相当于开启 "第二矿山"，可以降低对原生资源的需求，减轻矿产资源开采对自然环境的压力。同时，还可以为再生资源回收利用行业发展创造广阔的市场空间，目前资源回收利用企业超过 26 万家，产值超过 3.5 万亿元；预计到 2025 年，产值可以达到 5 万亿元。

8.2.2　开展废弃物循环利用是全球应对气候变化的重要手段

从全球范围看，世界各国都将资源循环利用作为应对气候变化的重要手段。因此，欧美发达国家高度重视废弃物的循环利用，并不断完善政策规划，促进废旧物资回收体系发展。

我国和美国在《联合国气候变化框架公约》第二十六次缔约方大会（COP26）期间发表联合宣言，将可再生资源利用等循环经济的关键领域纳入重要合作范畴。美国《零碳排放行动计划》指出，通过可持续材料管理减少材料浪费是新绿色增长模式所需的关键组成部分之一。该行动计划要求建立国家可持续材料管理框架。美国近两年陆续出台《推进美国回收系统国家框架（2019）》《国家回收战略（2021）》，提出国家回收目标，即 2030 年将回收率提高到 50%，并致力于建立更具有韧性和成本优势的国家回收系统。

欧盟推出新版《循环经济行动计划》，从经济发展和促进就业等角度肯定再生资源利用的重要作用，提出要系统审视其对减缓和适应气候变化的影响。欧盟还在其《废物框架指令》中提出，到 2020 年要实现家庭废物 50% 以及建筑和拆除废物 70% 的循环利用目标。德国在其《促进循环经济和确保合乎环境承受能力废弃物管理法》提出：从 2030 年起各类废弃物的总循环利用率不低于 60%，2035 年起不低于 65%。

日本在 2021 年年初发布《2050 年碳中和绿色增长战略》，提出到 2050 年实现资源产业的净零排放，将通过技术升级、设备改造、降低成本等方式进一步强化资源回收再利用。日本已经出台了四次《循环型社会形成推进基本计划》，制定了相应的资源生产率、循环利用率目标。

8.2.3　健全废弃物循环利用体系的重点

由于目前我国资源利用效率总体上不高，存在再生资源回收利用规范化水平较低，回收设施缺乏用地保障，低值可回收物回收利用难等问题，为了加快构建废弃物循环利用体系，明确了以下阶段性目标：到 2025 年，初步建成覆盖各领域、各环节的废弃物循环利用体系，主要废弃物循环利用取得积极进展。尾矿、粉煤灰、煤矸石、冶炼渣、工业副产石膏、建筑垃圾、秸秆等大宗固体废弃物年利用量达到 40 亿 t，新增大宗固体废弃物综合利用率达到 60%。废钢铁、废铜、废铝、废铅、废锌、废纸、废塑料、废橡胶、废玻璃等主要再生资源年利用量达到 4.5 亿 t。资源循环利用产业年产值达到 5 万亿元。

到 2030 年，建成覆盖全面、运转高效、规范有序的废弃物循环利用体系，各类废弃物资源的价值得到充分挖掘，再生材料在原材料供给中的占比进一步提升，资源循环利用产业规模、质量显著提高，废弃物循环利用水平总体居于世界前列。

当前主要解决的任务包括以下五个。

8.2.3.1 推进废弃物精细管理和有效回收

（1）加强工业废弃物精细管理　压实废弃物产生单位主体责任，完善一般工业固体废弃物管理台账制度。推进工业固体废弃物分类收集、分类贮存，防范混堆混排，为资源循环利用预留条件。全面摸底排查历史遗留固体废弃物堆存场，实施分级分类整改，督促贮存量大的企业加强资源循环利用。完善工业废水收集处理设施。鼓励废弃物产生单位与利用单位开展点对点定向合作。

（2）完善农业废弃物收集体系　建立健全畜禽粪污收集处理利用体系，因地制宜建设畜禽粪污集中收集处理、沼渣沼液贮存利用等配套设施。健全秸秆收储运体系，引导秸秆产出大户就地收贮，培育收储运第三方服务主体。指导地方加强农膜、农药与化肥包装、农机具、渔网等废旧农用物资回收。积极发挥供销合作系统回收网络的作用。

（3）推进社会废弃物分类回收　持续推进生活垃圾分类工作。完善废旧家电、电子产品等各类废旧物资回收网络。进一步提升废旧物资回收环节预处理能力。推动生活垃圾分类网点与废旧物资回收网点"两网融合"。因地制宜健全农村废旧物资回收网络。修订建筑垃圾管理规定，完善建筑垃圾管理体系。鼓励公共机构在废旧物资分类回收中发挥示范带头作用。支持"互联网＋回收"模式发展。推动有条件的生产、销售企业开展废旧产品逆向物流回收。深入实施家电、电子产品等领域生产者回收目标责任制行动。加强城市园林绿化垃圾回收利用。加快城镇生活污水收集管网建设。

8.2.3.2 提高废弃物资源化和再利用水平

（1）强化大宗固体废弃物综合利用　进一步拓宽大宗固体废弃物综合利用渠道，在符合环境质量标准和要求的前提下，加强综合利用产品在建筑领域的推广应用，畅通井下充填、生态修复、路基材料等渠道，促进尾矿、冶炼渣中有价组分高效提取和清洁利用。加大复杂难用工业固体废弃物规模化利用技术装备研发力度。持续推进秸秆综合利用工作。

（2）加强再生资源高效利用　鼓励废钢铁、废有色金属、废纸、废塑料等再生资源精深加工产业链合理延伸。支持现有再生资源加工利用项目绿色化、机械化、智能化提质改造。鼓励企业和科研机构加强技术装备研发，支持先进技术推广应用。加快推进污水资源化利用，结合现有污水处理设施提标升级、扩能改造，系统规划建设污水再生利用设施，因地制宜实施区域再生水循环利用工程。

（3）引导二手商品交易便利化、规范化　鼓励"互联网＋二手"模式发展。支持有条件的地区建设集中规范的二手商品交易市场。完善旧货交易管理制度，研究制定网络旧货交易管理办法，健全旧货评估鉴定行业的人才培养和管理机制。出台二手商品交易企业交易便携式计算机、手机等电子产品时信息清除方法相关规范，保障旧货交易时出售者的信息安全。研究解决旧货转售、翻新等服务或相关商品涉及的知识产权问题。支持符合质量等相关要求的二手车出口。

（4）促进废旧装备再制造　推进汽车零部件、工程机械、机床、文化办公设备等传统领域再制造产业发展，探索在盾构机、航空发动机、工业机器人等新领域有序开展高端装备再制造。推广应用无损检测、增材制造、柔性加工等再制造共性关键技术。在履行告知消费者义务并在征得消费者同意的前提下，鼓励汽车零部件再制造产品在售后维修等领域应用。

（5）推进废弃物能源化利用　加快城镇生活垃圾处理设施建设，补齐县级地区生活垃圾焚烧处理能力短板。有序推进厨余垃圾处理设施建设，提升废弃油脂等厨余垃圾能源化、资源化利用水平。因地制宜推进农林生物质能源化开发利用，稳步推进生物质能多元化开发利用。在符合相关法律法规、环境和安全标准，且技术可行、环境风险可控的前提下，有序推进生活垃圾焚烧处理设施协同处置部分固体废弃物。

（6）推广资源循环型生产模式　推进企业内、园区内、产业间能源梯级利用、水资源循环利用、固体废弃物综合利用，加强工业余压余热和废气废液资源化利用。研究制定制造业循环经济发展指南。加强重点行业企业清洁生产审核和结果应用。深入推进绿色矿山建设。推进重点行业生产过程中废气回收和资源化利用。支持二氧化碳资源化利用及固碳技术模式探索应用。深入实施园区循环化改造。积极推进生态工业园区建设。推广种养结合、农牧结合等循环型农业生产模式。

8.2.3.3　加强重点废弃物循环利用

（1）加强废旧动力电池循环利用　加强新能源汽车动力电池溯源管理。组织开展生产者回收目标责任制行动。建立健全动力电池生态设计、碳足迹核算等标准体系，积极参与制定动力电池循环利用国际标准，推动标准规范国际合作互认。大力推动动力电池梯次利用产品质量认证，研究制定废旧动力电池回收拆解企业技术规范。开展清理废旧动力电池"作坊式回收"联合专项检查行动。研究旧动力电池进口管理政策。

（2）加强低值可回收物循环利用　指导地方完善低值可回收物目录，在生活垃圾分类中不断提高废玻璃、低值废塑料等低值可回收物分类准确率。支持各地将低值可回收物回收利用工作纳入政府购买服务范围。鼓励各地探索采取特许经营等方式推进低值可回收物回收利用。鼓励有条件的地方实行低值可回收物再生利用补贴政策。

（3）探索新型废弃物循环利用路径　促进退役风电、光伏设备循环利用，建立健全风电和光伏发电企业退役设备处理责任机制。推进数据中心、通信基站等新型基础设施领域废弃物循环利用。研究修订《废弃电器电子产品处理目录》，加强新型电器电子废弃物管理，完善废弃电器电子产品处理资格许可等环境管理配套政策。

8.2.3.4　培育壮大资源循环利用产业

（1）推动产业集聚化发展　开展"城市矿产"示范基地升级行动，支持大宗固体废弃物综合利用示范基地、工业资源综合利用基地等产业集聚区发展，深入推进废旧物资循环利用体系重点城市建设。落实主体功能区战略，结合生态环境分区管控要求，引导各地根据本地区资源禀赋、产业结构、废弃物特点等情况，优化资源循环利用产业布局。

（2）培育行业骨干企业　分领域、分区域培育一批技术装备先进、管理运营规范、创新能力突出、引领带动力强的行业骨干企业。鼓励重点城市群、都市圈建立健全区域废弃物协同利用机制，支持布局建设一批区域性废弃物循环利用重点项目。支持国内资源循环利用企业"走出去"，为建设绿色丝绸之路做出积极贡献。引导国有企业在废弃物循环利用工作中发挥骨干和表率作用。

（3）引导行业规范发展　对废弃电器电子产品、报废机动车、废塑料、废钢铁、废有色金属等再生资源加工利用企业实施规范管理。强化固体废弃物污染环境防治信息化监管，推进固体废弃物全过程监控和信息化追溯。强化废弃物循环利用企业监督管理，确保稳定达标排放。依法查处非法回收拆解报废机动车、废弃电器电子产品等行为。加强再生资源回收行业管理。依法打击再生资源回收、二手商品交易中的违法违规行为。

8.2.3.5　完善废弃物综合利用政策机制

（1）完善支持政策　充分利用现有资金渠道加强对废弃物循环利用重点项目建设的支持。落实落细资源综合利用增值税和企业所得税优惠政策。细化贮存或处置固体废弃物的环境保护有关标准要求，综合考虑固体废弃物的环境危害程度、环境保护标准、税收征管工作基础等因素，完善固体废物环境保护税的政策执行口径，加大征管力度，引导工业固体废弃物优先循环利用。有序推行生活垃圾分类计价、计量收费。推广应用绿色信贷、绿色债券、绿色信托等绿色金融工具，引导金融机构按照市场化法治化原则加大对废弃物循环利用项目的支持力度。

（2）完善用地保障机制　各地要统筹区域内社会废弃物分类收集、中转贮存等回收设施建设，将其纳入公共基础设施用地范围，保障合理用地需求。鼓励城市人民政府完善资源循环利用项目用地保障机制，在规划中留出一定空间用于保障资源循环利用项目。

（3）完善科技创新机制　开展资源循环利用先进技术示范工程，动态更新国家工业资源综合利用先进适用工艺技术设备目录。鼓励各地组织废弃物循环利用技术推广对接、交流培训，推动技术成果产业化应用。将废弃物循环利用关键工艺技术装备研发纳入国家重点研发计划相关重点专项支持范围。支持企业与高校、科研院所开展产学研合作。

（4）完善再生材料推广应用机制　完善再生材料标准体系。研究建立再生材料认证制度，推动国际合作互认。开展重点再生材料碳足迹核算标准与方法研究。建立政府绿色采购需求标准，将更多符合条件的再生材料和产品纳入政府绿色采购范围。结合落实生产者责任延伸制度，开展再生材料应用升级行动，引导汽车、电器电子产品等生产企业提高再生材料使用比例。鼓励企业将再生材料应用情况纳入企业履行社会责任范围。

8.3　循环经济政策支持体系

20 世纪 90 年代起，我国开始实施一系列有关发展循环经济的重要政策。进入 21 世纪，我国循环经济的发展从理念倡导、局部试验、示范向全面实践推进，相关政策支持体系不断完善。健全循环经济政策支持体系，进一步明确相关主体的权利义务，对加快循环经济发展、建设循环型社会具有极大的促进作用。本节主要介绍促进循环经济发展的产业政策、财政税收政策、信贷政策、投资政策、价格政策和技术政策。

8.3.1 产业政策

产业政策是一个国家对以市场机制为基础的产业结构、产业技术、产业组织和产业布局变化进行定向调控，以实现某种经济和社会目标的一系列政策的总和。概括地讲，政府为了实现某种经济和社会目标而制定的有特定产业指向的政策的总和，包括产业结构政策、产业布局政策、产业组织政策和产业技术政策等。对于一个国家来说，科学合理的产业政策十分重要，其核心是一国的经济结构，特别是其中的产业结构和产业组织问题。

制定促进循环经济产业发展的政策、法规，以明确政府、企业、公众在循环经济产业发展中的权利和义务，促进资源的源头减量化和回收利用可以克服市场机制在资源配置中的缺陷，加快产业结构的转换，帮助困难产业和衰退产业进行结构的重整，创造有利于公平竞争、规范竞争的市场环境和秩序。产业政策自 20 世纪 50 年代被使用以来已发挥了重要作用，而且随着经济形势的变化，产业政策所起的作用也在不断地变化。

循环经济是由"动脉产业"和"静脉产业"组成的一个完整的物质流体系。根据物质流动的方向，可以将承担"资源—产品—消费"过程的产业称为"动脉产业"；而将承担废弃物收集运输、分解分类及再生资源化和无害化处理的产业称为"静脉产业"。换言之，动脉产业即一般产业，主要是指所有消耗物质、资源或能源，将物质资料转化为产品或加以消费并同时产生固体废物、废气和废水等的产业，动脉产业通常包括农业、工业及第三产业。而静脉产业是指将生产和消费过程中产生的废物回收转化为可再次利用的资源和产品，实现各类废物的再利用和资源化的产业。

在产业结构政策上，国外提倡向循环经济相关静脉产业倾斜。基于我国循环经济的发展现状，产业结构政策需要同时考虑静脉产业和动脉产业两个方面，要从资源开采、生产消耗出发，提高资源利用率，在减少资源消耗的同时，相应地削减废物的产生量。促进循环经济发展的产业政策思路是静脉产业和动脉产业相互连接，产业生态化和环保产业化齐头并进，所谓产业生态化就是对动脉产业的绿化。绿化动脉产业是指按照循环经济原理来建设工业、农业和服务业，使三大产业的发展符合循环经济要求。

8.3.1.1 生态工业产业政策

政府应该积极制定相应的政策即运用工业生态学的观念来改造现行的工业系统。就微观层次而言，就是按照清洁生产的理念来组织工业生产，促进原料和能源的循环利用；就宏观层次而言，就是要大力发展工业生态链和兴建工业生态园，在产业、地区、国家甚至世界范围内实施循环经济法则，使微观企业之间形成共生系统，尽量消除废弃物的产生。

8.3.1.2 生态农业产业政策

循环经济的农业是可持续的，它包括有机农业、生态农业等形式。实施生态农业产业政策的举措包括：调整和优化现有农业生产结构，大力发展集生产、观光、休闲为一体的生态农业体系；建立农业生态园区，提高无公害粮油和绿色食品的比重；加强"绿色"项目引进和功能开发，加快培育生态农业龙头企业；推广普及生态农业技术等。目前欧盟正在推广一种"作物综合管理"的持续农业计划，拟减少对环境有害的化肥和农药的用量，同时增加有机肥的投入。

8.3.1.3　生态服务业产业政策

生态服务业是循环经济的有机组成部分，包括清洁交通运输系统、绿色科技教育服务、绿色商业服务和绿色公共管理服务等部门。对于生态服务业而言，应以生态旅游、生态物流业、生态信息服务业、绿色教育等为重点，大力推进生态服务业的整体发展。

"十四五"时期，是我国深入推进生态文明建设的关键期，也是以生态环境高水平保护促进经济高质量发展的攻坚期、持续打好污染防治攻坚战的窗口期。作为碳排放总量世界第一的大国，中国工业总体上尚未完全走出"高投入、高消耗、高排放"的发展模式困境，生态环境保护仍长期面临资源能源约束趋紧、环境质量要求持续提高等多重压力。应该以经济高质量发展和产业转型升级为契机，通过促进生态服务业发展为经济增长提供新的动能。

8.3.2　财政税收政策

财政税收政策是政府运用宏观经济政策引导经济主体行为的调整，实现宏观经济目标的有效工具。随着我国推动绿色发展，提出了加快建立健全绿色低碳循环发展的经济体系的目标。建立健全绿色低碳循环发展经济体系，已经成为促进经济社会发展全面绿色转型，解决我国资源环境生态问题的基础之策。而大力发展循环经济，就需要政府更多、更积极地配合，从宏观的角度利用有效的财政税收政策起到激励的作用，实现科学的、可持续的、循环的经济发展。

为了大力促进循环经济的发展，近年来，我国对循环经济的投入越来越大，用于支持生态园区循环化改造、"城市矿产"示范基地、循环经济的重大科技开发项目、餐厨废弃物资源化等循环经济项目，可以更有效地提高资金的使用效率，鼓励开发节约资源的项目，达到发展循环经济的目的。

为了鼓励企业节能减排，促进循环经济的发展，我国在所得税方面加大了对节能设备的税前抵扣比例，对生产节能产品的设备加速了折旧，对购置节能设备在一定额度内抵免了企业当年新增的所得税。在增值税方面，国家对一些节能设备和产品实施了减免优惠，对一些效果明显的产品，在一定时期内，实行即征即退措施。在消费税、城镇土地使用税、房产税等税种上也实行了相应的调节性税收政策，这在一定程度上保护了资源，达到了节能减排的作用，促进了循环经济的发展。

目前，我国循环经济财政税收政策仍然存在财政支出结构不合理、投入总量偏低、税收政策作用不充分、法律法规体系不健全等问题，需要进一步完善有利于促进循环经济发展的财政税收政策。

1. 优化财政支出政策

（1）加大对循环经济的财政投入　可以对一些有利于环境的公共设施建设增加资金投

入；对保护环境和节约资源的研究和技术，给予财政上的奖励；对从事资源回收、再利用的企业进行补贴，调动积极性，以此促进循环经济的发展。此外，可以参考德国设立专项资金提供贷款的方式，对能有效保护环境的环保设施，提供低于市场利率的贷款利率和优于市场条件的偿还条件。同时，由于循环经济产业是一个具有挑战性的产业，投资巨大且周期较长，短期内无法看到显著的成效，因此需要延长贷款的期限。

（2）完善政府绿色采购制度　可以参考美国联邦政府和各州政府的情况，从消费性支出方面进行绿色采购，优先采购使用再生原料的产品。例如，政府在采购纸张时可采购一定比例用过的废纸来进行二次利用，同时拒绝购买在生产环节中会严重造成环境污染和资源浪费的产品，如一次性筷子，在为从事循环经济的企业提供需求的同时，影响整个社会的购买观念。

2. 优化税收政策

（1）调整税收的征税范围　我国目前的征税范围有限，过于狭窄，因此必须对其范围进行调整。我国可以参考欧洲国家的一些政策，引入新的税种，如生态税、二氧化碳税、气候变化税等。针对现有的税种，可以适当提高一些税种的税率来加大力度，也可以调整现有税种的征税结构，从简单的单一结构向复杂的多元结构转变。对于提供优惠的税收，应当适当调整其优惠条件，以此来促进节能减排，达到保护环境的效果。

（2）完善税收的征管制度　税收部门应当加大宣传力度，利用各种渠道，让纳税人能够及时、准确、全面地了解有关循环经济税收方面的政策及办理税务的流程。同时强化征管制度、提高效率，并提供良好的服务。

8.3.3　信贷政策

发展循环经济既要充分发挥市场机制的作用，又要强调政府的主导作用，需要政府综合运用各种政策措施，建立一个良性、面向市场、有利于循环经济发展的投融资政策支持体系和环境，形成有效的激励机制，引导社会资金投向循环经济，有效解决发展循环经济投入不足的问题。建立健全投融资政策支持体系，需要引导金融机构抓住国家大力发展循环经济的有利时机，充分考虑循环经济企业和项目的特点，稳步有序开展促进循环经济发展的金融服务工作，通过加大对循环经济的金融支持，拓展新的增长点，同时，加快促进循环经济形成较大规模，实现经济社会与资源环境的协调发展。发展循环经济的信贷政策包括以下几种：

1. 明确信贷支持重点

对由国家、省级循环经济发展综合管理部门支持的节能、节水、节材、综合利用、清洁生产、海水淡化和"零排放"等减量化项目，废旧汽车零部件、工程机械、机床等产品的再制造和轮胎翻新等再利用项目，以及废旧物资、大宗产业废弃物、建筑废弃物、农林废弃物、城市典型废弃物、废水、污泥等资源化利用项目，银行业金融机构按照商业可持续原则，综合考虑信贷风险评估、成本补偿机制和政府扶持政策等因素，要重点给予信贷支持；对列入国家、省级循环经济发展综合管理部门批准的循环经济示范试点园区、企业，银行业金融机构要积极给予包括信用贷款在内的多元化信贷支持，并做好相应的投资咨询、资金清算、现金管理等金融服务；深化延伸对循环经济产业配套服务的支持，积极支持示范市、县、园区的循环经济基础设施、相关公共技术服务平台、公共网络信息服务平台的建设和运营。同时，对生产、进口、销售或者使用列入淘汰名录的技术、工艺、设备、材料或产品的企业，银行业金融机构不得提供任何新增授信支持，原有的授信要逐步压缩和收回。

2. 积极创新金融产品和服务方式

银行业金融机构要充分利用国家实施循环经济发展战略带来的业务发展机遇，加强金融创新，提高金融服务的质量和效率。通过动态监测、循环授信等具体方式，积极开发与循环经济有关的信贷创新产品。拓宽抵押担保范围，创新担保方式，研究推动应收账款、收费权质押以及包括专有知识技术、许可专利及版权在内的无形资产质押等贷款业务。根据金融机构的业务规模、授信行业和客户的风险特点，通过加强人员培训，引进有关专业人才，借助第三方评审或外包等方式，积累与循环经济有关的专业知识，努力提高金融机构对涉及"减量化、再利用、资源化"的循环型企业和项目的授信管理能力。

事实上，随着绿色发展形成共识，绿色信贷已经成为金融机构在实现可持续发展目标背景下发展的新趋势。推行绿色信贷政策，为生态保护、生态建设和绿色产业融资，构建新的金融体系和完善金融工具，在严格限制向高耗能、高污染的环保不达标企业提供融资的同时，支持绿色环保、清洁能源和循环经济等行业、企业的发展。

绿色信贷可以调节资金导向，有利于循环经济可持续发展。一方面，金融业务具有资源配置功能，可以通过甄选绿色企业和循环产业，实行优惠利率政策，引导企业走循环发展之路，有利于产业结构调整，实现经济社会的绿色发展；另一方面，绿色信贷可以通过客户信用等级划分影响其经济行为，引领循环发展的生产和生活方式，有效缓解经济发展和资源环境之间的矛盾，推动循环经济可持续发展。

8.3.4 投资政策

建立健全有利于发展循环经济的投资体制是适应市场经济发展要求，且与国家财政、金融和投资体制改革方向相一致的循环经济投资体制。这种体制应该既能够明确不同投资主体的投资地位及融资方式，体现政府的宏观调整调控能力，又能服务于循环经济投资各个环节和市场体系，以提高环保投资效益并最终实现更高的资金投入。

（1）明确重点投资领域　在制订和实施投资计划时，要将"减量化、再利用、资源化"等循环经济项目列为重点投资领域。对发展循环经济的重大项目和技术示范产业化项目，要采用直接投资或资金补助、贷款贴息等方式加大支持力度，充分发挥政府投资对社会投资的引导作用。

（2）大力促进投资主体多元化　积极推行循环经济投资主体多元化，引导社会资金保护环境是投资体制改革的重要内容。多元化、社会化的投融资体制的建立，有利于形成竞争机制，加快循环经济技术进步和环保事业的发展。当前，我国居民存款余额较大，社会资金较为充裕，而社会需求不足、生产相对过剩的问题仍较为突出。发展循环经济，建设资源节约环境友好型社会，急需通过新的经济增长点来拉动内需。城市环境基础设施建设、环境综合治理、生态环境保护等循环经济工程资金需求量巨大，是吸引社会资金、拉动经济增长的重要领域。政府应切实承担自己的环境事权，通过财税政策、价格政策、专营及监管、融资方式引导政策等，创造良好的政策环境和市场环境，降低市场准入标准，使各方资金合理进入循环经济投资领域，推动循环经济的发展。

（3）培育循环经济投资的服务市场体系　缺乏有效的服务市场体系，会导致我国循环经济投资效果不尽如人意。在市场经济条件下，应打破地方和部门保护主义，对循环经济投资项目实行招投标制度，提高投资效果，增强企业的风险责任。同时，应有重点地发展一批为循环经济投资服务的中介机构，如循环经济技术咨询、折价、施工、审计以及工程质量监理等机构。考虑到某些中介服务的权威性和公正要求，可以由政府行使有关职能，指导、组织针对第三方的循环经济技术和产业中介服务体系，定期推荐和发布最佳实用技术和可行技术，审定环境标志和绿色标志产品等。

8.3.5　价格政策

价格是市场机制配置资源的有力杠杆，资源价格的高低决定着资源利用的程度、分配及其效益。科学合理的价格政策可优化资源配置，提高资源使用效率，促进资源的可持续发展。

发展循环经济，需要理顺自然资源价格，逐步建立能够反映资源性产品供求关系的价格机制。采用价格政策促进循环经济发展，是经济合作与发展组织（OECD）成员国家采用激励机制保护环境的有机延伸。

在循环经济发展模式中，初始资源在减量化的原则下经过加工制成产品，然后经过消费过程变为废弃物，废弃物经过再利用，一部分可以直接成为产品并供消费者使用，另一部分经过再循环重新成为原材料资源。通过"减量化、再利用、再循环"，真正实现循环经济。过低的初始资源价格导致节约资源的投入产出效益不高，循环利用资源和废弃物的比较优势不明显，"循环不经济"的现象就会发生。因此，政府应调整资源性产品与最终产品的比价关系，理顺自然资源价格，逐步建立能够反映资源性产品供求关系的价格机制。通过逐步调整水、热、电、天然气等价格政策，促进资源的合理开发、节约使用、高效利用和有效保护。积极运用价格杠杆，努力形成鼓励资源合理开发和节约使用的价格机制，提高社会治理环境的积极性和主动性。

以水资源为例。我国水资源价格一直偏低，不能反映水资源价值和供求关系。目前根据对全国水资源费征收现状的调查，各省（区）对不同用水部门和行业取水，以及对地下水和地表水不同水源，征收不同的水资源费，但总体上标准非常低。因此合理提高水资源费水平，有利于理顺水资源与最终产品的比价关系。有研究表明，抬升水价可有效降低单位 GDP 的水耗。当水价上涨 10%，单位 GDP 的水耗下降 1.145%；当水价上涨 30%，单位 GDP 水耗下降 2.848%。通过价格杠杆的调节，可以有效节约水资源，有利于水资源的循环利用。同样的道理，对其他行业乃至整个社会而言，价格政策也是促进循环经济发展的重要保障。

8.3.6　技术政策

没有技术上的可行性，循环经济就没有经济上的可行性，技术创新是循环经济发展的重要支撑。基于循环经济技术创新的外部性、系统性等特征，以及还存在着市场失灵、沉没成本高、环境政策不够健全、认识滞后等诸多问题和障碍，要加快构建以政府为引导，以企业为主体，以高校和科研机构为支撑，能够推进技术、经济、环境和社会协调发展一体化的循环经济技术创新体系。在我国循环经济发展的不同阶段，对有关循环经济技术发展做了相应的部署。

2005 年，国务院发布了《国务院关于加快发展循环经济的若干意见》，明确提出要加快循环经济技术开发，加大科技投入，支持循环经济共性和关键技术的研究开发；积极引进和消化、吸收国外先进的循环经济技术，组织开发共伴生矿产资源和尾矿综合利用技术、能源节约和替代技术、能量梯级利用技术、废物综合利用技术、循环经济发展中延长产业链和相关产业链接技术、"零排放"技术、有毒有害原材料替代技术、可回收利用材料和回收处理技术、绿色再制造技术以及新能源和可再生能源开发利用技术等，提高循环经济技术支撑能力和创新能力；建立循环经济技术咨询服务体系，及时向社会发布有关循环经济技术、管理和政策等方面的信息，开展信息咨询、技术推广、宣传培训等；充分发挥行业协会、节能技术服务中心、清洁生产中心等中介机构和科研单位、大专院校的作用。

2016 年，国家发展改革委、农业部、国家林业局联合印发《关于加快发展农业循环经济的指导意见》，该《意见》提出加大科技投入，促进产、学、研结合，加强农业资源高效利用，废弃物减量化、资源化，农产品加工副产物综合利用等农林牧渔循环经济的共性和关键技术装备研发和转化推广力度；组织专家队伍，对实践中应用效果好的技术进行论证比选，筛选一批成熟技术进行推广扩散。对现有的单项成熟技术进行集成配套并转化推广；加大农业面源污染治理和废弃物高值化利用等先进适用、便捷的技术示范推广力度；发布生态种植养殖和秸秆综合利用等农业循环经济应用技术和产品名录。

2021 年，国务院印发了《关于加快建立健全绿色低碳循环发展经济体系的指导意见》，该意见提出一方面鼓励绿色低碳技术研发。包括：实施绿色技术创新攻关行动，围绕节能环保、清洁生产、清洁能源等领域布局一批前瞻性、战略性、颠覆性科技攻关项目；培育建设一批绿色技术国家技术创新中心、国家科技资源共享服务平台等创新基地平台等。另一方面加速科技成果转化。包括：积极利用首台（套）重大技术装备政策支持绿色技术应用；充分发挥国家科技成果转化引导基金作用，强化创业投资等各类基金引导，支持绿色技术创新成果转化应用；支持企业、高校、科研机构等建立绿色技术创新项目孵化器、创新创业基地；及时发布绿色技术推广目录，加快先进成熟技术推广应用；深入推进绿色技术交易中心建设等。

8.4　循环经济法律法规体系

把建立循环型社会作为发展目标，尽快建立循环型社会的法律体系，从而规范循环经济社会的发展。随着人类社会经济发展的加快，资源消耗、环境破坏的现状使人们愈加认识到生态保护的重要性，尤其在 20 世纪 90 年代后，可持续发展的理念被越来越多的国家接受并确立为目标，循环经济作为实现可持续发展的主要途径，也得到了极大的重视，随之相关的法律制度也逐步建立和发展起来。

循环经济法律制度发展历史上，最早将法律作为保障和推动循环经济发展的国家是德国。在其循环经济法律制度发展初期，德国以治理废弃物为目的，在 1972 年制定了《废弃物处理法》。循环经济法是用法律协调环境资源保护与经济发展的产物，是当代环境资源法律与经济法律的交叉和整合。德国循环经济的法律法规体系，包括法律、条例和指南三个层次，相关的法律有《循环经济与废物管理法》《垃圾预防与管理法》《环境义务法》《避免和回收利用废弃物法》等，相关的条例有《有毒废弃物以及残余废弃物的分类条例》《包装以及包装废弃物管理条例》《污水污泥管理条例》，相关的指南有《废弃物管理技术指南》《城市固体废弃物管理技术指南》等。这套法律法规体系的内容从垃圾经济入手，向生产企业的资源再利用延伸，整个循环经济的法制体系通过法律法规还确立了产品名录制度、循环目标制度、政府扶持制度、专门监督制度、引入相关利益方承担责任制度、公众参与制度，层次分明，体系完备。

日本促进循环经济发展的法律法规体系比较健全，可以分为三个层面：第一层面是基本法，即《建立循环型社会基本法》；第二层面是综合性法律，即《废弃物处理法》和《资源有效利用促进法》；第三层面是具体领域的专门性法规，分别是《容器和包装物的分类收集与循环法》《家庭电器回用法》《建筑材料回用法》《食品回用法》以及《绿色采购法》等。日本这种循环经济立法是统一性的立法体系，在法律体系上较为全面和深入。以《建设循环型社会基本法》为基本法，指导或引领第二层次的综合法和第三层次的专门法，形成了循环经济比较全面的立法体系，是目前世界上最为完善的循环经济立法。这些法律为日本建立循环型社会奠定了法律制度基础。

美国循环经济的法律法规包括四个层次：综合性的循环经济法律法规，专项的循环经济法律法规，在其他相关法律法规中能够促进循环经济发展的规定，各州的循环经济法律法规。由于美国实行三权分立的政治制度，联邦政府制定的法律并不多，主要是各州的立法比较多。自 20 世纪 70 年代开始，美国开始了大规模环境立法，经过多年的发展，目前已形成了较为完备的环境法律体系，仅在污染控制方面就先后制定了《空气质量法》《清洁水法》《安全饮用水法》《固体废物处置法》《综合环境反应、赔偿和责任法》《有毒物质控制法》《污染预防法》《噪声控制法》《能源政策法案》《资源保护与回收法》《海洋倾倒法》等一系列有关环保和节能的法规与计划目标。

法律法规是促进循环经济发展的重要法制保障。西方国家成功的循环经济实践体现出循环经济的发展离不开一系列体系完整、结构合理、内容完善的法律法规。总结德国、日本和美国地方立法的成功经验和发展模式可以发现，循环经济的法律体系主要由基本法、综合法和专项法构成。各国根据自身特点也会在此基础上补充、增加其他的法律法规。

8.4.1　我国循环经济的基础性法律制度

我国循环经济的基础性法律制度（简称循环经济基本法）是指调整循环经济运行中涉及的基本的和全面性关系的法律制度。这一层面的法律（即循环经济基本法）主要是顺承宪法中发展循环经济的基本原则，同时发挥对其他专项法和相关法律的指导性作用。循环经济基本法可以定位于政策法，主要内容包括立法目的、基本原则，政府、企业及公众的义务、法律责任等。

我国目前起着循环经济基本法作用的法律主要是《循环经济促进法》。《循环经济促进法》的正式实施在我国循环经济立法领域搭建了基本法的框架，该法不仅明确了协调环境保护与资源开发的关系、发展循环经济，以实现可持续发展的立法目的，也较为全面地规定了循环经济的各项制度。该法对循环经济和循环经济法的一些基本概念也做了明确的立法定义，这为我国循环经济其他法律法规的制定打下了良好的基础。

2008年8月29日，十一届全国人大常委会第四次会议上通过了《中华人民共和国循环经济促进法》（以下简称《促进法》），确立了循环经济发展的基本制度和政策框架。该法分总则、基本管理制度、减量化、再利用和资源化、激励措施、法律责任和附则七个部分。总则第一条指出，制定该法的目的是为了促进循环经济发展，提高资源利用效率，保护和改善环境，实现可持续发展。该法所称的循环经济，是指在生产、流通和消费等过程中进行的减量化、再利用、资源化活动的总称。该法自2009年1月1日起施行，2018年做了进一步的修正。该法的内容属于引导、促进的规定，所以冠名《促进法》，体现出循环经济立法的阶段性特征。

我国循环经济法的构建，目前是以《促进法》为基础，结合以环境保护、资源循环利用为核心的相关法律、部门规章、政策性文件、地方性法规共同构建的一个体系，综合了环境法体系与经济法体系，针对的是解决新时代经济发展与环境保护协调的问题，凡是以此为法益追求的，皆可归为循环经济法结构当中。因为《促进法》具有指导性、普适性、基本性的特点，可将《促进法》归为循环经济法体系的基本法，其主要作用是指导循环经济建设大方向，确定循环经济发展的原则，其可与民法、刑法、行政法相结合，从各方面规制循环经济发展。针对具体循环经济领域的规制，除《促进法》外，还有多部单行法。单行法具有针对性强、操作性高的特点，以《促进法》为统筹，各部单行法具体分制，共同构建了我国当前的循环经济法律体系的基础。

《促进法》实施期间，我国将生态文明建设和绿色发展提升到国家战略地位，更加重视相应的制度建设，在这个过程中，《促进法》的作用是不言而喻的。然而，我国经济以及环境资源状况都发生了巨大变化，如何鼓励各地方制定促进循环经济发展的地方性法规等问题进一步凸显，需要《促进法》的不断完善才能满足我国经济社会发展的需要。

8.4.2 我国循环经济的综合性法律

我国循环经济的综合性法律是在循环经济基本法的基础上，制定的相对具体，涵盖了生产生活各个领域的法律。我国现行法律中契合循环经济理念的综合性法律包括1995年通过2020年修订的《中华人民共和国固体废物污染环境防治法》（简称《固废法》），1997年通过2018年修订的《中华人民共和国节约能源法》（简称《节约能源法》），2002年通过2012年修订的《中华人民共和国清洁生产促进法》（简称《清洁生产促进法》），1989年通过2014年修订的《中华人民共和国环境保护法》（简称《环境保护法》）等。

《清洁生产促进法》要求不断采取改进设计、使用清洁的能源和原料、采用先进的工艺技术与设备、改善管理、综合利用等措施，从源头削减污染，提高资源利用效率，减少或者避免生产、服务和产品使用过程中污染物的产生和排放。促进清洁生产目的在于提高资源利用效率，减少和避免污染物的产生，保护和改善环境，保障人体健康，促进经济与社会可持续发展。清洁生产是落实循环经济的减量化、再利用、资源化三个基本原则中首要原则之减量化的关键环节，所以在发展循环经济措施中居重要地位。

8.4.3 我国循环经济的专项法

在基本法和综合性法律的层次之下，还应制定循环经济的专项法律法规。依据行业和产品特性，从我国国情出发，借鉴国外立法经验，我国应制定相关的专项法律法规，例如，日本的《家用机器再生利用法》《建筑材料再生利用法》《包装容器的分类收集和循环利用法》《食品再生利用法》《报废汽车再生利用法》等法律法规，促进家用电器（如电视机、冰箱、洗衣机和空调等），建筑材料（如混凝土块、沥青块、废木料等），包装容器（如玻璃瓶、PET瓶、纸制品、塑料袋等），能转化为肥料、饲料的各种食品废弃物和各种报废汽车等行业资源的再生利用及处理处置。还应制定《绿色采购法》，鼓励企业和公众在购买产品时，选择对环境负担小的产品，规定政府等单位负有优先购买环保型产品的义务。通过这些专项法律法规的逐步制定，完善循环经济法律体系。

8.4.4 我国循环经济的地方法规

除了国家层面的法规以外，根据本地区的实际条件和具体需要，我国一些地方近年来也开展了循环经济的立法实践，成为国家循环经济法规体系之外延法规体系。目前我国循环经济、环境保护方面的地方性法规、规章数量庞大，其中，第一个循环经济试点城市贵阳市2004年率先出台《贵阳市建设循环经济生态城市条例》，这是我国第一部循环经济领域的地方法规；深圳市也在2006年通过了《深圳经济特区循环经济促进条例》，同时，它也是我国第一部副省级城市的循环经济法规。

除以上直接包含循环经济术语的法规外，各地还制定了众多涉及生产领域、消费领域和资源领域的地方法规。生产领域的立法集中在清洁生产领域，根据国家对试点行业和地域的计划，计划内试点城市以及船舶、冶金等试点行业分别出台了地方性清洁生产的政策和法规。消费领域的立法如《厦门市环境保护条例》《广东省环境保护条例》等均规定在消费领域鼓励绿色消费、绿色采购等内容。以上地方性法规的出台或早于或迟于国家层面立法，从下至上逆向影响着国家立法，这些地方性法规的实施为制定国家层面的循环经济法律奠定了理论和实践基础。

8.5 循环经济的激励约束机制

循环经济激励机制是指为达到环境保护和污染预防、实现可持续发展的目标，引导和驱使相关的利益主体采取有利于循环经济发展的行为的机制。在循环经济的发展过程中，可以通过激励和约束两种作用方式来调整当事人的行为。其中激励给当事人以适当的利益诱导，促使其自觉发展循环经济。而约束则是通过对经济主体的利益加以限制，促使其自觉停止破坏生态环境的行为。利用激励和约束这两种作用方式推动循环经济发展。只有建立起有效的激励机制，让不同的社会主体在参与建设的过程中得到实惠、受到激励，使市场条件下循环型活动有利可图，才能促进循环经济发展的自发机制，达到事半功倍的效果。也只有建立强力的约束性机制，才能抑制经济主体将自己的行为给资源和环境造成的损失转嫁给社会，监督其承担相应的责任。我国目前基本已形成以政府为主导，以市场为主体的循环经济激励机制。

我国以政府为主导的激励机制主要是综合运用市场经济手段和非经济手段，通过产业政策、税收政策、财政政策、金融政策、产业布局政策、规模经济政策及价格政策等经济手段，对循环经济项目和以循环经济模式进行生产的项目予以扶持，对不符合循环经济生态创新要求的项目予以限制或禁止。

8.5.1　循环型社会的责任分担

循环型社会目标的实现要依靠政府、企业、公众的共同行动。因此，必须明确指出各个行为主体和管理对象的责任分担，才能使循环型社会的目标和措施达到预期效果。日本在建设循环型社会上目标清晰，层层推进。1998 年，日本政府制定的《新千年计划》，把实现循环型社会作为 21 世纪日本经济社会发展的目标，将 2000 年定为"循环型社会元年"。2000年出台的《推进循环型社会形成基本法》以立法的形式把抑制自然资源的开采和使用、降低对环境的负荷、建设循环型的可持续发展社会作为日本发展的总体目标。该法明确了国家、地方政府、民间团体、企业、国民各自的职责，提出了"低碳社会""循环型社会"和"人与自然共生社会"的愿景。日本政府还结合国内现状和国际形势，前后制定了四次"循环型社会基本计划"，为实现循环型社会规定了时间表和具体路径。日本在建设循环型社会上发挥各自职责，形成了相互支持与合作的"多元协作"的特点对于我国循环型社会的构建具有重要的启示。

1. 政府的职责

发展循环经济是对传统经济模式的改进，政府是否能够制定科学的法律、法规、政策来进行规范和约束，对循环经济发展和循环型社会建设尤为重要。因此，政府要充分起到促进循环经济发展的作用，以实现社会经济绿色、低碳、循环、全面协调可持续发展目标，做出有利于循环经济发展的决策。

1）制定建设循环型社会的宏观政策、法规，形成循环型社会的综合决策机制，制定相关的标准、措施，做出科学的循环经济规划，加强宏观引导、监管、规范、协调，防止生产、消费和资源利用过程中对环境产生不利影响，包括制定和实施经济政策，对企业、社会团体为推行循环经济所做的努力进行经济激励和补偿，以促进循环型社会的建设和可持续发展。

2）分别规定地方公共团体、企业和国民的责任和义务分担；组织、开展生态教育、培训以及宣传活动，宣传可持续发展的知识、政策，树立良好的生态型思想意识，倡导绿色、节约、文明的行为习惯和道德风尚，用政策、经济等多种手段鼓励和促进企业、公众及民间团体自发地进行建设循环经济型社会的活动。

3）促进产业生态化进程，鼓励技术创新，对循环经济的相关理论、科学技术的研究予以扶持，积极促进和推广相关高新技术、生态技术等。

4）保证投入，加强基础设施建设，完善资源的最优利用、物质循环、废弃物处理、收集、运输以及相关信息系统建设所需的公共设施。促进生态信息网络服务体系的建立，为发展循环经济搭建信息平台，并对发展状况进行监督、规范、引导，保障系统为政府、企业、公众各个主体提供相关的技术、经济、政策、方法等信息服务。

2. 生产者责任延伸

生态环境、资源能源问题无不和工业生产密切相关，因此企业与资源和生态环境有着更加密切的关系。企业持续发展离不开环境、资源的支持，其生产和运行模式影响着资源和环境，是资源最大的消耗者、环境最大的影响者，而环境和资源因素也反过来极大地制约企业的发展。因此，生产者对于环境和资源的保护有着更多的责任。

20 世纪 90 年代，工业发达国家提出了生产者责任延伸的思想。其目的是通过研究生产中生命周期对环境的影响，利用责任延伸这一方法，调整社会各方利益，使产品生产者承担产品生产全过程到使用寿命终结后的回收利用等责任，从而激励生产者更多地关注产品的设计、生产和使用的环境方面属性，以及产品的可回收利用性、利于生态的功能性等，使生产者更加注重产品的环境友好性。

生产者责任延伸是为了实现降低产品总的环境影响这一环境目标，要求产品生产者对产品的整个生命周期，特别是产品使用寿命终结后的回收、循环利用和最终处理承担责任。延伸生产者责任是试图将环境外部成本内在化的一种手段，是污染和破坏者付费原则的体现。传统的生产者责任仅在于追求更大的利润，为社会创造更多的财富，现代企业不仅要为社会承担创造财富的经济责任，还要承担企业的社会责任和生态责任。而生态责任是生产者本应承担责任的合理回归。因此，生产者责任延伸是生产者所应承担责任的回归和拓展。

目前，工业发达国家制定了一些延伸生产者责任的政策，主要应用于包装材料行业，逐步向电子产品、汽车等行业扩展。责任延伸将逐步使社会各成员都相应地承担起保护环境的责任，使人类社会与环境得以和谐发展。

延伸生产者责任政策开始于 1991 年德国的《包装以及包装废弃物管理条例》。当时由于德国垃圾填埋场地短缺，而垃圾中包装材料的总量占全国废物总量的 30%，体积占50%。为解决这一问题，德国环境部颁布了该条例，要求包装行业的包装生产商负责处理包装废弃物。该条例规定，包装生产商可以选择自己独立回收包装材料，或加入一个工业包装材料废弃物管理组织——DSD，收取一定费用后，DSD 给生产者发该组织的绿点标志，生产者可以将这一标志印在包装材料上，使用印有这一标志商品的消费者可以使用 DSD 提供的产品回收设施和系统。

尽管这种生产者责任延伸的做法存在一些问题，还处于发展中，但这种观点和政策在欧美工业发达国家普遍被认为是合理的和行之有效的，其思想在欧洲国家被广泛采用，建立了各种各样的生产者责任延伸体系。这些政策的共同点都侧重于产品使用寿命结束后的阶段，要求生产者承担其产品废弃物管理的物质或经济责任。而其所有政策都以减少废弃物和回收利用废弃物为目标。2024 年 3 月，欧洲议会和理事会对《报废电子电器设备回收指令》做出修订，进一步细化和明确了欧盟电子电器设备的生产者在废弃电子设备收集、处理、回收、无害处置等方面应承担的责任。同年 4 月，欧洲议会审议通过了关于《包装和包装废弃物指令》的修订，希望通过引入一系列可持续性措施来减少包装废弃物，以帮助实现《欧洲绿色协议》和《循环经济行动计划》提出的到 2030 年所有包装实现重复使用或回收利用这一目标，同时要求到 2024 年年底，欧盟各国为所有包装建立生产者责任制度。目前许多国家生产者责任延伸的政策已经超出包装废弃物管理范围，开始向电子电动设备、汽车、轮胎、纸张等领域扩展。

借鉴发达国家的经验，我国企业责任延伸制度可采取如下措施：①按照循环型社会的有关政策、法律规范调整企业行为，制定企业环保政策、标准、规章，推行清洁生产、ISO14000 认证和企业生态化的管理模式，采用现代化的科学管理，认真开展项目的环境影响评价及产品的生命周期评价，实现资源减量化、再回收和再循环，建设低消耗、低污染、高效率的现代化企业，与国际市场接轨，参与全球市场竞争。②深挖节能、降耗潜力，开发、推进无废少废工艺技术，开展绿色产品设计、绿色制造，选用和研制绿色材料，采取绿色工艺技术，生产绿色产品，实行生产过程的全过程污染控制，集约化、最优化利用资源，积极探索和实践企业间的物质、能量交换，研究形成工业生态网的途径和措施。③通过政策、法规、制度建设，确立生产者对自身生产和经营造成的环境影响负责的义务和对废弃资源再回收、再循环的责任。开展企业环境道德教育，企业领导决策教育，建立绿色企业文化。

3. 公众责任

循环型社会建设不仅关系到生产、生活、消费等各个环节，同时也是一场思想与意识的革命，需要公众的理解、支持与广泛参与。当前我国在大力倡导生态文明建设，建设绿色低碳循环发展的经济体系，将环境保护与资源节约置于经济社会的重要位置，而此过程中不仅需要作为政府部门以及市场经济中数量巨大的企业主体的参与，同样需要调动社会公众的积极性，保障这一群体的知情权，强化该群体对环境效益与经济运行过程的监督，对于我国建设循环型社会意义重大。

当前国际社会先后出台了一系列的正式文件为公众参与构建了法律基础，如《人类环境宣言》《世界自然宪章》《环境与发展宣言》等，而公众参与也逐步得到了更多国家与地区的认同与支持。

公众的参与力度和广度对循环经济的发展有着极大的促进作用，公众参与循环经济的主要目的是促进政府决策的科学性、正确性、民主性，更好地解决和处理社会中存在的一系列环境问题。同时，培育公众循环型社会的价值观念、生活方式和消费行为，从根本上改变传统的价值观念，形成与循环型社会相一致的价值取向。

1）公民应积极参与，配合政府、社区的环保行动和环境管理政策、措施的制定和实践。地方公共团体除执行政府制定的相关政策、法律、措施外，在建设循环型社会方面有分担政府作用的责任和促进区域循环经济发展的义务。

2）遵守有关法律、法规和规范，承担自身应有的职责，规范个人行为，坚持可持续的生活、消费方式。如使用绿色产品，摒弃高消费、追求享乐的生活方式，不用或少用一次性包装和生活用品，爱护自然环境，勤俭节约，重视废物回收。坚持节能、节约资源、抑制废物产生、废弃物分类回收、合理处理等可持续的行为和生活模式。

3）注重宣传教育，普及循环型社会理念。如日本每年 10 月被作为"3R 推进月"，各级政府和民间组织召开学习会出版刊物，编写普及循环型社会的宣传品。20 世纪 80 年代开始将环境教育引入学校和课堂。进入 21 世纪，又注重将循环型社会的理念融入学生的实践中，从而使低碳社会、循环型社会、环境友好、自然共生等理念深入人心。

8.5.2　循环经济的评价与考核机制

自改革开放以来，我国经济发展成就举世瞩目，民众的幸福感、获得感日益增长。同时我国经济发展同生态环境保护的矛盾较为突出，作为世界上碳排放量第一大国，在节能减排上压力大、任务重。尤其是我国已经明确提出二氧化碳排放力争于 2030 年前达到峰值，争取在 2060 年前实现碳中和的目标。但我国在循环型社会建设上尚属初级阶段，法规不够健全，目标、计划、进程不够清晰，有些地方和部门对循环型社会的认识不到位，可持续发展的理念尚未在民众中普及，公众的循环型社会参与度也不够高，这些问题迫切需要进一步加快体制机制创新。

"十四五"时期经济社会发展目标明确提出，深入实施可持续发展战略，完善生态文明领域统筹协调机制，构建生态文明体系，促进经济社会发展全面绿色转型，建设人与自然和谐共生的现代化。要加快推动绿色低碳发展，持续改善环境质量，提升生态系统质量和稳定性，全面提高资源利用效率。我们应围绕"十四五"的经济社会发展目标，制订建设循环型社会推进计划，确定目标，落实多元主体责任，量化评价指标，定期对计划的执行状况进行检查和评价。进一步完善循环经济的评价与考核机制是大力发展循环经济、建设循环型社会的重要保障。

根据《循环经济促进法》国务院循环经济发展综合管理部门会同国务院统计、环境保护等有关主管部门建立和完善循环经济评价指标体系，循环经济评价指标是制定循环经济发展规划，对政府进行考核和对企业进行监督管理的依据。同时，主要指标纳入各地经济社会发展综合评价和年度考核体系，上级人民政府要根据主要评价指标，对下级政府发展循环经济的状况定期进行考核，并将主要评价指标完成情况作为对地方人民政府及其负责人考核评价的内容。此后，我国在加快推进生态文明建设的重要举措中也明确提出"建立循环经济统计指标体系"。为落实这些要求，2017 年国家发展改革委、国家统计局会同有关部门制定了《循环经济发展评价指标体系》，见表 8－1。

表 8-1　循环经济发展评价指标体系

分类	指标	单位
综合指标	主要资源产出率	元/t
	主要废弃物循环利用率	%
专项指标	能源产出率	万元/t 标煤
	水资源产出率	元/t
	建设用地产出率	万元/公顷
	农作物秸秆综合利用率	%
	一般工业固体废弃物综合利用率	%
	规模以上工业企业重复用水率	%
	主要再生资源回收率	%
	城市餐厨废弃物资源化处理率	%
	城市建筑垃圾资源化处理率	%
	城市再生水利用率	%
	资源循环利用产业总产值	亿元
参考指标	工业废弃物处置量	亿 t
	工业废水排放量	亿 t
	城镇生活垃圾填埋处理量	亿 t
	重点污染物排放量（分别计算）	万 t

该指标体系从体例上分为综合指标、专项指标和参考指标。综合指标包括主要资源产出率和主要废弃物循环利用率，主要从资源利用水平和资源循环水平方面进行考虑。专项指标包括 11 个具体指标，主要分为资源产出效率指标、资源循环利用（综合利用）指标和资源循环产业指标。参考指标主要是废弃物末端处理处置指标，主要用于描述工业固体废物、工业废水、城市垃圾和污染物的最终排放量。参考指标不作为评价指标。

在专项指标的选择上，资源产出效率指标主要从能源资源、水资源、建设用地等方面进行考察，包括能源产出率、水资源产出率和建设用地产出率。

资源循环利用（综合利用）指标的选择，兼顾了农业、工业、城市生产生活等，在农业方面，重点从大宗废弃物方面进行考察，包括农作物秸秆综合利用率。在工业方面，重点从工业固体废物处理和水循环利用方面进行考察，包括一般工业固体废物综合利用率和规模以上工业企业重复用水率等指标。在城市指标方面，重点从再生资源回收、城市典型废弃物处理、城市污水资源化等方面进行考察，包括再生资源回收率、城市餐厨废弃物资源化处理率、城市建筑垃圾资源化处理率、城市再生水利用率等指标。资源循环产业指标，主要是从产业规模方面进行考察，包括资源循环利用产业总产值指标。

循环经济评价和考核体系是建立以资源产出率为核心，反映循环经济发展成效的评价指标体系，完善统计核算方法，开展对政府、园区、重点企业发展循环经济的评价和考核体系。

它既是评价区域或者企业循环经济发展状况的基础，也是对区域社会、经济、生态环境系统协调发展状况进行综合评价的依据和标准。建立循环经济评价考核制度，将循环经济评价与政府绩效考核相结合，有助于解决过去以 GDP 指标作为考核地方领导政绩主要标准的弊端。特别是我国将建设生态文明、推进绿色发展（包括循环发展）摆到了重要位置，但要将这一发展理念真正转化为各级政府部门的行动方针，尚须改变政府及领导干部的绩效考核标准，由单一的经济增长指标转变为更重视资源利用和环保的指标体系。只有将循环经济评价结果与政府及领导干部的考核制度挂钩，才能扭转其为追求经济增长而不计资源环境代价的惯性思维，从而推动政府职能转变，切实促进生态文明建设。

本章习题

1. 如何理解循环型社会的含义和特征？
2. 双碳目标下健全废旧物资循环利用体系的意义何在？
3. 结合实际谈谈促进循环经济发展如何发挥产业政策的积极作用？
4. 公众参与对于当前我国加快循环型社会建设的重要性体现在哪些方面？
5. 如何进一步完善循环经济的评价与考核机制？

参考文献

[1] 杨雪锋. 循环经济学 [M]. 北京：首都经济贸易大学出版社，2009：196-208.

[2] 吴真，李天相. 日本循环经济立法借鉴 [J]. 现代日本经济，2018 (4)：59-68.

[3] 李卫平. 循环经济法律制度的比较法研究 [J]. 郑州大学学报（哲学社会科学版），2016，49 (5)：43-46.

[4] 曲向荣，李辉，王俭. 循环经济 [M]. 北京：机械工业出版社，2012：197-203.

[5] 张艳敏，焦世泰，王世金. 我国循环经济公众参与教育的路径选择 [J]. 生产力研究，2014 (4)：100-104.

[6] 曾祥顺. 我国发展循环经济过程中政府激励机制之构建 [J]. 河北科技师范学院学报（社会科学版），2007，6 (2)：36-40.

[7] 李跃新. 循环经济激励约束机制探析 [J]. 中央财经大学学报，2008 (3)：19-22.

[8] 宝艳园，王积超. 循环经济激励机制研究 [J]. 兰州学刊，2006 (7)：134-135；49.

[9] 郑兰祥，李仁政. 绿色信贷对产业结构升级的经济增长效应 [J]. 山东工商学院学报，2021 (4)：49-60.

[10] 姜国刚，张立刚，刘德光，等. 我国循环经济财税政策的问题与建议 [J]. 再生资源与循环经济，2017，10 (8)：6-8.

[11] 李云燕，张彪. 改革环境资源价格政策 推动循环经济发展 [J]. 环境保护，2013，41 (1)：45-46.

[12] 李宏. 循环经济发展的制度创新思考 [J]. 理论学习，2008 (10)：48-49.

[13] 李慧明，王军锋，朱红伟. 论循环型社会的内涵和意义 [J]. 中国发展，2005 (2)：4-7.

[14] 刘奇中. 循环经济的技术创新体系研究 [J]. 学术界，2013 (8)：101-113；310.

[15] 谷树忠，胡咏君，周洪. 生态文明建设的科学内涵与基本路径 [J]. 资源科学，2013，35 (1)：2-13.

[16] 刘志松. 中国古代生态伦理及可持续发展思想探析 [J]. 天津大学学报（社会科学版），2009，11 (4)：341-344.

[17] 管华. 中国古代的可持续发展思想 [C] //中国地理学会人文地理专业委员会暨全国高校人文地理教学研究会 2004 年学术年会. 北京：中国地理学会，2004.

[18] 赵守正. 管子注译：上册 [M]. 南宁：广西人民出版社，1982.

[19] 佩鲁. 新发展观 [M]. 张宁，丰子义，译. 北京：华夏出版社，1987.

[20] 胡义成. 可持续发展战略产生的时代背景 [J]. 求实，1998 (2)：36-37.

[21] 臧旭恒，曲创. 从客观属性到宪政决策：论"公共物品"概念的发展与演变 [J]. 山东大学学报（人文社会科学版），2002 (2)：37-44.

[22] 沈满洪，谢慧明. 公共物品问题及其解决思路：公共物品理论文献综述 [J]. 浙江大学学报（人文社会科学版），2009，39 (6)：133-144.

[23] MARGOLIS J. A Comment on the Pure Theory of Public Expenditure [J]. The Review of Economics and Statistics，1955，37 (4) 347-349.

[24] HOLTERMANN S E. Externalities and Public Goods [J]. Economica，1972，39 (153)：78-87.

[25] 王广正. 论组织和国家中的公共物品 [J]. 管理世界，1997 (1)：210-213.

[26] 乔榛. 中国共产党对经济工作的领导：历史、经验和启示 [J]. 上海商学院学报，2021，22 (3)：3-12.

[27] 李胜旗，徐玟龙. 人口结构、生育政策与家庭消费 [J]. 西北人口，2022，43 (4)：15-31.

[28] 郑新立. 中国经济实现可持续发展的制度保障 [J]. 求是，2012 (16)：22-25.

[29] 曹石榴. 中国矿产资源利用的环境问题分析 [J]. 中国矿业，2018，27 (S2)：43-45.

[30] 范茂清. 我国大气污染现状及治理方法 [J]. 绿色环保建材, 2021 (11): 24-25.

[31] 郑峰. 产业经济学发展与人类社会文明: 论生态文明的历史必然性 [J]. 新东方, 2002 (5): 62-66.

[32] 王宁红、吴国荣. 试说循环经济 [J]. 机电信息, 2005 (5): 3-5.

[33] 何青, 翟绘景, 龚子柱. 循环经济理论新探析: 5R 理论的创新 [J]. 现代情报, 2007 (10): 138-140.

[34] 杨雪锋, 王军. 循环经济: 学理基础与促进机制 [M]. 北京: 化学工业出版社, 2011.

[35] 江建中. 生态经济学和中国的经济实践 [J]. 生态经济, 1995 (2): 1-6.

[36] 陈德敏. 循环经济的核心内涵是资源循环利用: 兼论循环经济概念的科学运用 [J]. 中国人口·资源和环境, 2004 (2): 12-15.

[37] 胡莹. 清洁生产理念在城市垃圾场中的应用 [J]. 中国资源综合利用, 2011 (6): 37-39.

[38] 伍世安. 循环经济的经济基础探析 [M]. 上海: 复旦大学出版社, 2015.

[39] 左铁镛. 认识循环经济的五大误区 [N]. 人民日报, 2005-06-17 (13).

[40] 武永春. 绿色价格影响因素及策略研究 [J]. 价格理论与实践, 2003 (7): 48-49.

[41] 葛扬, 潘薇薇. 试论循环经济价值链及其运行 [J]. 福建行政学院福建经济管理干部学院学报, 2005 (2): 47-50.

[42] 苏杨, 周宏春. 发展循环经济的几个基本问题 [J]. 经济理论与经济管理, 2004, (10): 19-22.

[43] 沈满洪. 资源与环境经济学 [M]. 北京: 中国环境科学出版社, 2007.

[44] 杨雪锋. 循环型产业网络的演进机理研究 [J]. 武汉大学学报 (哲学社会科学版), 2009 (1): 77-84.

[45] 吴松毅. 中国生态工业园区研究 [D]. 南京: 南京农业大学, 2005.

[46] 谢元博, 张英健, 罗恩华, 等. 园区循环化改造成效及 "十四五" 绿色循环改造探索 [J]. 环境保护, 2021, 49 (5): 15-20.

[47] 胡晓芬. 资源型工业园区循环化改造多维测度及路径优化策略 [D]. 兰州: 兰州大学, 2017.

[48] 沈鹏, 傅泽强, 高宝, 等. 工业园区循环化改造实证研究: 宁夏中宁工业园区 [C] //2013 中国环境科学学会学术年会论文集 (第三卷) 北京: 中国环境科学研究院, 2013: 507-510.

[49] 杜欢政, 王舟, 王岩. 工业园区循环化改造为发展循环经济助力 [J]. 资源再生, 2013 (7): 28-30.

[50] 罗恩华. 园区循环化改造的基本路径设计 [D]. 北京: 清华大学, 2014.

[51] 赖力. 园区循环化改造的进展综述、问题解析与提升路径初探 [J]. 能源与环境, 2016 (1): 59-61.

[52] 褚新东, 宋海龙. 园区循环化改造路径探析: 以浙江省玉环经济开发区为例 [J]. 环球市场信息导报, 2015 (33): 29-35.

[53] 国务院办公厅. 国务院办公厅关于印发 "无废城市" 建设试点工作方案的通知 [EB/OL]. [2022-10-13]. http://www.gov.cn/zhengce/content/2019-01/21/content_5359620.htm.

[54] 程会强. "无废城市" 建设是循环经济发展的高级阶段 [J]. 环境经济, 2019 (5): 40-43.

[55] 周应华. 中国新时期农业可持续发展战略与对策研究 [D]. 北京: 中国农业科学院, 2002.

[56] 徐冬平. 北方农牧交错区农业可持续发展路径、模式及布局研究 [D]. 西安: 西北大学, 2018.

[57] 刘晔, 石磊. 工业生态系统多样性评述 [J]. 生态学报, 2016, 36 (22): 7302-7309.

[58] 秦书生. 基于工业生态系统的循环经济发展模式探析 [J]. 科技管理研究, 2009, 29 (12): 378-380.

[59] 李治堂. 现代服务业研究成果评述 [J]. 商业时代, 2007, 4 (15): 12-14.

[60] 王瑞丹. 高技术型现代服务业的产生机理与分类研究 [J]. 北京交通大学学报 (社会科学版), 2006, 4 (1): 50-54.

[61] 刘志彪. 论现代生产者服务业发展的基本规律 [J]. 中国经济问题, 2006, 4 (1): 3-9.

[62] 冯之浚, 刘燕华, 周长益, 等. 我国循环经济生态工业园发展模式研究 [J]. 中国软科学, 2008 (4): 1-10.